普通高校"十二五"规划教材·实践创新系列

凌阳16位单片机经典实战
——大学生项目创新实践

陈海宴 吕江涛 李 瑞 编著

北京航空航天大学出版社

内容简介

这是一本讲解大学生创新实践项目的书籍,共 12 章,详细介绍了具有语音识别和处理功能的 SPCE061A 单片机和凌阳模组以及集成开发环境;还介绍了音乐播放器、无线语音传输系统、语音控制小车、超声波倒车雷达、环境测试仪、公交车报站器、语音识别机器人、GPS 全球定位系统、网络家电控制系统、语音拨号手机通讯录项目的设计与开发过程;不但提供了以上 10 个项目的硬件电路、软件程序清单,而且对项目涉及的基础知识和技术手段进行了梳理;向读者演示了应用凌阳单片机进行项目开发的过程,并提供了详细的技术文档。

本书配有大量的设计实例,力求使读者了解和掌握项目开发的成果,能够在此成果的基础上进行二次开发。

本书可以作为在校大学生选修课、科技创新大赛、课程设计、毕业设计的教材和参考资料,也可以作为大学生和科技工作者进行创新实践项目开发的参考资料。

图书在版编目(CIP)数据

凌阳 16 位单片机经典实战/陈海宴等编著. -- 北京:北京航空航天大学出版社,2011.6
 ISBN 978 - 7 - 5124 - 0466 - 3

Ⅰ. ①凌… Ⅱ. ①陈… Ⅲ. ①单片微型计算机 Ⅳ. ①TP368.1

中国版本图书馆 CIP 数据核字(2011)第 100869 号

版权所有,侵权必究。

凌阳 16 位单片机经典实战
——大学生项目创新实践
陈海宴 吕江涛 李 瑞 编著
责任编辑 张冀青

*

北京航空航天大学出版社出版发行

北京市海淀区学院路 37 号(邮编 100191)　http://www.buaapress.com.cn
发行部电话:(010)82317024　传真:(010)82328026
读者信箱:bhpress@263.net　邮购电话:(010)82316936
涿州市新华印刷有限公司印装　各地书店经销

*

开本:787×1 092　1/16　印张:24.75　字数:634 千字
2011 年 6 月第 1 版　2011 年 6 月第 1 次印刷　印数:3 000 册
ISBN 978 - 7 - 5124 - 0466 - 3　　定价:39.00 元

前　言

　　大学生创新实践活动越来越多地受到了全国高校的重视；同时，大学生面临严峻的就业压力，急需提高自身的项目开发能力。凌阳16位单片机不但具有单片机的基本功能，而且在语音识别和处理方面具有其独到之处，开发环境简单，便于学生学习和实践，与凌阳公司的模组结合应用十分广泛。相信随着"凌阳大学"计划的不断深入，本书一定能够在培养大学生创新能力方面展现出其特有的风采。

　　本书第1章介绍项目设计需要的硬件环境，即SPCE061A单片机及凌阳模组；第2章介绍项目开发需要的软件环境，如指令系统、程序设计与集成开发环境。第3～12章主要介绍10个项目实例。第3章介绍音乐播放器的设计与应用；第4章介绍无线语音传输系统的设计与实现；第5章介绍语音控制小车的设计与实现；第6章介绍超声波倒车雷达的设计与应用；第7章介绍环境测试仪系统的设计与应用；第8章介绍公交车报站器系统的设计与实现；第9章介绍语音识别机器人的设计与实现；第10章介绍GPS全球定位系统的设计；第11章介绍网络家电控制系统的设计与应用；第12章介绍语音拨号手机通讯录的设计与实现，读者可参考学习。

　　本书体系完整，层次清晰，通俗易懂，学练结合。其特色如下：

　　① 教材内容丰富。覆盖音乐播放器、无线语音传输系统、语音控制小车、超声波倒车雷达、环境测试仪系统、公交车报站器系统、语音识别机器人、GPS全球定位系统、网络家电控制系统、语音拨号手机通讯录10个实践项目。

　　② 内容详实、分析具体。每个实例都给出需要的基础知识和实例，例子详实，讲述过程采用循序渐进的方式展开。

　　③ 成果来源于实际项目，便于二次开发。包含为大学生展示项目开发的所有成果和文档资料。培养学生项目开发的能力，同时，本书所提供的项目贴近于实战并可在此基础上进行二次开发。体会项目开发的工作过程，提高学生的学习兴趣和分析问题、解决问题的能力，克服以往轻视实践能力锻炼的缺点。

　　为了提高大学生的动手实践能力，作者对10个实践工程项目的开发成果进行了详细的梳理，不但提供了项目硬件电路、软件程序清单，并对项目涉及的基础知识和技术手段进行了讲解，力求内容丰富、分析详细。

参加本书编写的人员有陈海宴、吕江涛、李瑞、许平安、杨明飞、吴建洪、欧阳超、鄂那林、史闻博、闫柯菲、高玉强、任良超、于长永、赵玉倩、李庚益、杨扬等。

在凌阳公司提供资料的基础上，我们编写了本书。在编写过程中，得到了北京凌阳爱普科技有限公司罗亚非总经理、刘宏韬经理、袁军经理、王靠文区域经理、王浩区域经理、孙超区域经理和工程技术人员的支持和帮助，在此一并表示真诚的感谢。同时，本书还借鉴了现有许多教材的宝贵经验，在此也对各位作者表示衷心的感谢。

在本书的编写过程中得到了许多专家和同行的大力支持与热情帮助，这里表示诚挚的感谢。

鉴于编者水平有限，书中难免存在疏漏和错误之处，恳请专家和广大读者批评指正。

有兴趣的读者，可以发送电子邮件到：chenhy736@sina.com，与作者进一步交流。

书中程序和其他电子资料可以到北京航空航天大学出版社网站：http://www.buaapress.com.cn 的下载专区进行下载。

作　者

2011 年 4 月

目　　录

第1章　SPCE061A 单片机及其硬件结构 ··· 1

 1.1　SPCE061A 凌阳单片机结构 ··· 1
  1.1.1　SPCE061A 的 61 开发板 ··· 1
  1.1.2　SPCE061A 的内部及外围结构 ·· 3
  1.1.3　芯片的引脚排列和说明 ·· 3
  1.1.4　凌阳模组 ··· 5
 1.2　SPCE061A 单片机硬件结构 ··· 8
  1.2.1　SPCE061A 核心硬件结构 ·· 8
  1.2.2　中断系统 ··· 11
  1.2.3　SPCE061A 片内存储器结构 ·· 20
  1.2.4　SPCE061A 的端口 ··· 22
  1.2.5　时钟电路 ··· 27
  1.2.6　PLL 锁相环振荡器 ··· 28
  1.2.7　系统时钟 ··· 28
  1.2.8　时间基准信号 ··· 29
  1.2.9　定时器/计数器 ·· 30
  1.2.10　睡眠与唤醒 ··· 34
  1.2.11　模/数转换器 ADC ··· 35
  1.2.12　DAC 方式音频输出 ·· 39
  1.2.13　串行设备输入/输出口 SIO ··· 41
  1.2.14　异步串行接口 UART ··· 44
  1.2.15　看门狗计数器 ··· 47

第2章　指令系统与程序设计 ··· 48

 2.1　指令系统概述及符号约定 ··· 48
  2.1.1　数据传送类指令 ··· 49
  2.1.2　算术运算类指令 ··· 52
  2.1.3　逻辑运算类指令 ··· 58
  2.1.4　控制转移类指令 ··· 66
  2.1.5　伪指令 ··· 68
  2.1.6　宏定义与调用 ··· 69
  2.1.7　段的定义与调用 ··· 72
  2.1.8　结构的定义与调用 ··· 73
  2.1.9　过程的定义与调用 ··· 73

2.2 程序设计 ... 74
2.2.1 汇编语言程序设计 ... 75
2.2.2 C语言程序设计 ... 81
2.2.3 中断系统程序设计 ... 99
2.3 集成开发环境 IDE ... 121
2.3.1 安装 IDE ... 122
2.3.2 工作环境介绍 ... 122
2.3.3 项目建立 ... 123

第 3 章 音乐播放器的设计与应用 ... 131

3.1 案例点评 ... 131
3.2 设计任务 ... 131
3.3 设计意义 ... 131
3.4 硬件电路设计 ... 132
3.4.1 器件选型 ... 132
3.4.2 单元电路设计 ... 134
3.5 软件设计 ... 138
3.5.1 主要功能 ... 138
3.5.2 方案实现 ... 139
3.6 系统实现 ... 152

第 4 章 无线语音传输系统的设计与实现 ... 154

4.1 案例点评 ... 154
4.2 设计任务 ... 154
4.3 设计意义 ... 154
4.4 系统结构和工作原理 ... 155
4.4.1 系统结构 ... 155
4.4.2 工作原理 ... 156
4.5 硬件电路设计 ... 156
4.5.1 SPCE061A 简介 ... 156
4.5.2 nRF2401A 无线收发芯片简介 ... 157
4.5.3 单元电路设计 ... 160
4.5.4 总电路框图设计 ... 163
4.6 软件设计 ... 164
4.6.1 主程序设计 ... 164
4.6.2 子程序设计 ... 165
4.6.3 程序参考 ... 166
4.7 系统实现 ... 172
4.7.1 系统调试 ... 172
4.7.2 系统硬件实现 ... 175

4.7.3　注意事项 …………………………………………………………………… 175
　　4.7.4　常见问题及解决办法 ………………………………………………………… 175

第5章　语音控制小车的设计与实现 ……………………………………………………… 176

5.1　案例点评 ………………………………………………………………………… 176
5.2　设计任务 ………………………………………………………………………… 176
5.3　设计意义 ………………………………………………………………………… 177
5.4　系统结构和工作原理 …………………………………………………………… 177
　　5.4.1　系统结构 …………………………………………………………………… 177
　　5.4.2　工作原理 …………………………………………………………………… 178
5.5　硬件电路设计 …………………………………………………………………… 178
　　5.5.1　SPCE061A简介 …………………………………………………………… 178
　　5.5.2　车体介绍 …………………………………………………………………… 179
　　5.5.3　单元电路设计 ……………………………………………………………… 180
　　5.5.4　总电路图设计 ……………………………………………………………… 185
5.6　软件设计 ………………………………………………………………………… 185
　　5.6.1　主程序设计 ………………………………………………………………… 185
　　5.6.2　子程序设计 ………………………………………………………………… 188
　　5.6.3　程序参考 …………………………………………………………………… 191
5.7　系统实现 ………………………………………………………………………… 200
　　5.7.1　系统调试 …………………………………………………………………… 200
　　5.7.2　系统硬件实现 ……………………………………………………………… 202
　　5.7.3　注意事项 …………………………………………………………………… 203
　　5.7.4　常见问题及解决办法 ……………………………………………………… 203

第6章　超声波倒车雷达的设计与应用 …………………………………………………… 204

6.1　案例点评 ………………………………………………………………………… 204
6.2　设计任务 ………………………………………………………………………… 204
6.3　方案选择 ………………………………………………………………………… 204
6.4　系统结构与工作原理 …………………………………………………………… 205
　　6.4.1　系统结构 …………………………………………………………………… 205
　　6.4.2　超声波测距原理 …………………………………………………………… 206
6.5　系统硬件设计 …………………………………………………………………… 207
　　6.5.1　放音模块 …………………………………………………………………… 207
　　6.5.2　超声波测距模块V2.0 ……………………………………………………… 207
　　6.5.3　转接板电路 ………………………………………………………………… 209
　　6.5.4　显示电路 …………………………………………………………………… 211
6.6　系统软件设计 …………………………………………………………………… 211
　　6.6.1　软件构成 …………………………………………………………………… 211
　　6.6.2　主程序设计 ………………………………………………………………… 212

6.6.3 超声波测距程序 …………………………………………………… 214
6.6.4 语音播放程序 ……………………………………………………… 217
6.6.5 显示刷新程序 ……………………………………………………… 218
6.7 系统软硬件调试及研究 …………………………………………………… 220
6.7.1 软件调试 …………………………………………………………… 220
6.7.2 硬件连接及功能实现 ……………………………………………… 221

第7章 环境测试仪系统的设计与应用 …………………………………… 223

7.1 案例点评 …………………………………………………………………… 223
7.2 设计任务 …………………………………………………………………… 223
7.3 设计意义 …………………………………………………………………… 223
7.4 系统结构和工作原理 ……………………………………………………… 224
7.5 硬件电路设计 ……………………………………………………………… 225
7.5.1 器件选型 …………………………………………………………… 225
7.5.2 单元电路设计 ……………………………………………………… 226
7.5.3 最终的电路 ………………………………………………………… 230
7.6 软件设计 …………………………………………………………………… 230
7.6.1 主程序 ……………………………………………………………… 231
7.6.2 按键扫描程序 ……………………………………………………… 235
7.6.3 语音播放程序 ……………………………………………………… 237
7.6.4 温度测量程序 ……………………………………………………… 239
7.6.5 光线检测程序 ……………………………………………………… 244
7.7 方案实现 …………………………………………………………………… 247

第8章 公交车报站器系统的设计与实现 ………………………………… 251

8.1 案例点评 …………………………………………………………………… 251
8.2 设计任务 …………………………………………………………………… 251
8.3 设计意义 …………………………………………………………………… 251
8.4 系统结构和工作原理 ……………………………………………………… 252
8.5 硬件电路设计 ……………………………………………………………… 253
8.5.1 器件选型 …………………………………………………………… 253
8.5.2 单元电路设计 ……………………………………………………… 254
8.5.3 总电路 ……………………………………………………………… 257
8.6 软件设计 …………………………………………………………………… 257
8.6.1 主函数 ……………………………………………………………… 259
8.6.2 键盘部分 …………………………………………………………… 264
8.6.3 数码管部分 ………………………………………………………… 266
8.6.4 设置和更新时间部分 ……………………………………………… 269
8.6.5 语音部分 …………………………………………………………… 275
8.7 方案实现 …………………………………………………………………… 281

第9章 语音识别机器人的设计与实现 284

9.1 案例点评 284
9.2 设计任务 284
9.3 设计意义 284
9.4 系统结构和工作原理 285
9.5 硬件电路设计 286
9.5.1 器件选型 286
9.5.2 单元电路设计 287
9.6 软件设计 288
9.6.1 SACM_S480语音算法介绍 288
9.6.2 系统软件设计 290
9.7 系统调试 307
9.8 机器人语音训练和语音识别 310

第10章 GPS全球定位系统的设计 311

10.1 案例点评 311
10.2 设计任务 311
10.3 设计意义 311
10.4 系统结构和工作原理 312
10.4.1 系统结构 312
10.4.2 GPS概述 312
10.4.3 GPS定位的基本原理 312
10.4.4 GPS消息格式 313
10.5 系统硬件设计 314
10.5.1 SPLC501液晶模组 314
10.5.2 GPS模组 316
10.6 系统软件设计 318
10.6.1 软件构成 318
10.6.2 主程序 318
10.6.3 键盘扫描模块 323
10.6.4 UART接收模块 323
10.6.5 Queue队列模块 324
10.6.6 液晶驱动的程序 324
10.6.7 GPS模组启动程序 325
10.6.8 GPS消息解析模块 326
10.6.9 地图显示模块 327
10.6.10 经纬度显示模块 328
10.6.11 日历显示模块 328
10.7 系统调试 329

10.8 结论和展望 331

第 11 章 网络家电控制系统的设计与应用 332

11.1 案例点评 332
11.2 设计任务 332
11.3 设计意义 333
11.4 系统组成结构和工作原理 333
11.5 硬件电路设计 333
  11.5.1 器件选型 333
  11.5.2 单元电路设计 334
11.6 软件设计 337
  11.6.1 运行于 μ'nSP 平台的 TCP/IP 协议栈——unIP 337
  11.6.2 基于 TCP 协议的服务器的实现 339
  11.6.3 HTTP 应用层处理 342
  11.6.4 数据包的接收与发送 345
  11.6.5 网页程序设计 347
  11.6.6 DM9000 与单片机连接组成 Web Server 程序设计 ... 348
  11.6.7 语音播报的实现 350
11.7 系统调试 352

第 12 章 语音拨号手机通讯录的设计与实现 356

12.1 案例点评 356
12.2 设计任务 356
12.3 设计意义 357
12.4 系统组成结构和工作原理 357
12.5 硬件电路设计 359
  12.5.1 器件选型 359
  12.5.2 单元电路设计 361
12.6 软件设计 364
  12.6.1 通讯录数据结构 364
  12.6.2 软件构成 365
12.7 系统调试 380
  12.7.1 汉字库和输入法数据烧录 380
  12.7.2 方案实现 380
  12.7.3 文本输入方法示例 381

参考文献 383

第1章　SPCE061A 单片机及其硬件结构

随着科学技术的日益更新，单片机正朝着功能集成化方向飞速发展。单片机的应用领域也逐渐由传统的控制扩展到控制处理、数据处理以及数字信号处理 DSP(Digital Signal Processing)等领域。在全国的高等院校中，各类大学生科技创新活动迅速发展，大赛以电子电路应用设计为主要内容，涉及模/数混合电路、单片机、可编程器件、EDA 软件工具和 PC 机的应用。在种类繁多的单片机元件中，凌阳 16 位单片机 SPCE061A 受到众多参赛选手的青睐。该单片机实用性强，性价比高，功能全面，在各类大赛中表现突出。本章主要介绍凌阳 SPCE061A 精简开发板的结构、芯片的引脚排列、芯片特性及开发方式。

1.1　SPCE061A 凌阳单片机结构

凌阳 16 位单片机 CPU 内核采用凌阳最新推出的 $\mu'nSP^{TM}$ (Microcontroller and Signal Processor)16 位微处理器芯片（以下简称 $\mu'nSP^{TM}$）。围绕 $\mu'nSP^{TM}$ 所形成的 16 位 $\mu'nSP^{TM}$ 系列单片机（以下简称 $\mu'nSP^{TM}$ 家族），该系列采用模块式集成结构，以 $\mu'nSP^{TM}$ 内核为中心，集成不同规模的 ROM、RAM 和功能丰富的各种外设接口部件。

1.1.1　SPCE061A 的 61 开发板

SPCE061A 单片机的开发系统为 SPCE061A EMU BOARD，通常情况下简称其为"61板"。该板通过挂接不同的硬件和下载不同的程序就可以实现各类特定功能的系统。由于具有语音处理的特色，即使不挂接额外的硬件，只是下载一些开发环境下提供的程序就可以实现一个复读机、语音万年历之类的系统，所以这也是一些人把 61 板称为准产品的一个原因。

61 板的主要性能如下：

- 16 位 $\mu'nSP^{TM}$ 微处理器；
- 工作电压：CPU，VDD 为 2.4～3.6 V；I/O，VDDH 为 2.4～5.5 V；
- CPU 时钟：0.32～49.152 MHz；
- 内置 2K 字 SRAM；
- 内置 32K 字 FLASH；
- 能够进行可编程音频处理；
- 晶体振荡器；
- 系统处于备用状态（时钟处于停止状态）时，耗电仅为 2 μA(3.6 V 供电情况下)；
- 具有 2 个 16 位可编程定时器/计数器（可自动预置初始计数值）；
- 具有 2 个 10 位 DAC（数/模转换）输出通道；
- 具有 32 位通用可编程输入/输出端口；
- 具有 14 个中断源（可来自定时器 A/B）、时基、2 个外部时钟源输入、触键唤醒；
- 具备触键唤醒的功能；

- 使用凌阳音频编码 SACM_S240 方式(2.4 kb/s),能容纳 210 s 的语音数据;
- 锁相环 PLL 振荡器提供系统时钟信号;
- 具有 32 768 Hz 实时时钟;
- 具有 7 通道 10 位电压模/数转换器(ADC)和单通道声音模/数转换器;
- 具有声音模/数转换器输入通道内置麦克风放大器和自动增益控制(AGC)功能;
- 具备串行设备接口;
- 具有低电压复位(LVR)功能和低电压监测(LVD)功能;
- 内置在线仿真电路 ICE(In-Circuit Emulator)接口;
- 具有保密的功能;
- 具有 WatchDog 功能。

61 板采用的是模块化结构设计,各功能模块的划分见图 1.1.1。各区的功能如下:

① 电源区:为整个系统提供电源,通常采用系统配套的电池盒进行供电,只要放入 3 节 5 号电池就可以满足供电需求了。

② 下载区:程序就是通过这边的接口下载到 SPCE061A 单片机的,当然,在进行在线调试时也能上传一些硬件信息到开发环境中。

③ 音频区:这里的麦克风是用来进行语音输入的,还有一个喇叭的接口用来进行语音播放。

④ SPCE061A 与周边器件:是整块板子的"大脑",所有控制信息都是从这里发出的,那些周边器件用来协助 SPCE061A 单片机正常工作。

⑤ 键控区:采用这几个按键可以做一些简单的试验,比如,当板子里下载了复读机的程序,按这几个按键就可以分别进行录音、暂停和播放;如果下载的是语音万年历的程序,按这几个按键就可以设定初始时间和控制播放当前时间等。

⑥ 复位区:由几个简单的电子元器件组成,当按下这里的按键后,单片机就重新开始工作,也可以说单片机中的程序从第一条开始重新运行。

⑦ 端口区:用于对外挂硬件的控制,或者获取外部硬件的一些状态,以便 SPCE061A 进

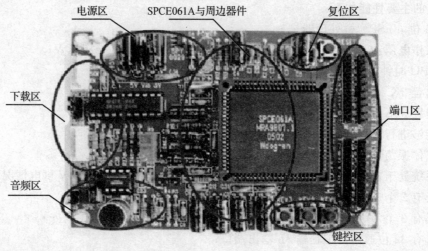

图 1.1.1　61 板的模块结构

行处理。

1.1.2 SPCE061A 的内部及外围结构

SPCE061A 的结构框图如图 1.1.2 所示。

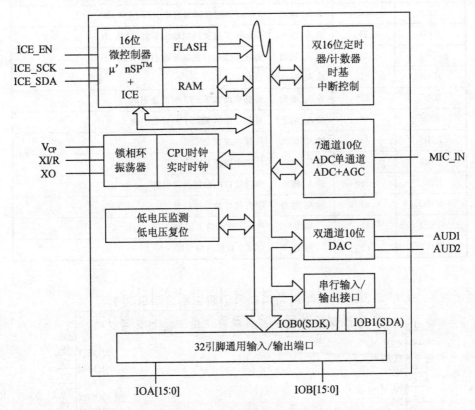

图 1.1.2 SPCE061A 结构框图

1.1.3 芯片的引脚排列和说明

SPCE061A 有两种封装片,一种为 80 个引脚,LQFP80 封装形式,它的排列如图 1.1.3 所示;另一种为 84 个引脚,PLCC84 封装形式,它的排列如图 1.1.4 所示。

在 LQFP80 封装中有 11 个空余引脚,用户使用时这 11 个空余引脚接地。在 PLCC84 封装中,有 15 个空余引脚,用户使用时这 15 个空余引脚悬浮。本书以 LQFP80 为例介绍其封装引脚功能,引脚描述如表 1.1.1 所列。

表 1.1.1 引脚描述表

引脚名称	引脚编号	类 型	描 述
IOA[15:8]	46~39	输入/输出	IOA[15:8]:双向 I/O 端口
IOA[7:0]	34~27	输入/输出	IOA[7:0]:通过编程,可设置成唤醒; IOA[6:0]:与 ADC Line_In 输入共用
IOB[15:11]	50~54	输入/输出	IOB[15:11]:双向 I/O 端口

续表 1.1.1

引脚名称	引脚编号	类型	描述
IOB10	57	输入/输出	IOB[10:0]除用作普通的 I/O 端口，还可作为通用异步串行数据发送引脚 TX
IOB9	58	输入/输出	Timer B 脉宽调制输出引脚 BPWMO
IOB8	59	输入/输出	Timer A 脉宽调制输出引脚 APWMO
IOB7	60	输入/输出	通用异步串行数据接收引脚 RXD
IOB6	61	输入/输出	双向 I/O 端口
IOB5	62	输入/输出	外部中断源 EXT2 的反馈引脚
IOB4	63	输入/输出	外部中断源 EXT1 的反馈引脚
IOB3	64	输入/输出	外部中断源 EXT2
IOB2	65	输入/输出	外部中断源 EXT1
IOB1	66	输入/输出	串行接口的数据传送引脚
IOB0	67	输入/输出	串行接口的时钟信号
DAC1	12	输出	DAC1 数据输出引脚
DAC2	13	输出	DAC2 数据输出引脚

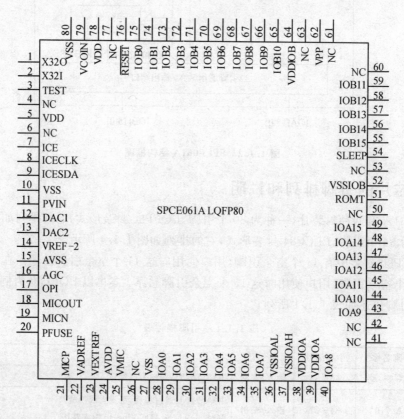

图 1.1.3　SPCE061A LQFP80 封装引脚排列图

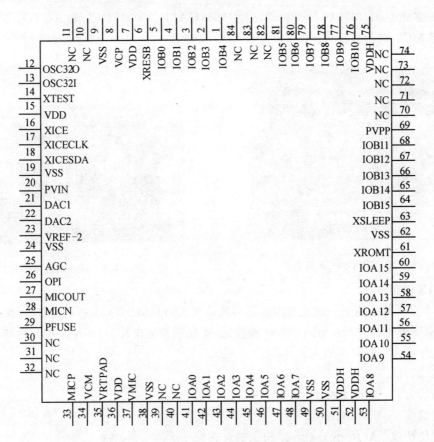

图 1.1.4 SPCE061A PLCC84 封装引脚排列图

1.1.4 凌阳模组

1. SPLC501 液晶模组

图 1.1.5 所示是一款 128×64 点阵的液晶模组，驱动芯片采用的是 SPLC501。模组接口简单，应用方便，功耗低，且可以完成较多液晶特效功能；可以显示字符、汉字、图形等，且可以编程调节灰度；兼容 68/80 系列微处理器输入。

- 显示格式：128×64 点阵图形液晶；
- 工作电压：3.3~6.5 V；
- 视屏尺寸：58.84 mm×35.79 mm；
- 像素尺寸：0.46 mm(宽)×0.56 mm(长)；
- 点大小：0.42 mm(宽)×0.51 mm(长)。

2. 以太网通信模组

图 1.1.6 所示模组采用 DM9000 作为控制芯片，与单片机结合可构成一个完整的网络终端。此设备与 61 板连接可构成一个简单 Web 服务器。模组拥有 4 Mbit 串行数据存储器及接口，可进行数据存储。

- 工作电压：3.3~5 V；
- 尺寸：8.82 cm×5.0 cm；

- 连接模式：10MHALF、10MFULL、100MHALF、100MFULL 和 AUTO；
- 与 MCU 的连接模式：ISA 8 位和 ISA 16 位。

图 1.1.5　SPLC501 液晶模组

图 1.1.6　以太网通信模组

3. GPS 模组

图 1.1.7 所示模组是一款高性能的信号接收模组，以 APM7101 芯片为核心，集成了 SiRFatarIII GPS 处理器、LNA 电路、SAW 滤波器、振荡和校准电路，可用于定位与导航领域。

- 工作电压：3.3～6.5 V；
- 尺寸：43.5 mm×35.5 mm；
- 通信方式：标准 UART；
- 灵敏度：−159 dBm；
- 定位精度：Auto 小于 10 m，SBAS 小于 5 m。

4. 超声波测距模组

图 1.1.8 所示模组是为方便进行单片机接口学习而设计的模组，与 61 板连接方便，应用于短距离测距、机器人检测、障碍物检测、车辆倒车雷达以及家居安防系统等方面。

- 工作电压：4.5～5.5 V；
- 尺寸：6.48 cm×4.07 cm；
- 短距：10～80 cm（取决于被测物表面材料）；
- 中距：80～400 cm（取决于被测物表面材料）；
- 可调：范围由可调节参数确定。

图 1.1.7　GPS 模组

图 1.1.8　超声波测距模组

5. SPR4096 模组

图 1.1.9 所示模组是针对凌阳公司的存储器芯片 SPR4096/SPR1024 开发的简易烧写器。该烧写器配合 PC 机 ResWriter 工具(由凌阳科技教育推广中心提供),通过 EZ-Probe 下载线,完成对 SPR4096/SPR1024 存储器芯片的擦除、写入、校验等功能;并且在 SPR 模组上留有与 SPCE061A 单片机连接的接口,可以很容易实现 SPR 模组与 61 板的连接。

- 工作电压:3.3 V;
- 尺寸:50 mm×55.1 mm。

6. LED 键盘模组

图 1.1.10 所示模组集成了 KEY、LED 和数码管功能。模组上有 8 个按键,可通过跳线选择 1×8 模式或者 2×4 模式;具有 6 位 8 段数码管、1×8 发光二极管及一个可变电阻,可调整 0~VDD 的电压输出。

- 工作电压:3.3~5 V;
- 尺寸:9.04 cm×7.66 cm。

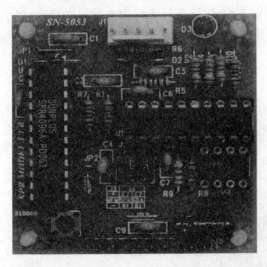

图 1.1.9　SPR4096 模组

图 1.1.10　LED 键盘模组

7. 传感器模组

图 1.1.11 所示模组主要由温度、光线和红外线发送、接收模块组成,可实现温度、光线状态的测量,以及障碍物的检测;还可以模拟简单遥控器接收来自遥控器的信号。

- 工作电压:3~5.5 V;
- 工作温度:0~60 ℃。

8. 语音控制小车(SP-MDCE26A)

图 1.1.12 所示语音控制小车配合 SPCE061A 的语音特点,采用语音识别技术,通过语音命令对其行驶状态进行控制,实现小车前进、后退、左转、右转功能;当超出语音控制范围时能够自动停车。车体采用双电机四轮驱动,4 节 5 号电池供电。

- 工作电压:4~6 V;
- 工作电流:运动时约 200 mA;
- 尺寸:200 mm×125 mm×80 mm。

图1.1.11 传感器模组　　　　　　图1.1.12 语音控制小车

9. 无线传输模组

图1.1.13所示模组采用nRF2401A作为控制芯片,可以进行无线数据发送和接收;用于开发无线遥控器、无线麦克风、无线耳机、无线数据传输系统等无线电子产品。
- 工作电压:3.3 V;
- 尺寸:27 mm×31 mm。

图1.1.13 无线传输模组

1.2　SPCE061A单片机硬件结构

1.2.1　SPCE061A核心硬件结构

SPCE061A芯片内部集成了ICE(在线实时仿真/除错器)、FLASH(闪存)、SRAM(静态内存)、通用I/O端口、定时器/计数器、中断控制、CPU时钟锁相环(PLL)、ADC(模/数转换器)、DAC(数/模转换器)、UART(通用异步串行输入/输出接口)、SIO(串行输入/输出接口)和低电压监测/低电压复位等模块。

μ'nSP™的核心由总线、ALU算术逻辑运算单元、寄存器组、堆栈及中断系统等部分组成。其结构如图1.2.1所示。

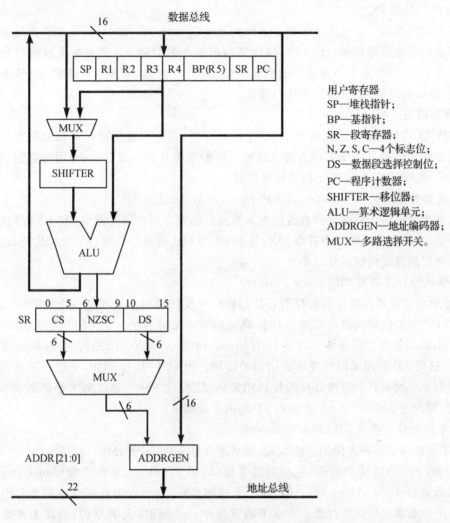

图 1.2.1　μ'nSP™ 的核心结构

1. ALU 算术逻辑运算单元

μ'nSP™ 的 ALU 非常有特色,除了基本的 16 位算术逻辑运算,还提供了结合算术逻辑的 16 位移位运算。在数字信号处理方面,提供了高速的 16 位×16 位乘法运算和内积(乘加)运算。

(1) 16 位算术逻辑运算

μ'nSP™ 与大多数 CPU 一样,提供了基本的算术运算与逻辑操作指令,如加法、减法、比较、补码、异或、或、与、测试、写入、读出等 16 位算术逻辑运算及数据传送操作。

(2) 结合算术逻辑的 16 位移位运算

μ'nSP™ 的移位运算包括算术右移 ASR、逻辑左移 LSL、逻辑右移 LSR、旋转左移 ROL 及旋转右移 ROR。

(3) 16 位的乘法运算和内积(乘加)运算

除了普通的 16 位算术逻辑运算指令外,μ'nSP™ 还提供了高速的 16 位×16 位乘法运算指令 MUL 和 16 位内积运算指令 MULS。

2. 程序计数器 PC

与所有微控制器中的程序计数器 PC(Program Counter)都相同，PC 也是作为地址指针来控制程序走向的专用寄存器。CPU 每执行完当前指令都会将 PC 值累加上当前指令所占据的字节数或字数，以指向下一条指令的地址。在 μ'nSP™ 里，16 位的 PC 通常与 SR 寄存器的 CS 选择字段共同组成 22 位的程序代码地址。

3. 寄存器组

μ'nSP™ CPU 的寄存器组共有 8 个 16 位寄存器，可分为通用寄存器和专用寄存器两大类。通用寄存器包括 R1～R4，作为算术逻辑运算的来源及目标寄存器；专用寄存器包括 SP、BP、SR、PC，是与 CPU 特定用途相关的寄存器。

(1) 通用寄存器 R1～R4 (General-Purpose Registers)

通用寄存器可用于数据运算或传送的来源及目标寄存器。寄存器 R4 和 R3 配对使用，还可组成一个 32 位的乘法结果寄存器 MR；其中 R4 为 MR 的高字符组，R3 为 MR 的低字符组，用于存放乘法运算或内积运算结果。

(2) 堆栈指针寄存器 SP (Stack Pointer)

SP 是用来记录堆栈地址的寄存器，SP 会指向堆栈的顶端。堆栈是一个先进后出的内存结构，μ'nSP™ 的堆栈结构是由高地址往低地址的方向来储存的。当 CPU 执行 PUSH，子程序调用 call，以及进入中断服务子程序 ISR(Interrupt Service Routine)时，会在堆栈里储存寄存器内容，这时 SP 会递减以反映堆栈用量的增加。当 CPU 执行 POP，子程序返回 ret，以及从 ISR 返回 reti 时，SP 会递增以反映堆栈用量的减少。μ'nSP™ 堆栈的大小限制在 2K 字的 SRAM 内，即地址为 0x000000～0x0007FF 的内存范围中。

(3) 基址指针寄存器 BP (Base Pointer)

μ'nSP™ 提供了一种方便的寻址方式，即基址寻址方式(BP+IM6)；程序设计者可通过 BP 来存取 ROM 与 RAM 中的数据，包括局部变量(local variable)、函数参数(function parameter)、返回地址(return address)等。BP 除了上述用途外，也可作为通用寄存器 R5，用于数据运算或传送的来源及目标寄存器。在本书的程序中，BP 与 R5 是共享的，均代表基址指针寄存器。

(4) 状态寄存器 SR (Status Pointer)

SR 内含许多字段，每个字段都有特别的用途。其中包含两个 6 位的区段选择字段，分别是 CS(Code Segment)和 DS(Data Segment)。它们可与其他 16 位的寄存器结合在一起形成一个 22 位的地址，用来寻址 4M 字容量的内存。

μ'nSP™ 有 4 个 1 位的标志(N,Z,S,C)，即 SR 寄存器中间的 4 个位(B6～B9)。CPU 在执行条件跳转指令时，会先测试这些标志位，以控制程序的流向。这些标志的内容如下：

① 进位标志 C：C=0 表示运算过程中无进位或者有借位情况产生，C=1 表示运算过程中有进位或者无借位情况产生。

② 零标志 Z：Z=0 表示运算结果不为 0，Z=1 表示运算结果为 0。

③ 负标志 N：是用来判断运算结果的最高位(B15)是否为 1。B15=0，则 N=0；B15=1，则 N=1。

④ 符号标志 S：S=0 表示运算结果为正数或者是 0，S=1 则表示运算结果(在二进制补

4. 堆栈

SP 是用来记录堆栈地址的寄存器，SP 会指向堆栈的顶端。堆栈是一个先进后出的内存结构，μ'nSP™ 的堆栈结构是由高地址往低地址的方向来储存的。CPU 执行 PUSH、子程序呼叫 call，以及进入中断服务子程序 ISR(Interrupt Service Routine)时，会在堆栈里储存寄存器内容，这时 SP 会递减，以反映堆栈用量的增加。当 CPU 执行 POP、子程序返回 ret，以及从 ISR 返回 reti 时，SP 会递增，以反映堆栈用量的减少，如图 1.2.2 所示。

μ'nSP™ 堆栈的大小限制在 2K 字的 SRAM 内，即地址为 0x000000～0x0007FF 的内存范围中。SPCE061A 系统复位后，SP 初始化为 0x07FF，每执行 PUSH 指令一次，SP 指针减 1。

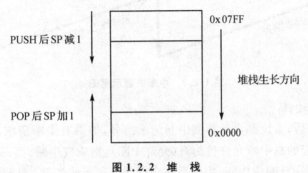

图 1.2.2 堆　栈

1.2.2　中断系统

中断是为了使处理器对外界异步事件具有处理能力而设置的，中断技术的引入把计算机的发展和应用大大地向前推进了一步。因此，中断功能的强弱已成为衡量一台计算机性能好坏的重要指标。

中断是指计算机在执行某一程序的过程中，由于计算机系统内、外的某种原因，而必须中止原程序的执行，转去执行相应的处理程序，待处理结束之后，再回来继续执行被中止的原程序过程。

中断技术能实现 CPU 与外部设备的并行工作，提高 CPU 的利用率以及数据的输入/输出效率；中断技术也能对计算机运行过程中突然发生的故障做到及时发现并进行自动处理，如硬件故障、运算错误及程序故障等。中断技术还能通过键盘向计算机发出请求，随时对运行中的计算机进行干预，而不用先停机，然后再重新开机等。

（1）中断源

中断源是指在计算机系统中向 CPU 发出中断请求的来源，中断源可以人为设定，也可以是为响应突发性随机事件而设置。如定时器中断，它的中断源即是定时器。

（2）中断优先级

由于在实际的系统中，往往有多个中断源，且中断申请是随机的，有时可能会有多个中断源同时提出中断申请，但 CPU 一次只能响应一个中断源发出的中断请求，这时 CPU 应响应哪个中断请求，就需要用软件或硬件按中断源工作性质的轻重缓急，给它们安排优先顺序，即所谓的优先级排队。中断优先级越高，则响应优先权就越高。当 CPU 正执行中断服务程序时，又有中断优先级更高的中断申请产生，如果 CPU 能够暂停对原来的中断处理程序，转而去处理优先级更高的中断请求,处理完毕后,再回到原低级中断处理程序,那么这一过程称为中断嵌套。具有这种功能的中断系统称为多级中断系统;没有中断嵌套功能的则称为单级中断系统。具有二级中断服务程序嵌套的中断过程如图 1.2.3 所示。

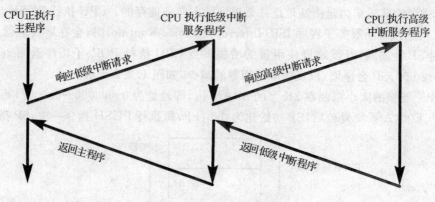

图 1.2.3　中断嵌套示意图

(3) 中断响应的过程

在每条指令结束后,系统都自动检测中断请求信号,如果有中断请求,相应的中断允许位为真(允许中断),相应的总中断允许位为真(允许中断),则响应中断。

保护现场:CPU 一旦响应中断,中断系统会自动保存当前的 PC 和 SR 寄存器(入栈)进入中断服务程序地址入口,中断服务程序可以通过入栈保护源程序中用到的数据。保护现场前,一般要关中断以防止现场被破坏。保护现场一般是用堆栈指令将源程序中用到的寄存器推入堆栈,在保护现场之后要开中断,以响应更高优先级的中断申请。

中断服务:即为相应的中断源服务。清相应的中断请求标志位,以免 CPU 总是执行该中断。

恢复现场:用堆栈指令将保护在堆栈中的数据弹出来,在恢复现场前要关中断,以防止现场被破坏,在恢复现场后应及时开中断。

返回:此时 CPU 将 PC 指针和 SR 内容出栈恢复断点,从而使 CPU 继续执行刚才被中断的程序。

在单片机中,中断技术主要用于实时控制。所谓实时控制,就是要求单片机能及时地响应被控对象提出的分析、计算和控制等请求,使被控对象保持在最佳工作状态,以达到预定的控制效果。由于这些控制参量的请求都是随机发出的,而且要求单片机必须做出快速响应并及时处理,对此,只有靠中断技术才能实现。

1. SPCE061A 中断系统

SPCE061A 系列单片机中断系统,是凌阳 16 位单片机中中断功能较强的一种。它可以提供 14 个中断源,具有两个中断优先级,可实现两级中断嵌套功能。用户可以用关中断指令(或复位)屏蔽所有的中断请求,也可以用开中断指令使 CPU 接受中断申请。每一个中断源可以用软件独立控制为开或关中断状态,但中断级别不可用软件设置。

(1) SPCE061A 的中断类型

SPCE061A 的结构给出了三种类型的中断:软件中断、异常中断和事件中断。

① 软件中断是由软件指令 break 产生的中断,软件中断的向量地址为 FFF5H。

② 异常中断表示为非常重要的事件,一旦发生,CPU 必须立即进行处理。目前 SPCE061A 定义的异常中断只有"复位"一种。通常,SPCE061A 系统复位可以由三种情况引起:上电、看门狗计数器溢出以及系统电源低于电压低限。不论什么情况引起复位,都会使复位引脚的电位变低,进而使程序指针 PC 指向由一个复位向量(FFF7H)所指的系统复位程序入口地址。

③ 事件中断(可简称中断,以下提到的中断均为事件中断)一般产生于片内设部件或由外设中断输入引脚引入的某个事件。这种中断的开通/禁止,由相应的独立使能和相应的 IRQ 或 FIQ 总使能控制。

SPCE061A 的事件中断可采用两种方式:快速中断请求(即 FIQ 中断)和中断请求(即 IRQ 中断)。这两种中断都有相应的总使能。

(2) 中断向量

中断向量共有 9 个,即 FIQ、IRQ0～IRQ6 和 UART IRQ。这 9 个中断向量可安置 14 个中断源供用户使用,其中有 3 个中断源安置在 FIQ 或 IRQ0～IRQ2 中,另有 10 个中断源则可安置在 IRQ3～IRQ6 中。还有一个专门用于通用异步串行口 UART 的中断源,须安置在 UART IRQ 向量中。

(3) 中断源

SPCE061A 单片机的中断系统有 14 个中断源,分别是 2 个定时器溢出中断、2 个外部中断、1 个串行口中断、1 个触键唤醒中断、7 个时基信号中断和 1 个 PWM 音频输出中断,如表 1.2.1 所列。从表中可以看到每个中断入口地址对应多个中断源,因此在中断服务程序中需通过查询中断请求位来判断是哪个中断源请求的中断。

表 1.2.1 中断源列表

中断源	中断优先级	中断向量	保留字
$f_{osc}/1024$ 溢出信号 PWM INT	FIQ/IRQ0	FFF8H/FFF6H	_FIQ/_IRQ0
定时器 A 溢出信号	FIQ/IRQ1	FFF9H/FFF6H	_FIQ/_IRQ1
定时器 B 溢出信号	FIQ/IRQ2	FFFAH/FFF6H	_FIQ/_IRQ2
外部时钟源输入信号 EXT2	IRQ3	FFFBH	_IRQ3
外部时钟源输入信号 EXT1			
触键唤醒信号			
4096 Hz 时基信号	IRQ4	FFFCH	_IRQ4
2048 Hz 时基信号			
1024 Hz 时基信号			
4 Hz 时基信号	IRQ5	FFFDH	_IRQ5
2 Hz 时基信号			
频选信号 TMB1	IRQ6	FFFEH	_IRQ6
频选信号 TMB2			
UART 传输中断	IRQ7	FFFFH	_IRQ7
BREAK	软中断		

1) 定时器溢出中断源

定时器溢出中断由 SPCE061A 内部定时器中断源产生,故它们属于内部中断。在 SPCE061A 内部有两个 16 位定时器/计数器,定时器 A 和定时器 B 在定时脉冲作用下从预置数单元开始加计数,当计数为 0xFFFF 时可以自动向 CPU 发出中断请求,以表明定时器 A 或定时器 B 的定时时间已到。定时器 A 和定时器 B 的定时时间可由用户通过程序设定,以便 CPU 在定时器溢出中断服务程序内进行计时。另外,SPCE061A 单片机的定时器时钟源很丰富,从高频到低频都有,因此,根据定时时间长短可以选择不同的时钟源,定时器 A 的时钟源比定时器 B 多,定时器 B 无低频时钟源。定时器 A 的中断,IRQ 和 FIQ 中都有。定时器溢出中断通常用于需要进行定时控制的场合。

2) 外部中断源

SPCE061A 单片机有两个外部中断,分别为 EXT1 和 EXT2,两个外部输入脚分别为 B 口的 IOB2 和 IOB3 的复用脚。EXT1(IOB2)和 EXT2(IOB3)两条外部中断请求输入线,用于输入两个外部中断源的中断请求信号,并允许外部中断以负跳沿触发方式来输入中断请求信号。外部中断结构如图 1.2.4 所示。

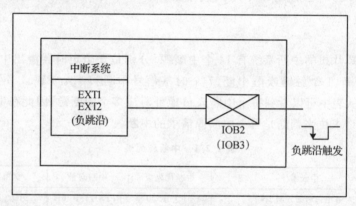

图 1.2.4 外部中断结构

另外,SPCE061A 单片机在 IOB2 和 IOB4 之间以及 IOB3 和 IOB5 之间分别加入两个反馈电路,可以外接 RC 振荡器,做外部定时中断使用。如图 1.2.5 所示,外部中断的反馈电路使用 4 个引脚为 B 口的 IOB2、IOB4、IOB3 和 IOB5 的复用脚,其中 IOB4 和 IOB5 主要用来组成 RC 反馈电路。通过在 IOB2 和 IOB4 之间或者 IOB3 和 IOB5 之间增加一个 RC 振荡电路,便可在 EXT1 或 EXT2 端得到振荡信号。为使反馈电路正常工作,必须将 IOB2 或 IOB3 设置成反相输出口,且将 IOB4 或 IOB5 设置成输入口。

3) 串行口中断源

串行口中断由 SPCE061A 内部串行口中断源产生,故也是一种内部中断。串行口中断分为串行口发送中断和串行口接收中断两种,但其中断向量是一个,因此,进入串行中断服务程序时,也需要判断是接收中断还是发送中断。在串行口进行发送或接收完一组串行数据时,串行口电路自动使串行口控制寄存器 P_UART_Command2 中的 TXReady 和 RXReady 中断标志位置位,并自动向 CPU 发出串行口中断请求,CPU 响应串行口中断后便立即转入串行口中断服务程序执行。因此,只要在串行中断服务程序中安排一段对 P_UART_Command2 的 TXReady 和 RXReady 中断标志位状态的判断程序,便可区分串行口发生的是接收中断请求

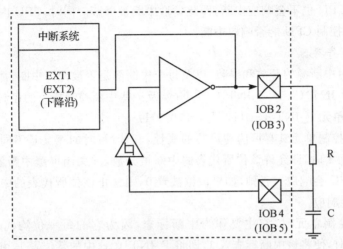

注：当P_FeedBack(写，$7009H)单元的FBKEN2(FBKEN3)位被置为1时IOB2、IOB4或IOB3、IOB5之间的反馈结构。

图 1.2.5　IOB2 与 IOB4(或 IOB3 与 IOB5)之间的反馈结构

还是发送中断请求。在 SPCE061A 中，串行口为 B 口的两个复用脚 IOB7(RXD)和 IOB10(TXD)，如图 1.2.6 所示。

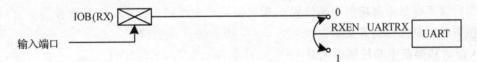

图 1.2.6　UART 接收数据的方式

4) 触键唤醒中断源

当系统给出睡眠命令时，CPU 便关闭 PLL 倍频电路，停止 CPU 时钟工作，使系统进入睡眠状态。在睡眠过程中，通过 IOA 口低 8 位连接的键盘就可以给出唤醒信号，使系统接通 PLL 倍频电路，以启动 CPU 时钟工作，将系统从睡眠状态转到工作状态。与此同时，产生一个 IRQ3 中断请求。进入键唤醒中断，CPU 继续执行下一条程序指令。一般来讲，中断系统提供的中断源 FIQ(TMA)、IRQ1～IRQ7 均可作为系统的唤醒源来用。若以触键作为唤醒源，其功能通过并行 A 口的 IOA0～IOA7 及中断源 IRQ3_KEY 的设置来实现。

5) 时基信号中断源

时基信号发生器的输入信号来自实时时钟 32 768 Hz；输出包括通过选频逻辑的 TMB1、TMB2 信号和直接从时基计数器溢出而来的各种实时时基信号。当开启时基信号中断后，有时基信号到来并发出时基信号中断申请，CPU 查询到有中断请求后，允许中断并置位 P_INT_Ctrl 中相应的中断请求位，在中断服务程序中，通过测试 P_INT_Ctrl 来确定是哪个频率时基信号产生的中断，可以通过在计数不同频率的时基信号来做长时间或短时间的定时控制。

2. 中断控制

SPCE061A 单片机有多个中断源，为了使每个中断源都能独立地被开放和屏蔽，以便用户能灵活使用，它在每个中断信号的通道中设置了一个中断屏蔽触发器，只有当该触发器无效时，它所对应的中断请求信号才能进入 CPU，即此类型中断被开放；否则，即使其对应的中断请求标志位置1,CPU也不会响应中断,即此类型中断被屏蔽。同时,CPU内还设置了一个中断允许触发器,它控制 CPU 能否响应中断。

(1) 中断控制寄存器

SPCE061A 对中断源的开放和屏蔽,以及每个中断源是否被允许中断,都受中断允许寄存器 P_INT_Ctrl、P_INT_Clear、P_INT_Ctrl_New 及一些中断控制指令的控制。

1) 中断控制单元 P_INT_Ctrl(读/写,$7010H)

P_INT_Ctrl 控制单元具有可读和可写的属性,其读/写时的意义是不同的。当写中断控制单元中的某位为1时,即允许该位所代表的中断被开放,并关闭屏蔽中断触发器,此时当有该中断申请时,CPU 会响应。否则,如果该位被置0,则禁止该位所代表的中断。即使有中断申请,CPU 也不会响应。

当读取中断控制单元时,它主要作为中断标志,因为它的每一位均代表一个中断。当 CPU 响应某中断时,便将该中断标志置1,即将 P_INT_Ctrl 中的某位置1,由此可以通过读取该寄存器来确定 CPU 响应的中断。

2) 清除中断标志控制单元 P_INT_Clear(写,$7011H)

P_INT_Clear 单元主要用于清除中断控制标志位。当 CPU 响应中断后,会将中断标志置1;当进入中断服务程序后,要将其控制标志清零;否则,CPU 总是执行该中断。

因为 P_INT_Clear 寄存器的每一位均对应一个中断,所以,如果想清除某个中断状态标志,只要将该寄存器中对应的中断位置1,即可清除该中断状态标志位。该寄存器只有写的属性,读该寄存器是无任何意义的。

3) 激活和屏蔽中断控制单元 P_INT_Ctrl_New(读/写,$702DH)

P_INT_Ctrl_New 单元用于激活和屏蔽中断。当写该控制单元时,与 P_INT_Ctrl 功能相似。当读该控制单元时,只作为了解激活那一中断的功能使用,与其写入值是一致的。

(2) 中断控制配置端口

中断控制配置端口如表 1.2.2 所列。

表 1.2.2 中断控制配置端口

P_INT_Ctrl_New(写)	P_INT_Ctrl(读)	P_INT_Clear(写)	功 能
1	—	—	允许中断/唤醒功能
0	—	—	屏蔽中断/唤醒功能,但不清除 P_INT_Ctrl(读)单元相应的中断标志位
—	1	—	有中断事件发生
—	0	—	没有中断事件发生
—	—	1	清除中断事件
—	—	0	不改变中断源的状态

(3) 中断控制指令

1) FIQ ON

功能:该指令用来开通 FIQ 中断(FIQ 的总中断允许开),不能代替 P_INT_Ctrl,也就是说,即使在程序中写了该代码,但是没有在 P_INT_Ctrl 寄存器中 FIQ 处置1,CPU 也无法响应该中断。FIQ ON 与 FIQ OFF 配对使用。例如：

```
.INCLUDE hardware.inc
.INCLUDE A2000.inc
.CODE
.PUBLIC _main
_main:
FIQ OFF
R1 = 0x8000;
[P_INT_Ctrl] = R1;    //只有在 P_INT_Ctrl 开放 FIQ 中断才可以响应 FIQ 中断
FIQ ON
loop:goto loop;;
```

2) FIQ OFF

功能：该指令用来屏蔽 FIQ 中断，可以屏蔽 P_INT_Ctrl 控制寄存器打开的 FIQ 中断。例如：

```
.INCLUDE hardware.inc
.INCLUDE A2000.inc
.CODE
.PUBLIC _main
_main:
FIQ ON
R1 = 0x8000;
[P_INT_Ctrl] = R1;    //开放 FIQ 中断
FIQ OFF               //关闭 FIQ 中断
FIQ ON                //开放 FIQ 中断
  loop:goto loop;
```

3) IRQ ON

功能：该指令用来开通 IRQ 中断（IRQ 的总中断允许开），不能代替 P_INT_Ctrl，与 FIQ ON 相同。必须通过 P_INT_Ctrl 来开通中断，IRQ ON 与 IRQ OFF 是配对使用的。

4) IRQ OFF

功能：该指令用来屏蔽 IRQ 中断，与 FIQ OFF 相同，可以屏蔽 P_INT_Ctrl 打开的 IRQ ON 中断。

5) INT

功能：该指令用来设置允许/禁止 FIQ 和 IRQ 中断。该控制指令与前面的指令相同，只有先通过 P_INT_Ctrl 寄存器来打开中断通道。

INT 控制指令还可以细分为 INT FIQ、INT IRQ、INT FIQ/IRQ 和 INT OFF。

INT FIQ 功能：允许 FIQ 中断，关闭 IRQ 中断。

INT IRQ 功能：允许 IRQ 中断，关闭 FIQ 中断。

INT FIQ/IRQ 功能：允许 FIQ 和 IRQ 中断。

INT OFF 功能：关闭 FIQ 和 IRQ 中断。

(4) 中断优先级

SPCE061A 单片机中,快速中断的优先级高于普通中断的优先级。在 IRQ 中断中,IRQ1 的中断优先级高于 IRQ2,IRQ2 的中断优先级高于 IRQ3。按照 IRQ 的序号,序号越高则中断优先级越低,UART 的中断优先级最低。在 IRQ 中断中,只是中断查询有先后,不能进行中断嵌套;同一中断向量内的中断源,中断优先级相同。

中断优先级关系如下:

FIQ＞(IRQ0＞IRQ1＞IRQ2＞IRQ3＞IRQ4＞IRQ5＞IRQ6,同级)＞UART IRQ

3. 中断响应

(1) 中断响应过程

从中断请求发生到被响应,从中断响应到转向执行中断服务程序,完成中断所要求的操作任务是一个复杂的过程。整个过程都是在 CPU 的控制下有序进行的,下面按顺序叙述 SPCE061A 单片机中断响应过程。

1) 中断查询

SPCE061A 的设计思想是把所有的中断请求都汇集到 P_INT_Ctrl 和 P_UART_Command2(该寄存器用于检测串行传输中断标志位)寄存器中。其中,外中断是使用采样的方法将中断请求锁定在 P_INT_Ctrl 寄存器的相应标志位中,而音频输出中断、触键唤醒、定时中断、时基中断、串行异步中断的中断请求由于都发生在芯片的内部,所以可直接置位 P_INT_Ctrl 和 P_UART_Command2 中各自的中断请求标志,不存在采样的问题。所谓查询,就是由 CPU 测试 P_INT_Ctrl 和 P_UART_Command2 中各标志位的状态,以确定有没有中断请求发生以及是哪一个中断请求,中断请求汇集使中断查询变得简单,因为只需对两个寄存器查询即可。SPCE061A 中断查询发生在每一个指令周期结束后,按中断优先级顺序对中断请求进行查询,即先查询高级中断后,再查询低级中断,即先查询 FIQ 再查询 IRQ,同级中断按 IRQ0→IRQ1→IRQ2→IRQ3→IRQ4→IRQ5→IRQ6→UART 的顺序查询。如果查询到有标志位为"1",则表明有中断请求发生。中断请求是随机发生的,CPU 无法预先得知,因此在程序执行过程中,中断查询要在每个指令结束后不停地进行。

2) 中断响应

中断响应就是 CPU 对中断源提出的中断请求的接受,是在中断查询后进行的,当查询到有效的中断请求时,紧接着就进行中断响应。中断响应的主要内容可以理解为是硬件自动生成一条调用指令,其格式为 CALL addr16。这里的 addr16 就是存储器中断区中相应中断入口地址。在 SPCE061A 单片机中,这些入口地址已经由系统设定,例如,对于时基信号 2 Hz 中断的响应,产生的调用指令为:

```
CALL    0xFFFD
```

生成 CALL 指令后,紧接着就由 CPU 执行,首先将程序计数器 PC 的内容压入堆栈,然后再将 SR 压入堆栈,以保护断点,再将中断入口地址装入 PC,使程序执行转向相应的中断区入口地址,调用中断服务程序。

中断响应是有条件的,并不是查询到所有中断请求都能被立即响应,当发生下列情况时,中断响应被封锁:CPU 正处在为一个同级或高级的中断服务中。因为当一个中断被响应时,要求把对应的优先级触发器置位,封锁低级和同级中断。

(2) 中断响应时间

中断响应的时间应从中断信号出现到 CPU 响应的时间与 CPU 响应中断信号进入中断服务程序的时间之和。首先,中断信号出现,CPU 查询到后,再执行下一条指令结束后去响应中断,这个时间可以根据指令周期长短来确定。一般指令周期最长为 182 个时钟周期,原因是累乘加指令需要的时间最长为 182 个时钟周期。其次,CPU 响应中断后到 CPU 执行中断服务程序又需要 8 个时钟,原因是需要堆栈 PC 指针、SR 寄存器,以及将中断向量赋值给 PC 并跳转到中断服务程序。这些操作共需要 8 个时钟周期。因此,SPCE061A 从中断信号出现到进入中断服务最长需要 190 个时钟周期。当然,如果出现有同级或高级中断正在响应或服务中必须等待时,那么响应时间是无法计算的。在一般应用情况下,中断响应时间的长短通常无需考虑。只有在精确定时应用场合,才需要知道中断响应时间,以保证定时的精确控制。

(3) 中断请求的撤消

中断响应后,P_INT_Ctrl 和 P_UART_Command2 中的中断请求标志应及时清除,否则就意味着中断请求仍然存在,弄不好就会造成中断的重复查询和响应,因此就存在一个中断请求的撤消问题。在 SPCE061A 中断中,中断撤消只是标志位的置 0 问题。SPCE061A 中断除 UART 中断外,所有的中断均需软件清除标志位,即将 P_INT_Ctrl 中相应的中断位清零,即可将中断请求撤消。而 UART 中断,则是硬件自动清零,不需要软件操作。例如,当接收到数据后,P_UART_Command2 中的接收标志位自动置 1,进入 UART 中断;在 UART 中断中读出数据后,P_UART_Command2 相应的中断标志位自动清零。

(4) 中断服务流程

SPCE061A 单片机的中断服务流程图 1.2.7 所示。

1) 中断入口

所谓中断的入口即中断的入口地址,每个中断源都有自己的入口地址,如表 1.2.3 所列。

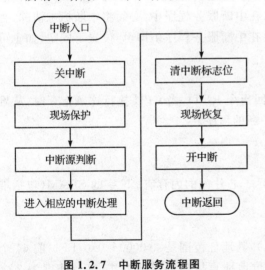

图 1.2.7 中断服务流程图

表 1.2.3 中断入口地址

中断向量	中断优先级别
FFF7H(复位向量)	RESET
FFF6H	FIQ
FFF8H	IRQ0
FFF9H	IRQ1
FFFAH	IRQ2
FFFBH	IRQ3
FFFCH	IRQ4
FFFDH	IRQ5
FFFEH	IRQ6
FFFFH	UART IRQ

CPU 响应中断后就是通过中断入口地址进入中断服务程序的。

2) 关中断和开中断

在一个中断执行过程中有可能有新的中断请求,但对于重要的中断必须执行到底,不允许被其他的中断嵌套,如 FIQ 中断。对此,可以采用关闭中断的方法来解决。例如,在 IRQ 中断中不允许 FIQ 中断嵌套,就可以在 IRQ 中断中关闭 FIQ 中断。当中断服务程序执行结束后,再打开中断,去响应 FIQ 中断,即在现场保护之前先关闭中断系统,彻底屏蔽其他中断请求,待中断处理完成后再打开中断系统。

还有一种情况是中断处理可以被打扰,但现场的保护和恢复不允许打扰,以免现场被破坏,为此应在现场保护和现场恢复的前后进行开关中断。这样做的结果是除现场保护和现场恢复的片刻外,仍然保持着系统中断嵌套功能,对于 SPCE061A 单片机中断的开和关可通过中断控制指令来控制 IRQ 和 FIQ 中断。如果想实现单个中断源的控制,则可以通过 P_INT_Ctrl 控制寄存器的置位和清位来打开或关闭某个中断。

3)现场保护和现场恢复

所谓现场是指中断时刻单片机存储单元中的数据状态。为了使中断服务的执行不破坏这些数据或状态,以免在中断返回后影响主程序的运行,因此要把它们送入堆栈中保存起来,这就是现场保护。现场保护一定要位于中断处理程序的前面。中断服务结束后,在返回主程序前,则需要把保存的现场内容从堆栈中弹出,以恢复那些存储单元的原有内容,这就是现场恢复。现场恢复一定要位于中断处理程序的后面。

4)中断源判断

因为 SPCE061A 中断源多于中断入口地址,所以当 CPU 响应中断后,经中断入口地址进入中断服务程序,通过读 P_INT_Ctrl 可判断产生中断请求的中断源。

5)中断处理

中断处理是中断服务程序的核心内容,是中断的具体目的。

6)清中断标志位

因为 CPU 是根据中断标志位来判断并进行响应中断的,除串口中断外,所有的中断标志位不是靠硬件清除,而是通过软件清除的;所以,在中断服务程序中,必须将中断标志清除,否则 CPU 总是会响应该中断的。清除标志位只要在中断服务程序中即可,位置不固定,如也可以在中断处理程序前清除中断标志。

7)中断返回

中断服务程序最后一条指令必须是中断返回指令 RETI,当 CPU 执行这条指令时,从堆栈中弹出断点 PC 及 SR,恢复断点重新执行被中断的程序。

1.2.3 SPCE061A 片内存储器结构

SPCE061A 的内存地址映像如图 1.2.8 所示。芯片内的内存有 2K 字的 SRAM(包括堆栈区)和 32K 字的闪存(FLASH)。

1. RAM

SPCE061A 有 2K 字的 SRAM(包括堆栈区),其地址范围是 0x0000~0x07FF。前 64 个字,即 0x0000~0x003F 地址范围内,可采用 6 位地址直接地址寻址方法,存取速度为 2 个 CPU 时钟周期;其余范围(0x0040~0x07FF)内存的存取速度则为 3 个 CPU 时钟周期。

2. 闪存 FLASH

SPCE061A 是一个用闪存替代 mask ROM 的 MTP(Multi-Time-Programmable)芯片,闪存可以进行多次擦除与写入,可用来存储程序与数据。SPCE061A 具有 32K 字(32K×16 位)

闪存容量,这 32K 字的内嵌闪存被划分为 128 页,每页存储容量为 256 字。它们在 CPU 正常运行状态下均可通过程序擦除或写入。全部 32K 字闪存均可在 ICE 工作方式下被写入或被擦除。为了安全起见,不对用户开放整体擦除功能。

用户必须通过向 P_Flash_Ctrl(写,$7555H)单元写入 0xAAAA,以启用闪存的存取功能。然后,向 P_Flash_Ctrl 单元写入 0x5511 来擦除页的内容。若写入 0x5533,则表示对闪存写入。这些指令不能被任何其他的操作打断,包括中断、ICE 的单步跟踪动作。这是因为闪存控制器必须保证闪存处于写入状态,如果其他的操作打乱了这个顺序,闪存的状态将发生改变,擦除页和写入的操作不能再继续进行。

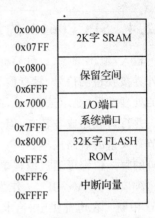

图 1.2.8 SPCE061A 内存映像表

此外,为保证数据的正确写入,用户必须在写入之前擦除页的内容。页的大小为 0x100。第一页的地址范围是 0x8000~0x80FF,最后一页的地址范围是 0xFF00~0xFFFF。0xFC00~0xFFFF 范围内的地址由系统保留,用户最好不要用此范围内的地址。

(1) 读取操作

在芯片上电后,闪存就处于读取状态,读取操作与 SRAM 相同。

(2) 擦除操作

对闪存写入数据前,必须对闪存进行擦除操作。由于闪存采用分页的数组结构,所以各个存储页可以被独立擦除。当用户向闪存控制接口发出页擦除命令以后,只要向某个地址写入任意的数据,对应到这个地址的的记忆页就被擦除。要保证擦除操作的正确完成,必须考虑该闪存的内部分页结构和每个页分区的擦除时间这两项参数。

(3) 写入操作

闪存芯片的写入操作是自动字节写入,既可以循序写入,也可指定地址写入。闪存的地址空间为 0x8000~0xFFFF,闪存控制接口的地址为 0x7555。第一页范围是 0x8000~0x80FF,最后一页范围是 0xFF00~0xFFFF。

擦除一页的流程:先对命令用户接口地址 0x7555 送出 0xAAAA,继而对命令用户接口地址 0x7555 送出 0x5511,然后对要擦除的记忆页地址写入任意数据,约 20 ms 即可完成擦除操作,之后就可以再进行其他操作。例如,擦除第 6 页(0x8500~0x85FF)的流程如下:

    0x7555←0xAAAA;0x7555←0x5511;0x85XX←0xXXXX(X 为任意值)

写入一个字的流程:先对命令用户接口地址 0x7555 送出 0xAAAA,继而对命令用户接口地址 0x7555 送出 0x5533,然后对要写入字的地址写入数据,约 40 μs 即可完成写入操作,之后就可以再进行其他操作。例如,向 0x8000 记忆地址写入 0xFFFF 的流程如下:

    0x7555←0xAAAA;0x7555←0x5533;0x8000←0xFFFF

连续写入多个字的流程:先对命令用户接口地址 0x7555 送出 0xAAAA,继而对命令用户接口地址 0x7555 送出 0x5544,然后给要连续写入字的起始地址写入字数据,约 40 μs 即可完成 1 个字的写入操作;再对命令用户接口地址 0x7555 送出 0x5544,对后续要写入的字地址写入字数据,等待 40 μs,循环操作即可完成连续字的写入。

1.2.4 SPCE061A 的端口

输入/输出端口(也可简称为 I/O 端口)是单片机与外设交换信息的通道。输入端口负责从外界接收检测信号、键盘信号等各种开关量信号。输出端口负责向外界传送由内部电路产生的处理结果、显示信息、控制命令、驱动信号等。μ'nSP™ 内有并行和串行两种方式的 I/O 口。并行口线路成本较高,但传输速率也较高;与并行口相比,串行端口的传输速率较低,但可以节省大量的线路成本。SPCE061A 有两个 16 位的通用并行 I/O 口:A 口和 B 口。这两个端口的每一位都可通过编程单独定义成输入口或输出口。

A 口的 IOA0~IOA7 作为输入端口时,具有唤醒功能,即当输入电平发生变化时,会触发 CPU 中断。在电池供电、追求低耗电的应用场合,可以让 CPU 进入睡眠模式(利用软件控制)以降低功耗,需要时用按键来唤醒 CPU,使其进入工作状态。例如,手持遥控器、电子字典、PDA、计算器、无线电话等。

1. I/O 端口基本结构

SPCE061A 提供了位控制结构的 I/O 端口,每一位都可以单独用于数据的输入或输出。每个独立的位可通过 3 种控制向量来做设定:数据向量 Data、属性向量 Attribution 和方向向量 Direction。

每 3 个对应的控制向量组合在一起,形成一个控制字,用来定义相对应 I/O 端口位的输入/输出状态和方式。例如,假设需要 IOA0 是下拉输入引脚,则相对应的 Data、Attribution 和 Direction 的值均被设为 0;如果需要 IOA1 是带唤醒功能的悬浮式输入引脚,则 Data、Attribution 和 Direction 的值被设为 010。与其他的单片机相比,SPCE061A 除了每个 I/O 口可以单独定义其状态外,每个对应状态下的 I/O 端口性质电路都是内置的,在实际的电路中不需要再外接。例如,设 A 口为带下拉电阻的输入端口,当连接硬件时不用再外接下拉电路。

A 口和 B 口的数据向量、属性向量和方向向量的设定值均在不同的寄存器里,用户在进行 I/O 端口设置时要特别注意这一点。I/O 端口的组合控制设置如表 1.2.4 所列。

表 1.2.4 I/O 端口的控制向量组合

方向向量	属性向量	数据向量	功 能	是否带唤醒功能	功能描述
0	0	0	下拉①	是②	带下拉电阻的输入引脚
0	0	1	上拉	是②	带上拉电阻的输入引脚
0	1	0	悬浮	是②	悬浮式输入引脚
0	1	1	悬浮	否	悬浮式输入引脚③
1	0	0	高电平输出 (带数据反相器)	否	非数据反相器的高电平输出(当向数据位写入 0 时输出 1)
1	0	1	低电平输出 (带数据反相器)	否	非数据反相器的低电平输出(当向数据位写入 1 时输出 0)

续表 1.2.4

方向向量	属性向量	数据向量	功　能	是否带唤醒功能	功能描述
1	1	0	低电平输出	否	带数据寄存器的低电平输出(无数据反相功能)
1	1	1	高电平输出	否	带数据寄存器的高电平输出(无数据反相功能)

注：① 端口位预设为带下拉电阻的输入引脚；
② 只有当 IOA[7:0]内位的控制字为 000、001 和 010 时，相应位才具有唤醒的功能；
③ 悬浮输入作为 ADC IOA[6:0]的输入。

A 口的功能如下：

① P_IOA_Data(读/写,7000H)　A 口的数据单元,用于向 A 口写入或从 A 口读出数据。当 A 口处于输入状态时,读出是指读 A 口引脚电平状态,写入是指将数据写入 A 口的数据寄存器。当 A 口处于输出状态时,写入输出数据到 A 口的数据寄存器。

② P_IOA_Buffer(读/写,7001H)　A 口的数据向量单元,用于向数据向量寄存器写入或从该寄存器读出数据。当 A 口处于输入状态时,写入是指将 A 口的数据向量写入 A 口的数据寄存器；读出则是从 A 口数据寄存器内读其数值。当 A 口处于输出状态时,写入输出数据到 A 口的数据寄存器。对于输出而言,P_IOA_Data 与 P_IOA_Buffer 是一样的；但对于输入而言,P_IOA_Data 读的是 I/O 的值,而 P_IOA_Buffer 读的是 Buffer 内的值。假设 IOA0 作为输出,并去接 LED 阳极(LED 阴极接地),若 P_IOA_Data 的 IOA0 为 1,对于某些需要较大驱动能力的 LED 而言,LED 会亮,但 IOA0 会被拉到一个很低的值。此时从 P_IOA_Data 读回的值为 0,但 P_IOA_Buffer 则为 1。读回的意义是方便做其他的 I/O 运算。

③ P_IOA_Dir(读/写,7002H)　A 口的方向向量单元,用于设置 A 口是输入还是输出,该方向控制向量寄存器可以写入或从该寄存器内读出方向控制向量。Dir 位决定了端口位的输入/输出方向,即 0 为输入,1 为输出。

④ P_IOA_Attrib(读/写,7003H)　A 口的属性向量单元,用于 A 口属性向量的设置。

⑤ P_IOA_Latch(读,7004H)　读该单元以锁存 A 口上的输入数据,用于进入睡眠状态前的触键唤醒功能的启动。

图 1.2.9 是 SPCE061A 并行 I/O 口的结构,从图中可以看出,向 Data 口和 Buffer 口写入数据,都会被写入同一个数据寄存器,但从 Data 和 Buffer 寄存器读出的数据却来自不同的位置。从 Data 寄存器读出的数据来自 I/O 引脚,从 Buffer 寄存器读出的数据来自数据寄存器。如此处理在某些 I/O 口应用场合下能节省许多存储端口数据的 RAM 空间。

表 1.2.5 给出了 A 口相关寄存器的介绍,这些单元是用来参与 A 口的组合编程控制的。A 口的 IOA0～IOA7 用作输入口时具有唤醒功能,可将此用于键盘的输入。如图 1.2.9 所示,只有当读数据时,这两个单元才发挥各自不同的功能。

由表 1.2.5 可以得出以下几点结论：

① P_IOA_Dir 位决定了端口位的输入/输出方向,即 0 为输入,1 为输出。

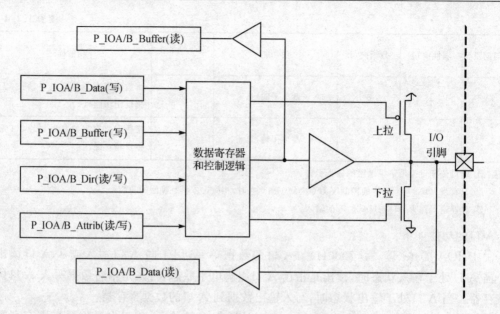

图 1.2.9 SPCE06/A 并行 I/O 口的结构

表 1.2.5 并行输入/输出 A 口的配置

配置单元	读写属性	存储地址	配置单元	读写属性	存储地址
P_IOA_Data	读/写	7000H	P_IOA_Dir	读/写	7002H
P_IOA_Buffer	读/写	7001H	P_IOA_Latch	读	7004H

② P_IOA_Attrib 位决定了在端口位的输入状态下是悬浮式输入还是非悬浮式输入,即 0 为带上拉或下拉电阻式输入,而 1 则为悬浮式输入;在端口位的输出状态下则决定其输出是反相的还是同相的,0 为反相输出,1 则为同相输出。

③ P_IOA_Data 位在端口位的输入状态下被写入时,与 P_IOA_Attrib 字节合在一起形成输入方式的控制字 00、01、10、11,以决定输入端口是带唤醒功能的下拉电阻式、上拉电阻式或悬浮式还是不带唤醒功能的悬浮式输入。P_IOA_Data 位在端口位的输出状态下被写入的是输出数据,但数据是经过反相器输出还是经过同相寄存器输出要由 P_IOA_Attrib 位来决定。

例如,假设要把 A 口的 IOA0 定义成下拉电阻式的输入口,则 A 口 P_IOA_Dir、P_IOA_Attrib 和 P_IOA_Data 三个向量对应的 b0 组合应设为 000。如果想把 A 口的 IOA1 定义成具有唤醒功能的悬浮式输入口,只需将 P_IOA_Dir、P_IOA_Attrib 和 P_IOA_Data 向量对应的 b1 组合设置为 010 即可。

A 口的 IOA0~IOA7 作为唤醒来源,常用于键盘输入。要启用 IOA0~IOA7 的唤醒功能,必须先读取 P_IOA_Latch 单元,以此来锁存 IOA0~IOA7 引脚上的按键状态。随后,系统才可通过指令进入低功耗的睡眠状态。当有按键按下时,IOA0~IOA7 的输入状态与其在进入睡眠前被锁存时的状态不同,从而引起系统的唤醒。

A 口低 8 位的属性设置及对应的端口位状态如表 1.2.6 所列。这里不考虑高 8 位。

表 1.2.6 A 口低 8 位属性设置

地 址	向 量	b7	b6	b5	b4	b3	b2	b1	b0
7002H	Dir	0	0	0	0	0	0	0	0
7003H	Attrib	0	0	0	0	0	0	0	0
7000H	Data	1	1	1	1	1	1	1	1
—	状态	带上拉电阻的输入							

B 口相关功能如下：

① P_IOB_Data(读/写,7005H) B 口的数据单元,用于向 B 口写入或从 B 口读出数据。当 B 口处于输入状态时,读出的是 B 口引脚电平状态;写入是指将数据写入 B 口的数据寄存器。当 B 口处于输出状态时,写入输出数据到 B 口的数据寄存器。

② P_IOB_Buffer(读/写,7006H) B 口的数据向量单元,用于向数据寄存器写入或从该寄存器内读出数据。当 B 口处于输入状态时,写入是指将数据写入 B 口的数据寄存器;读出则是从 B 口数据寄存器里读其数值。当 B 口处于输出状态时,写入数据到 B 口的数据寄存器。

③ P_IOB_Dir(读/写,7007H) B 口的方向向量单元,用于设置 IOB 口的状态。0 为输入,1 为输出。

④ P_IOB_Attrib(读/写,7008H) B 口的属性向量单元,用于设置 IOB 口的属性。

B 口低 8 位的属性设置及对应的端口位状态如表 1.2.7 所列。这里不考虑高 8 位。

表 1.2.7 B 口低 8 位属性设置

地 址	向 量	b7	b6	b5	b4	b3	b2	b1	b0
7007H	Dir	1	1	1	1	1	1	1	1
7008H	Attrib	1	1	1	1	1	1	1	1
7005H	Data	1	1	1	1	1	1	1	1
—	状态	带数据缓存器的高电平输出							

键盘硬件原理如图 1.2.10 所示。

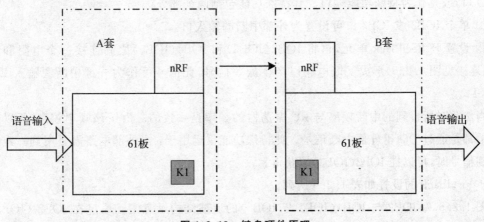

图 1.2.10 键盘硬件原理

2. B口的特殊功能

B口除了具有常规的输入/输出端口功能外,还具有一些特殊的功能,如表1.2.8所列。

表1.2.8　B口的特殊功能

口　位	特殊功能	功能描述	备　注
IOB0	SCK	串行接口SIO的时钟信号	
IOB1	SDA	串行接口SIO的数据传送信号	
IOB2	EXT1	外部中断源(下降沿触发)	IOB2设为输入状态
	Feedback_Output1	与IOB4组成一个RC反馈电路,以获得振荡信号,作为外部中断源EXT1	设置IOB2为反相输出方式,见P_Feedback(写,7009H)描述
IOB3	EXT2	外部中断源(下降沿触发)	IOB3设为输入状态
	Feedback_Output2	与IOB5组成一个RC反馈电路,以获得一个振荡信号,作为外部中断源EXT2	设置IOB3为反相输出方式,见P_Feedback(写,7009H)描述
IOB4	Feedback_Iutput1		见图1.2.5
IOB5	Feedback_Iutput2		见图1.2.5
IOB6	IRRX	红外通信的数据接收端口	
IOB7	RX	UART通用异步串行数据接收端口	
IOB8	APWMO	Timer A PWM脉宽调制输出	见P_Feedback(写,7009H)描述
IOB9	BPWMO	Timer B PWM脉宽调制输出	
IOB10	TX	UART通用异步串行数据发送端口	

注:(1) 端口位预设为带下拉电阻的输入引擎。

(2) PWM为脉宽调制(Pulse Width Modulation)。

P_Feedback(写,7009H)

B口工作方式的控制单元,用于决定B口的IOB2(IOB3)和IOB4(IOB5)是用来作为普通I/O口,或是作为特殊功能端口。其特殊功能包括两个部分:

① 单个IOB2或IOB3口可设置为外部中断的输入口。

② 设置P_Feedback单元,再将IOB2(IOB3)和IOB4(IOB5)之间连接一个电阻和电容(电路连接见图1.2.5)形成反馈电路以产生振荡信号,此信号可作为外部中断源输入EXT1或EXT2。

当然此时所得到的中断频率与RC振荡器的频率是一致的。由于该频率较高,所以通常情况下都是通过①获得外部中断信号。此特殊功能仅运用于:当外部电路需要用到一定频率的振荡信号时,可以在IOB2(IOB3)端获得。

P_Feedback的设置如表1.2.9所列。

图1.2.5为IOB2与IOB4(IOB3与IOB5)的反馈结构示意图。通过在IOB2(IOB3)和IOB4(IOB5)之间增加一个RC电路形成反馈回路,即可在IOB2(IOB3)端得到振荡源频率信

号。为了使反馈回路正常工作,必须将 IOB2(IOB3)设置成反相输出口,且将 IOB4(IOB5)设置成悬浮式输入口。

表 1.2.9 P_Feedback 的设置

b3	b2
FBKEN3	FBKEN2
1:设定 IOB3 和 IOB5 之间形成反馈功能; 0:IOB3 和 IOB5 作为普通的 I/O 口(预设)	1:设定 IOB2 和 IOB4 之间形成反馈功能; 0:IOB2 和 IOB4 作为普通的 I/O 口(预设)

IOB8 和 IOB10 的控制向量设置如表 1.2.10 所列。IOB8 和 IOB10 的应用由控制向量 TAON 和 TXPinEn 来控制。

表 1.2.10 IOB8 和 IOB10 的控制向量设置

TAON	TXPinEn	IOB8	IOB10
0	0	普通 I/O 口	普通 I/O 口
0	1	普通 I/O 口	Tx 口
1	0	APWMO 口	普通 I/O 口
1	1	APWMO 口	Tx 口

注:(1) TAON 为 Timer A 脉宽调制输出 APWMO 的启用信号。
(2) APWMO 为 Timer A 脉宽调制的输出信号。

1.2.5 时钟电路

μ'nSP™ 时钟电路采用的是晶体振荡器电路。图 1.2.11 为 SPCE061A 时钟电路的接线图。外接晶振频率为 32 768 Hz。之所以推荐使用外接 32 768 Hz 晶振,是因为 RC 振荡电路时钟不如外接晶振准确。

实时时钟 RTC(Real Time Clock)

32 768 Hz 实时时钟通常用于钟表、实时时钟延时以及其他与时间相关类产品。SPCE061A 通过对 32 768 Hz 实时时钟来源分频,所以提供了多种实时时钟中断。例如,用作唤醒的中断来源 IRQ5_2Hz,表示系统每隔 0.5 s 被唤醒一次,由此可作为精确的计时基准。

除此之外,SPCE061A 还支持 RTC 振荡器强振模式与自动模式的转换。

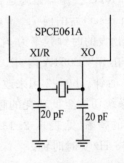

图 1.2.11 SPCE061A 与振荡器的连接

1.2.6 PLL 锁相环振荡器

PLL 锁相环的作用是将系统提供的实时时钟基频（32 768 Hz）进行倍频，调整至 49.152 MHz、40.96 MHz、32.768 MHz、24.576 MHz 或 20.480 MHz。系统预设的 PLL 振荡频率为 24.576 MHz。PLL 锁相环电路如图 1.2.12 所示。

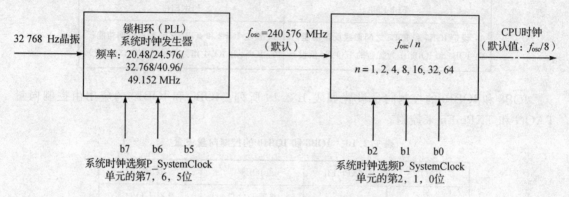

图 1.2.12 PLL 锁相环电路图

1.2.7 系统时钟

32 768 Hz 的实时时钟经过 PLL 倍频电路以后，产生系统时钟频率 f_{osc}；f_{osc} 再经过分频得到 CPU 时钟频率（CPUCLK），可通过设定 P_SystemClock（写，7013H）单元来控制。预设的 f_{osc}、CPU 时钟频率分别为 24.576 MHz 和 $f_{osc}/8$。用户可以通过对 P_SystemClock 单元编程完成对系统时钟和 CPU 时钟频率的定义。

此外，32 768 Hz RTC 振荡器有两种工作方式：强振模式和自动弱振模式。处于强振模式时，RTC 振荡器始终运行在高耗能的状态下。处于自动弱振模式时，系统在上电复位（power on reset）后的前 7.5 s 内处于强振模式，然后自动切换到弱振模式以降低功耗。CPU 被唤醒后预设的时钟频率为 $f_{osc}/8$，用户可以根据需要调整该值。

在 SPCE061A 内，P_SystemClock（写，7013H）单元（见表 1.2.11）控制着系统时钟和 CPU 时钟。b0～2 用来改变 CPU 时钟频率，若将 b0～2 设为 111，则可以使 CPU 时钟停止工作，系统切换至低功耗的睡眠状态（见表 1.2.12）；通过设置该单元的 b5～7 位可以改变系统时钟的频率（见表 1.2.13）。此外，在睡眠状态下，通过设置该单元的 b4 可以打开或关闭 32 768 Hz 实时时钟。

表 1.2.11 设置 P_SystemClock 单元

b7～b5	b4	b3	b2～0
PLL 频率选择	32 768 Hz 睡眠状态	32 768 Hz 方式选择	CPU 时钟选择
—	1：在睡眠状态下，32 768 Hz 时钟仍处于工作状态（预设）； 0：在睡眠状态下，32 768 Hz 时钟被关闭	1：32 768 Hz 时钟处强振模式（预设）； 0：32 768 Hz 时钟处自动弱振模式（预设）	

表 1.2.12 CPU 时钟频率选择

b2	b1	b0	CPU 时钟频率
0	0	0	f_{osc}
0	0	1	$f_{osc}/2$
0	1	0	$f_{osc}/4$
0	1	1	$f_{osc}/8$
1	0	0	$f_{osc}/16$
1	0	1	$f_{osc}/32$
1	1	0	$f_{osc}/64$
1	1	1	停止(睡眠状态)

表 1.2.13 PLL 频率选择

b7	b6	b5	f_{osc}/MHz
0	0	0	24.576
0	0	1	20.48
0	1	0	32.768
0	1	1	40.96
1	—	—	49.152

注:(1) 只有当 b0~2 同时被设为 1 时(即睡眠状态),b4 设置才有效。
(2) 上电复位或系统从备用状态(睡眠状态)被唤醒后,预设的 CPU 时钟频率为 $f_{osc}/8$。

1.2.8 时间基准信号

时间基准信号,简称时基信号,来自于 32 768 Hz 实时时钟,通过频率选择组合而成。时基信号产生器的频率选择 TMB1,为 Timer A 的时钟来源 B 提供了各种频率选择信号,并为中断系统提供中断源(IRQ6)信号。此外,时基信号产生器还可以通过分频产生 2 Hz、4 Hz、1024 Hz、2048 Hz 以及 4 096 Hz 的时基信号,为中断系统提供各种实时中断源(IRQ4 和 IRQ5)信号。时基信号产生器的结构如图 1.2.13 所示。

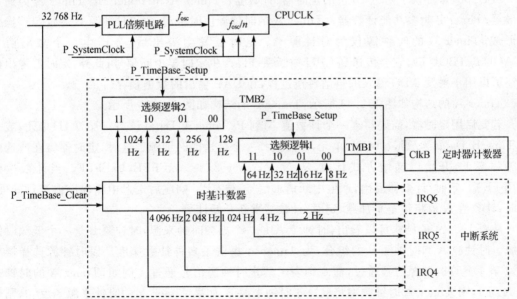

图 1.2.13 时基信号发生器的结构图

(1) P_Timebase_Setup(写,700EH)

时基信号发生器通过对 P_Timebase_Setup 单元(见表 1.2.14)的编程来进行频率选择。选频的具体设置参数见表 1.2.15。

表 1.2.14　P_Timebase_Setup 单元

b3	b2	b1	b0
TMB2 频率选择		TMB1 频率选择	

表 1.2.15　Timebase 频率选择

b3	b2	TMB2	b1	b0	TMB1
0	0	128 Hz①	0	0	8 Hz②
0	1	256 Hz	0	1	16 Hz
1	0	512 Hz	1	0	32 Hz
1	1	1024 Hz	1	1	64 Hz

注：① 预设的 TMB2 输出频率为 128 Hz；② 预设的 TMB1 输出频率为 8 Hz。

(2) P_Timebase_Clear(写,700FH)

P_Timebase_Clear 单元是控制端口,设置该单元可以完成时基计数器复位和时间校准。向该单元写入任一数值后,时基计数器将被设为 0,可利用此单元对时基信号产生器进行精确的时间校准。

1.2.9　定时器/计数器

SPCE061A 提供了两个 16 位的定时器/计数器：Timer A 和 Timer B。Timer A 为通用计数器；Timer B 为多功能计数器。Timer A 的时钟源由时钟源 A 和时钟源 B 进行"与"操作而形成；Timer B 的时钟源仅为时钟源 A。定时器发生溢出后,会产生一个溢出信号(TAOUT/TBOUT),它会传送到 CPU 中断系统以产生定时器中断信号；此外,定时器溢出信号还可以用于触发 ADC 输入的自动转换过程,和 DAC 输出的数据锁存。

Timer A 的结构如图 1.2.14 所示,Timer B 的结构如图 1.2.15 所示。

若要启用定时器,需要写入一个计数值 N 到 P_TimerA_Data(读/写,700AH)单元,或是 P_TimerB_Data(读/写,700CH)单元,然后选择一个合适的时钟源。这时,定时器将在所选的时钟频率下,开始以递增方式计数 $N, N+1, N+2, \cdots, 0xFFFE, 0xFFFF$。当计数达到 0xFFFF 后,定时/计数器溢出,产生中断请求信号,被 CPU 响应后送入中断控制器进行处理。同时,计数值 N 值将被重新加载,定时/计数器重新开始计数。

从图 1.2.14 的结构可以看出,时钟源 A 是一个高频时钟来源,时钟源 B 是一个低频时钟来源。时钟源 A 和时钟源 B 的组合,为 Timer A 提供了多种计数速度。以时钟源选择器来看,1 表示允许时钟源信号通过,而 0 则表示禁止时钟源信号通过。例如,Timer A 的时钟来源 A 为 1,则 Timer A 时钟频率将取决于时钟源 B；如果 Timer A 的时钟来源 A 为 0,则停止 Timer A 的计数。EXT1 和 EXT2 为外部时钟来源。另外,计数器所产生的定时器溢出,可以作为 PWM 脉宽调制的计数器,用来输出 4 位的 PWM 脉宽调制信号：APWM0 或 BPWM0(分别从 IOB8 和 IOB9 输出),可用来控制电机或其他一些设备的速度。

时钟源 A 与时钟源 B 是高频时钟来源,来自 PLL 锁相环的晶体振荡器输出 f_{osc}；时钟源 B 的频率来自 32 768 Hz 实时时钟系统,也就是说,时钟源 B 可以作为精确的定时器。例如,2 Hz 可以作为实时计数器。

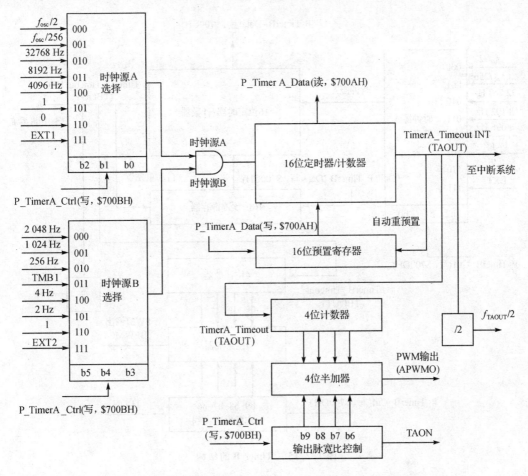

图 1.2.14 Timer A 的结构

(1) P_TimerA_Data(读/写,700AH)

Timer A 的数据单元,用于向 16 位预设寄存器写入数据(预设计数初值)或从其中读取数据。在写入数值以后,计数器便会在所选择的频率下进行加 1 计数,直至计数到 0xFFFF 产生溢出。溢出后 P_TimerA_Data 中的值将会被复位,再以设置的值继续加 1 计数。读到这儿你会发现,计数初值对于定时器的应用非常重要,那么怎样计算计数初值呢?一般分为以下两步:

① 选择需要的计数频率。
② 计算相对应的计数初值。

(2) P_TimerA_Ctrl(写,700BH)

Timer A 的控制单元如表 1.2.16 所列。用户可以通过设置该单元的 b0~5 来选择 Timer A 的时钟源。设置该单元的 b6~9,Timer A 将输出不同频率的脉宽调制信号,即对脉宽占空比输出 APWMO 进行控制。

表 1.2.16 P_TimerA_Ctrl 单元

b9	b8	b7	b6	b5	b4	b3	b2	b1	b0
占空比的设置(见表 2.19)				时钟源 B 选择位(见表 2.18)			时钟源 A 选择位(见表 2.17)		

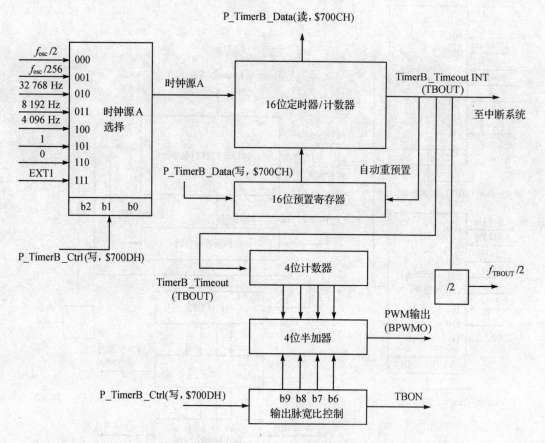

图 1.2.15 Timer B 的结构

表 1.2.17 时钟源 A 选择位 b0~b2

b2	b1	b0	时钟源 A 的频率
0	0	0	$f_{osc}/2$
0	0	1	$f_{osc}/256$
0	1	0	32 768 Hz
0	1	1	8 192 Hz
1	0	0	4 096 Hz
1	0	1	1
1	1	0	0*
1	1	1	EXT1

* 代表默认值为 0,若以 CLKA 作为门控信号,1 表示允许时钟源 B 信号通过,而 0 则表示禁止时钟源 B 信号通过,从而停止 Timer A 的计数。如果时钟源 A 为 1,则 Timer A 时钟频率将取决于时钟源 B;如果时钟源 A 为 0,则将停止 Timer A 的计数。

表 1.2.18 时钟源 B 选择位 b3~b5

b5	b4	b3	时钟源 B 的频率
0	0	0	2048 Hz
0	0	1	1024 Hz
0	1	0	256 Hz
0	1	1	TMB1
1	0	0	4 Hz
1	0	1	2 Hz
1	1	0	1*
1	1	1	EXT2

* 代表默认值为 1,若以 CLKA 作为门控信号,1 表示允许时钟源 B 信号通过,而 0 则表示禁止时钟源 B 信号通过,从而停止 Timer A 的计数。如果时钟源 A 为 1,则 Timer A 时钟频率将取决于时钟源 B;如果时钟源 A 为 0,则将停止 Timer A 的计数。

表 1.2.19 占空比设置 b6～b9

b9	b8	b7	b6	脉宽占空比(APWMO)	TAON[①]
0	0	0	0	关断	0
0	0	0	1	1/16	1
0	0	1	0	2/16	1
0	0	1	1	3/16	1
0	1	0	0	4/16	1
0	1	0	1	5/16	1
0	1	1	0	6/16	1
0	1	1	1	7/16	1
1	0	0	0	8/16	1
1	0	0	1	9/16	1
1	0	1	0	10/16	1
1	0	1	1	11/16	1
1	1	0	0	12/16	1
1	1	0	1	13/16	1
1	1	1	0	14/16	1
1	1	1	1	TAOUT[②]触发信号	1

注：① TAON 是 Timer A(APWMO)的脉宽调制信号输出启用位，默认值为 0，当 Timer A 的 b6～9 不全为零时，TAON=1。

② TAOUT 是 Timer A 的溢出信号，当 Timer A 的计数从 N 达到 0xFFFF 后(用户通过设置 P_TimerA_Data 单元指定 N 值)，发生计数溢出，产生的溢出信号可以作为 Timer A 的中断信号被送至中断控制系统；同时 N 值将被重新加载预设寄存器，使定时器重新开始计数。TAOUT 触发信号(TAOUT/2)的空占比为 50%，频率为 $f_{TAOUT}/2$，其他输入信号频率为 $f_{TAOUT}/16$。

(3) P_TimerB_Data(读/写,700CH)

Timer B 的数据单元，用于向 16 位预设寄存器写入数据(预设计数初值)或从其中读取数据。写入数据后，计数器就会以设定的数值往上累加直至溢出。计数初值的计算方法和 Timer A 相同。

(4) P_TimerB_Ctrl(写,700DH)

Timer B 的控制单元见表 1.2.20。时钟源 C 选择位 b0～2 如表 1.2.21 所列。用户可以通过设置该单元的 b0～2 来选择 Timer B 的时钟源。设置 b6～9，Timer B 将输出不同频率的脉宽调制信号，即对脉宽占空比输出 BPWMO 进行控制。

表 1.2.20 设置 P_TimerB_Ctrl 单元

Output_pulse_ctrl				脉宽占空比(BPWMO)	TBON[①]
b9	b8	b7	b6		
0	0	0	0	关断	0
0	0	0	1	1/16	1
0	0	1	0	2/16	1

续表 1.2.20

Output_pulse_ctrl				脉宽占空比(BPWMO)	TBON[①]
b9	b8	b7	b6		
0	0	1	1	3/16	1
0	1	0	0	4/16	1
0	1	0	1	5/16	1
0	1	1	0	6/16	1
0	1	1	1	7/16	1
1	0	0	0	8/16	1
1	0	0	1	9/16	1
1	0	1	0	10/16	1
1	0	1	1	11/16	1
1	1	0	0	12/16	1
1	1	0	1	13/16	1
1	1	1	0	14/16	1
1	1	1	1	TBOUT[②]触发信号	1

注：① TBON 是 Timer B(BPWMO)的脉宽调制信号输出启用位，默认值为 0。
② TBOUT 是 Timer B 的溢出信号，当 Timer B 的计数从 N 达到 0xFFFF 后（用户通过设置 P_TimerB_Data 单元指定 N 值），发生计数溢出，产生的溢出信号可以作为 Timer B 的中断信号被送至中断控制系统；同时 N 值将被重新加载预设寄存器，使定时器重新开始计数。TBOUT 触发信号（TBOUT/2）的空占比为 50%，频率为 $f_{TBOUT}/2$，其他输入信号频率为 $f_{TBOUT}/16$。

表 1.2.21 时钟源 C 选择位 b0~b2

b2	b1	b0	时钟源 C 的频率	b2	b1	b0	时钟源 C 的频率
0	0	0	$f_{osc}/2$	1	0	0	4 096 Hz
0	0	1	$f_{osc}/256$	1	0	1	1
0	1	0	32 768 Hz	1	1	0	0
0	1	1	8 192 Hz	1	1	1	EXT1

1.2.10 睡眠与唤醒

1. 睡 眠

IC 在上电复位后就开始工作，直到接收到睡眠信号，才关闭系统时钟（PLL 振荡器），进入睡眠状态。用户可以通过对 P_SystemClock（读，7013H）单元写入 CPUCLK STOP 控制字（CPU 睡眠信号）使系统从运行状态转入备用状态。系统进入睡眠状态后，程序计数器 PC 会停在程序的下一条指令计数上，当有任一唤醒事件发生后，由此继续执行程序。

2. 唤 醒

系统接收到唤醒信号后会接通 PLL 振荡器，同时 CPU 会响应唤醒事件的处理并进行初始化。IRQ3_KEY 为触键唤醒来源（IOA7~IOA0），其他中断信号（FIQ、IRQ1~IRQ6 及

UART IRQ)都可以作为唤醒来源。唤醒操作完成后,将会由进入睡眠状态时的断点处继续执行程序。CPU 需要 200 μs 的时间才能完成唤醒的动作,所以睡眠/唤醒的频率请勿超过 5 kHz,超过这个频率,CPU 将无法进入睡眠模式。

1.2.11 模/数转换器 ADC

模/数转换器是一种信号转换接口,可以把模拟量信号转换成数字量信号以便输入给计算机进行各种处理。SPCE061A 有 8 个 10 位 ADC 通道,其中一个通道(MIC_In)用于语音输入,模拟信号经过自动增益控制器和放大器放大后进行 A/D 转换。其余 7 个通道(Line_In)和 IOA0~IOA6 引脚共享,可以将输入的模拟信号(如电压信号)转换为数字信号。SPCE061A 的 A/D 转换范围是整个输入范围,即 0V~AV_{dd}。无效的 A/D 模拟信号(超过 $V_{DD}+0.3$ V 或是低于 $V_{SS}-0.3$ V)将影响转换电路的工作范围,从而降低 ADC 的性能。

ADC 的最大输入电压由 P_ADC_Ctrl 的 b7 和 b8 的值决定。b7(VEXTREF)决定了 ADC 的参考电压为 AVdd 或是外部参考电压。b8(V2VREFB)决定了 2 V 电压源是否起作用。如果起作用,用户可向 VEXTREF 引脚输入 2 V 电压。此反馈回路把 ADC 的最高参考电压设置为 2 V。如果用户指定的参考电压源的值不超过 AVdd,它还可以被当作 ADC 的最高参考电压。

1. ADC 的控制

在 ADC 内,由 DAC0 和逐次逼近寄存器 SAR(Successive Approximation Register)组成逐次逼近式模/数转换器(SAR ADC),如图 1.2.16 所示。向 P_ADC_Ctrl(写,$7015H)单元 b0(ADE)写入 1,可以启用 ADC。系统的默认值为 ADE=0(关闭 ADC)。当 ADE=1 时,应对 P_ADC_Ctrl 和 P_ADC_MUX_Ctrl(写,$702BH)的其他控制位进行合理设置。

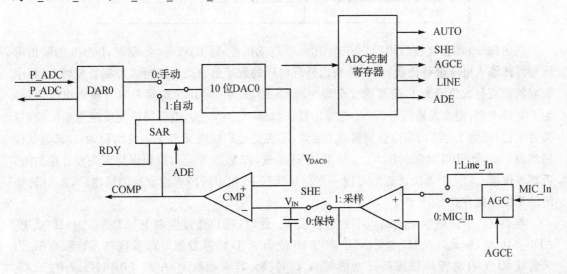

图 1.2.16 逐次逼近式 ADC 的结构

通过设置 P_ADC_MUX_Ctrl 的 b0~2,可以为 A/D 转换选择输入通道。通道包括 MIC_In 和 Line_In 两种。工作时,如果 MIC_In 通道和 Line_In 通道都处于直接工作模式(direct mode),程序会检查 P_ADC_Ctrl 的 b15。只有当目前的 A/D 转换完成后,才能切换通道。当 MIC_In 通道处于定时器锁存状态时,它可以优先存取 ADC。然后,用户可以从 P_ADC_

MUX_Ctrl(读,$702BH)的 FailB 位得知,Line_In ADC 是否被 MIC_In ADC 打断。

用户可通过读取 P_ADC(读,$7014H)单元,取得从 MIC_In 通道输入的模拟信号转换结果。用户可通过读取 P_ADC_Linein_Data(读,$702CH)单元,取得从指定的 Line_In 通道输入的模拟信号转换结果。

选择 MIC_In 通道后,可通过设置 P_DAC_Ctrl(写,$702AH)的 b3 和 b4,选择 A/D 转换的触发事件。当 P_ADC(读,$7014H)单元的数据被读取,Timer A 和 Timer B 事件发生后,可执行 A/D 转换。然而,在选择 Line_In 通道后,只有在读取 P_ADC_Linein_Data(读,$702CH)单元的内容后,才执行 A/D 转换,且不能使用定时器锁存数据。

进入睡眠状态后,ADC 被关闭(包括 AGC 和 VMIC)。注意,供电复位后,不论 ADC 是否被启用,VMIC 信号都预设为 ON。VMIC 用于向外部的 MIC 提供电源,VMIC=AVdd。即,VMIC 的状态和 ADC 的状态无关。因此,不使用 VMIC 时,用户必须把 P_ADC_Ctrl(写,$7015H)单元的第 1 位 MIC_ENB 设为 1,以关闭 VMIC。

硬件 ADC 的最高速率限定为 $f_{osc}/32$ 或 $f_{osc}/16$,如果速率超过此值,当从 P_ADC(读,$7014H)/P_ADC_Linein_Data(读,$702CH)单元读出数据时,将会发生错误。表 1.2.22 给出了 ADC 在各种系统时钟频率下的响应速率。

P_ADC_Ctrl(写,$7015H)单元的第 5 位 DAC_OUT,可用来选择两通道音频 DAC 的最大输出。最大输出电流可为 2 mA 或是默认值 3 mA。DAC_OUT 的设置可改变 DAC 输出的功率。

表 1.2.22　ADC 的最大响应速率($f_{osc}/32/16$)

系统时钟频率/MHz	20.48	24.576	32.768	40.96	49.52
响应速率/kHz	40	48	64	80	96

当 ADC 自动方式被启用后,会产生出一个启动信号,即 RDY=0。此时,DAC0 的输出电压与外部输入电压进行比较,以尽快找出外部电压的数字值。逐次逼近式控制首先将 SAR 中数据的最高有效位设为 1,而其他位全设为 0,即 10 0000 0000B。这时 DAC0 输出电压 V_{DAC0} 为 1/2 最大值,用来与输入电压 V_{in} 进行比较。如果 $V_{in} > V_{DAC0}$,则保持原先设置为 1 的位(最高有效位)仍为 1;否则,该位会被清 0。接着,逐次逼近式控制又将下一位试设为 1,其余低位仍然设为 0,即 110000 0000B,V_{DAC0} 与 V_{in} 进行比较,若 $V_{in} > V_{DAC0}$,则仍保持原先设置位的值,否则该位清 0。这个逐次逼近的过程一直会延续到 10 位中的所有位都被测试之后,A/D 转换的结果便会保存在 SAR 内。

当 10 位 A/D 转换完成时,RDY 会被设 1。此时,用户通过读取 P_ADC(7014H)或 P_ADC_MUX_Data(702CH)单元,可以获得 10 位的 A/D 转换数据。而从该单元读取数据后,又会使 RDY 自动清 0,以重新开始进行 A/D 转换。若未读取 P_ADC(7014H)或 P_ADC_MUX_Data(702CH)单元中的数据,RDY 仍保持为 1,并且不会启动下一次的 A/D 转换。外部信号由 Line_In[1:7]即 IOA0~IOA6 或通道 MIC_In 输入。从 Line_In[1:7]输入的模拟信号直接被送入缓冲器 P_ADC_MUX_Data(702CH)中;从 MIC_In 输入的模拟信号则要经过缓冲器和放大器。放大器的增益值可由外部线路来调整,因此 AGC 可以控制 MIC_In 输入信号的值在一定的范围内。

(1) P_ADC(读/写,7014H)

P_ADC 单元(见表1.2.23)储存 MIC 输入的 A/D 转换数据。逐次逼近式的 ADC 由一个 10 位 DAC(DAC0)、一个 10 位寄存器 DAR0、一个逐次逼近寄存器 SAR 和一个比较器 COMP 组成。

P_ADC(读):读出本单元实际为 A/D 转换输出的 10 位数值。如果 P_DAC_Ctrl(702AH)单元 b3 和 b4 被设为 00,那么在转换过程里读出本单元(7014H)亦会触发 A/D 转换重新开始。

表 1.2.23 P_ADC 单元

b15~6	b5~0
DAR0(读/写)	—

(2) P_ADC_Ctrl(读/写,7015H)

P_ADC_Ctrl 单元(见表1.2.24)为 ADC 的控制口。

表 1.2.24 P_ADC_Ctrl 单元

b15	b8	b7	b6	b2	b1	b0	控制功能描述
RDY(读)	V2VREFB(写)	VEXTREF(写)	DAC_OUT(写)	AGCE(写)	MIC_ENB(写)	ADE(写)	
0	—	—	—	—	—	—	10 位 A/D 转换未完成
1	—	—	—	—	—	—	10 位 A/D 转换完成,输出 10 位数值
—	0	—	—	—	—	—	打开 2 V 电压输出,其可作外部 A/D 参考电压输入
—	1	—	—	—	—	—	关闭 2 V 电压输出(预设)
—	—	0	—	—	—	—	不使用外部参考电压,A/D 参考电压为 V_{dd}(预设)
—	—	1	—	—	—	—	启用外部参考电压引脚,从 VEXTREF 引脚输入外部参考电压
—	—	—	0	—	—	—	$I_{DAC}=3$ mA@$V_{dd}=3$ V(预设)
—	—	—	1	—	—	—	$I_{DAC}=2$ mA@$V_{dd}=3$ V
—	—	—	—	0	—	—	取消 AGC 自动增益控制(预设)
—	—	—	—	1	—	—	启用 AGC 自动增益控制
—	—	—	—	—	0	—	MIC 模式被使能,$V_{MIC}=AV_{dd}$
—	—	—	—	—	1	—	MIC 模式被关闭
—	—	—	—	—	—	0	关闭 A/D 转换功能
—	—	—	—	—	—	1	启用 A/D 转换功能

注:(1) b15 只用于 MIC_In 通道输入。

(2) 当模拟信号经由麦克风的 MIC_In 通道输入时,可选择 AGCE 为 1,即放大器的增益可在其线性区域内自动调整,AGCE 默认值为 0,即取消自动增益控制功能。

(3) 写入时需注意 b5=1,b4=1,b3=1 和 b1=0。

(3) P_ADC_MUX_Ctrl（读/写,702BH）

ADC多通道控制是通过控制 P_ADC_MUX_Ctrl（702BH）单元（见表1.2.25）来实现的。

表1.2.25　P_ADC_MUX_Ctrl 单元

b15	b14	b13~b3	b2	b1	b0	控制功能描述
RDY(读)*	FailB(读)	—	\multicolumn{3}{c}{Channel_sel(读写)}	
0	—	—	—	—	—	10位 A/D 转换未完成
1	—	—	—	—	—	10位 A/D 转换完成
—	0	—	—	—	—	10位 A/D 转换失败（预设）
—	1	—	—	—	—	10位 A/D 转换成功
—	—	—	0	0	0	模拟电压信号经由 MIC_In 输入
—	—	—	0	0	1	模拟电压信号经由 Line_In1 输入
—	—	—	0	1	0	模拟电压信号经由 Line_In2 输入
—	—	—	0	1	1	模拟电压信号经由 Line_In3 输入
—	—	—	1	0	0	模拟电压信号经由 Line_In4 输入
—	—	—	1	0	1	模拟电压信号经由 Line_In5 输入
—	—	—	1	1	0	模拟电压信号经由 Line_In6 输入
—	—	—	1	1	1	模拟电压信号经由 Line_In7 输入

* RDY 只用于 Line_In[7:1]。

ADC 的多路 Line_In 输入是与 IOA[0:6] 共享，即：

IOA6	IOA5	IOA4	IOA3	IOA2	IOA1	IOA0
Line_In 7	Line_In 6	Line_In 5	Line_In 4	Line_In 3	Line_In 2	Line_In 1

(4) P_ADC_MUX_Data（读,702CH）

P_ADC_MUX_Data 单元用于读出 Line_In[7:1] 的10位 ADC 转换的数据，即：

b15	b14	b13	b12	b11	b10	b9	b8	b7	b6
D9	D8	D7	D6	D5	D4	D3	D2	D1	D0

2. MIC_In 通道方式 ADC

(1) ADC 范围

MIC_In 通道方式的 ADC，其最大参考电压可达 AV_{dd}，即来自 MIC_In 通道的模拟信号的电压范围从 0 V~AV_{dd}。信号从 MIC_In 引脚输入，经过寄存器后被放大。放大器的增益倍数可以通过外部电路进行调整，然后 AGC 把 MIC_In 信号控制在指定的范围内。

(2) 设　置

用户必须先把 P_ADC_Ctrl(写,$7015H)单元的第 0 位 ADE 设为1，第 1 位 MIC_ENB 设为 0，从而启用 ADC 和 MIC_In 通道（供电复位之后,VMIC 预设被打开）。然后，把第 2 位 AGCE 设为1，启用 AGC。第3、4位用于设定 MIC_In 通道的 ADC 触发方式（定时器锁存模式或直接模式)。P_ADC_MUX_Ctrl(读/写,$702BH)的第 0~2 位为 0 时,模拟电压信号经由 MIC_In 通道输入。

(3) 操 作

当触发 MIC_In 通道输入后,产生一个开始信号(b15(RDY)=0);然后,逐次逼近式 ADC 首先设置最高位,然后清除 SAR 的其他位(1000 0000B)。这时,DAC0 输出电压(1/2 AVdd)与输入电压 V_{in} 进行比较。如果 $V_{in} > V_{DAC}$,则保持原先设置为 1 的位(最高有效位)仍为 1;否则,该位会被清 0。这个过程重复 10 次,直到这些位都被比较过。转换结果将会保存在 SAR 内。A/D 转换完成之后,P_ADC_Ctrl (读,$7015H)的第 15 位 RDY 被置 1。

1) 定时器锁存模式

当 A/D 转换完成时,用户通过读取 P_ADC(读,$7014H)或 P_ADC_MUX_Data ($702BH)单元,以获得 10 位的 A/D 转换数据。定时器事件可由 Timer A 或 Timer B 触发。从 P_ADC 读取数据后,无论处于直接状态还是定时器状态,P_ADC_Ctrl(读,$7015H)的第 15 位 RDY 将被清 0,并且重新进行 A/D 转换。若 A/D 转换结果没被读取,第 15 位 RDY 将继续保持为 1,且不会继续执行 A/D 转换。注意,P_ADC_Ctrl 第 15 位 RDY 与 P_ADC_MUX_Ctrl 第 15 位 RDY 的作用相同。

2) 直接模式

设置 P_DAC_Ctrl(写,$702AH)的第 3 和 4 位,可以指定 MIC ADC 的工作模式为直接模式。进行 A/D 转换之前,用户必须先读取 P_ADC 单元的内容,以启用 ADC,然后通过读取 P_DAC_Ctrl 单元的第 15 位,循环查询 ADC 的状态。完成 A/D 转换之后,程序再一次读取 P_ADC 单元的内容来得到转换结果。

(4) MIC_In 前端放大器

MIC_In 通道有两级 OP 放大器。关闭 AGC 后,第一级放大器(OPAMP1)的增益为 15V/V。第二级放大器(OPAMP2)的增益为 60 kΩ/(1 kΩ+Rext),可以通过外接电阻 Rext 来调整增益的大小,Rext 的增减和 OPAMP2 的增益的变化成反比。如果 Rext=5.1 kΩ,则

OPAMP2 的增益=60 kΩ/(1 kΩ+5.1 kΩ)=9.8(即 19.8 dB)

MIC 放大器的总增益=OPAMP1×OPAMP2=15×9.8=147(即 43.3 dB)

AGC 被启用之后(P_ADC_Ctrl (写,$7015H)的 b2=1),能自动调整增益的值,以防止信号饱和。当 OPAMP2 的输出大于 0.9 AVdd 时,AGC 自动降低 OPAMP1 的增益,以防止被放大的信号饱和。

3. Line_in 操作模式的 ADC

SPCE061A 提供 7 个 Line_In 通道,它们与 IOA[6:0]共享 7 个引脚。如果把这 7 个引脚当作 Line_In 通道,用户必须首先把相对应的 IOA 引脚设置为"输入"。注意,由于 I/O 口带有内部上拉和下拉输入电阻,这会影响外部 Line_In 信号的电平。因此,IOA[6:0]最好被设置成悬浮的输入端口,用于 Line_In 通道输入。

1.2.12 DAC 方式音频输出

SPCE061A 为音频输出提供两个 DAC 通道(DAC1 和 DAC2),分别由经由 DAC1 和 DAC2 引脚输出。音频输出的结构如图 1.2.17 所示。DAC 的输出范围是 0x0000~0xFFFF。如果 DAC 的输出数据被处理成 PCM 数据,则必须让 DAC 输出数据的直流电位保持为

0x8000，且仅有高 10 位的数据有作用。DAC1 和 DAC2 的输出数据应写入 P_DAC1(写，$7017H)和 P_DAC2(写，$7016H)单元。上电复位后，两个 DAC 均被自动打开，此时会消耗少量的电流(几毫安)。因此，如果不需要用它们，那么尽量将 P_DAC_Ctrl(写，$702AH)单元的第 1 位设为 1，关闭 DAC 输出。

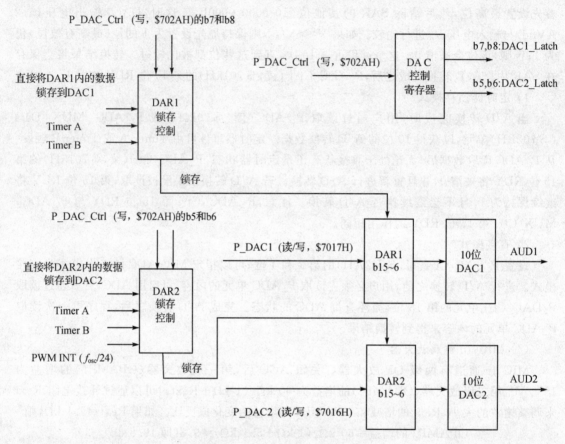

图 1.2.17　音频输出的结构图

DAC 的直流电压必须保证平稳地变化，否则会由于电压的突变引起扬声器产生杂音。采用 RAMP UP/DOWN 技术，可以减缓电压变化的幅度，从而输出高品质的音频数据。它的应用场合包括：被唤醒/上电复位后首次使用 DAC 时和上电复位功能被关闭/进入睡眠状态之前。

(1) P_DAC2(读/写，$7016H)

DAC2 是一个 10 位的 D/A 转换单元。在 DAC 方式下，该单元带有 10 位的缓冲寄存器 DAR2，如表 1.2.26 所列。

P_DAC2(写)：通过此单元直接写入 10 位数据到 10 位寄存器 DAR2，来锁存 DAC2 的输入数值(无符号数)。

P_DAC2(读)：从 DAR2 内读出 10 位数据。

(2) P_DAC1(读/写，$7017H)

DAC1 是一个 10 位的 D/A 转换单元。在 DAC 方式下，该单元带有 10 位的缓冲寄存器 DAR1，如表 1.2.27 所列。

表 1.2.26　P_DAC2 单元

b15～6	b5～b0
DA2_Data(读/写)	—

P_DAC1（写）：通过此单元直接写入 10 位数据到 10 位寄存器 DAR1，来锁存 DAC1 的输入数值（无符号数）。

P_DAC1（读）：从 DAR1 内读出 10 位数据。

(3) P_DAC_Ctrl（写，$702AH）

表 1.2.27　P_DAC1 单元

b15～b6	b5～b0
DA1_Data（读/写）	—

DAC 音频输出方式的控制单元中，b5～8 用于选择 DAC 的输出方式下的数据锁存方式；b3 和 b4 用来控制 A/D 转换方式；b1 总为 0，用于双 DAC 音频输出。b9～15 为保留位。

表 1.2.28 详细列出了 P_DAC_Ctrl 单元 b3～8 的控制功能。

表 1.2.28　P_DAC_Ctrl 单元

b8	b7	b6	b5	b4	b3
DAC1_Latch（写）		DAC2_Latch（写）		AD_Latch（写）	
00：直接将 DAR1 内的数锁存到 DAC1 内（默认值）； 01：通过 Timer A 溢出将 DAR1 内的数据锁存到 DAC1 内； 10：通过 Timer B 溢出将 DAR1 内的数据锁存到 DAC1 内； 11：通过 Time A 或 Timer B 溢出将 DAR1 内的数据锁存到 DAC1 内		00：直接将 DAR2 内的数据锁存到 DAC2 内（默认值）； 01：通过 Timer A 溢出将 DAR2 内的数据锁存到 DAC2 内； 10：通过 Timer B 溢出将 DAR2 内的数据锁存到 DAC2 内； 11：通过 Time A 或 Timer B 溢出将 DAR2 内的数据锁存到 DAC2 内		00：通过读 ADC（读，7014H）触发 ADC 自动转换（默认值）； 01：通过 Timer A 溢出触发 A/D 转换； 10：通过 Timer B 溢出触发 A/D 转换； 11：通过 Time A 或 Timer B 溢出触发 A/D 转换	

(4) DAC 输出特性

DAC 是被设计来用作音频输出的设备。通常 DAC 的最大输出电流和 AV_{dd} 成正比。参考表 1.2.29，DAC 的最大输出电流范围是"正常电流值±10%"。例如，$AV_{dd}=3.0$ V、DAC 额定输出 3 mA 时，DAC 的最大输出电流范围是 2.7～3.3 mA。

在得知 DAC 的最大输出电流以后，模拟电压输出范围可由 DAC 的负载来决定。由于 DAC 本身的物理特性，最大的输出电压将比 AV_{dd} 低 0.3～0.4 V。例如，当电流为 3 mA，AV_{dd} 为 3 V，电阻为 866 Ω 时，向 P_DAC 写入 0xFFC0，这时，最大的输出电压为 3 mA×867 Ω=2.6 V。如果电阻值大于 867 Ω，则输出电压值的变化不一定根据电阻的值成正比变化。

表 1.2.29　AV_{dd} 为 3 V 时 DAC 输出电流

AV_{dd}/V	DAC 电流最小值	典型值/mA	DAC 电流最大值/mA
2.4	2.16	2.4	2.64
2.7	2.43	2.7	2.97
3.0	2.7	3.0	3.3
3.3	2.97	3.3	3.63
3.6	3.24	3.6	3.96

1.2.13　串行设备输入/输出口 SIO

串行设备输入/输出端口 SIO 提供了一个 1 位的串行接口，用于与其他设备进行数据通信。在SPCE061A内通过IOB0和IOB1这2个口来实现与设备进行串行交换数据的功能。其中,IOB0用来作为时钟口(SCK),IOB1则用来作为数据端口(SDA),用于串行数据的接收或发送。参见IOB端口的特殊功能。

要启用串行输入/输出,除了要设定好P_SIO_Ctrl(读/写,701EH)单元,还得通过P_IOB_Dir(7007H)、P_IOB_Attrib(7008H)、P_IOB_Data(7005H)这三个IOB向量,将IOB0(SCK)设定为输出引脚。

SIO传输速率最快可设为CPUCLK/4,默认值为CPUCLK/16。SPCE061A的SIO速率最快可达12 288 kHz。SIO可根据外设的差别来选择不同的寻址模式,有8位、16位、24位三种寻址模式可选择。用户通过写入P_SIO_Start(701FH)单元,来启动数据交换的过程。串行传输的起始地址是由P_SIO_Addr_Low、P_SIO_Addr_Mid和P_SIO_Addr_High这3个单元指定。

进行写入操作时,必须先向P_SIO_Start(写)单元写入任一数值,以启动数据传输,然后将要传送的8位数据写入P_SIO_Data(写,701AH)。这时SIO会开始向串行外设传送起始地址,接着传送P_SIO_Data单元中的8位数据。同时必须连续检查P_SIO_Start(读)的内容,以便得知目前传送的状态,当传送完成时,就可以再次对P_SIO_Data(写)写入下一个8位数据。最后对P_SIO_Stop(写,7020H)写入数据,结束这一次传输。

进行读取操作时,必须先向P_SIO_Start(写)单元写入任一数值,以启动数据传输,然后就可以从P_SIO_Data(读,701AH)单元读取传送过来的数据。这时SIO会开始向串行外设传送起始地址,接着接收串行外设传回的8位数据。同时必须连续检查P_SIO_Start(读)的内容,以便得知目前传送的状态,当传送完成时,就可以再次对P_SIO_Data(读)读取下一个8位数据。最后对P_SIO_Stop(写,7020H)写入数据,结束这一次传输。

(1) P_SIO_Ctrl(读/写,701EH)

P_SIO_Ctrl单元如表1.2.30所列。用户必须设置P_SIO_Ctrl单元的第7位,将IOB0、IOB1分别设置为SCK引脚和SDA引脚。第6位用来决定串行接口是处于读取模式还是写入模式。第3、4位的作用是让用户自行指定数据传输速度。通过设置第0、1位,可以指定串行设备的寻址宽度。

表1.2.30 P_SIO_Ctrl单元

b7	b6	b5	b4	b3	b2	b1	b0	设置功能说明
SIO_Config	R/W	R/W_EN	Clock_Sel		—	Addr_Select		
X	X	X	X	X	—	0	0	16位寻址模式(A0~A15)(默认值)
X	X	X	X	X	—	0	1	无寻址模式
X	X	X	X	X	—	1	0	8位寻址模式(A0~A7)
X	X	X	X	X	—	1	1	24位寻址模式(A0~A23)
X	X	X	0	0	—	X	X	数据传输速率设为CPUCLK/16(默认值)
X	X	X	0	1	—	X	X	数据传输速率设为CPUCLK/4
X	X	X	1	0	—	X	X	数据传输速率设为CPUCLK/8
X	X	X	1	1	—	X	X	数据传输速率设为CPUCLK/32

续表 1.2.30

b7	b6	b5	b4	b3	b2	b1	b0	设置功能说明
SIO_Config	R/W	R/W_EN	Clock_Sel		—	Addr_Select		
1	X	X	X	X	—	X	X	设置 IOB0=SCK(串行接口时钟端口)，IOB1=SDA(串行接口数据端口)。用户不必设置 IOB0 和 IOB1 的输出入状态
0	X	X	X	X	—	X	X	用作普通的 I/O 口(预设)
X	1	X	X	X	—	X	X	设置 SIO 为写入模式
X	0	X	X	X	—	X	X	设置 SIO 为读取模式(预设)
X	X	1	X	X	—	X	X	不加入控制位
X	X	0	X	X	—	X	X	加入控制位(预设)

(2) P_SIO_Data(读/写,701AH)

该单元为收发串行数据的缓冲单元。向该单元写入或读出数据，就可使串行端口发送或接收数据字节，如表 1.2.31 所列。

表 1.2.31　P_SIO_Data 单元

b7	b6	b5	b4	b3	b2	b1	b0
D7	D6	D5	D4	D3	D2	D1	D0

(3) P_SIO_Addr_Low(读/写,701BH)

该单元为串行设备起始地址的低字节(默认值为 00H)，如表 1.2.32 所列。

表 1.2.32　P_SIO_Addr_Low 单元

b7	b6	b5	b4	b3	b2	b1	b0
A7	A6	A5	A4	A3	A2	A1	A0

(4) P_SIO_Addr_Mid(读/写,701CH)

该单元为串行设备起始地址的中字节(默认值为 00H)，如表 1.2.33 所列。

表 1.2.33　P_SIO_Addr_Mid 单元

b7	b6	b5	b4	b3	b2	b1	b0
A15	A14	A13	A12	A11	A10	A9	A8

(5) P_SIO_Addr_High(读/写,701DH)

该单元为串行设备起始地址的高字节(默认值为 00H)，如表 1.2.34 所列。

表 1.2.34　P_SIO_Addr_High 单元

b7	b6	b5	b4	b3	b2	b1	b0
A23	A22	A21	A20	A19	A18	A17	A16

(6) P_SIO_Start(读/写,701FH)

向 P_SIO_Start(写,701FH)单元写入任一数值,就可以启动数据传输。接着对 P_SIO_Data(701AH)单元进行读写操作,会使得 SIO 根据 P_SIO_Addr_Low、P_SIO_Addr_Mid 和 P_SIO_Addr_High 送出起始地址。之后,在读写 P_SIO_Data 单元时,SIO 将不再传送此起始地址。

如果需要传输数据到另一个地址,就必须重新指定起始地址。用户必须先向 P_SIO_Stop(7020H)单元写入任一数值,以停止 SIO 操作,然后向 P_SIO_Addr_Low、P_SIO_Addr_Mid 和 P_SIO_Addr_High 写入新的地址;最后向 P_SIO_Start(写,701FH)单元写入任一数值以重新启动 SIO 操作。

读 P_SIO_Start 单元可获取 SIO 的数据传输状态,该单元的第 7 位为 Busy 占用标志位。Busy=1 表示正在传输数据,传输操作完成后,该位将被清 0,可以开始传输新的字节,如表 1.2.35 所列。

表 1.2.35　P_SIO_Start 单元

b7	b6	b5	b4	b3	b2	b1	b0
Busy	—	—	—	—	—	—	—

(7) P_SIO_Stop(写,7020H)

向 P_SIO_Stop 单元写入任一数值,可以停止数据传输。通常停止数据传输应出现在启用数据传输之前,但上电复位后的第一个启动命令之前不需要终止命令。

1.2.14　异步串行接口 UART

UART 模块提供了一个全双工标准接口,用于 SPCE061A 与外设之间的串行通信。借助于 IOB 端口的特殊功能和 UART IRQ 中断,可以同时完成 UART 接口的接收与发送过程。此外,UART 还可以通过缓冲来接收数据。也就是说,它可以在寄存器数据被读取之前就开始接收新的数据。但是,如果新接收的数据被送进寄存器之前,寄存器内的旧数据还未被读走,就会发生数据遗失。P_UART_Data(读/写,7023H)单元可以用于接收和发送缓冲数据,向该单元写入数据,可以将要发送的数据送入寄存器;从该单元读取,可以从寄存器读出数据字节。UART 模块的接收引脚 Rx 和发送引脚 Tx,分别与 IOB7 和 IOB10 共享。

使用 UART 模块进行通信时,必须事先将 Rx(IOB7)引脚设置为输入状态、Tx(IOB10)引脚设置为输出状态。然后,通过设置 P_UART_BaudScalarLow(7024H)、P_UART_BaudScalarHigh(7025H)单元指定所需的波特率。同时,设置 P_UART_Command1(7021H)和 P_UART_Command2(7022H)单元以启用 UART 通信功能。以上设置完成后,UART 将处于启用状态。设置 P_UART_Command1 单元的第 6、7 位可以启用 UART IRQ 中断,并决定中断是由 TxRDY 或 RxRDY 信号触发,还是由二者共同触发。设置 P_UART_Command2 单元的第 6、7 位可以启用 UART Tx、Rx 引脚功能。当 μ'nSP™ 接收或发送一个字节数据时,P_UART_Command2 单元的第 6、7 位会被置 1,且同时触发 UART IRQ。无论 UART IRQ 中断是否被启用,UART 收发功能都可以由 P_UART_Command2 单元的第 6、7 位来控制。在任何时刻读取 P_UART_Command2 单元,都会清除 UART IRQ 的中断标志。UART 数据帧的格式如图 1.2.18 所示。

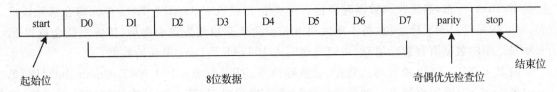

图 1.2.18　UART 数据帧格式

(1) P_UART_Command1(写,7021H)

P_UART_Command1 单元(见表 1.2.36)为 UART 控制口。该单元第 2、3 位是用来控制数据的奇偶校验功能,第 6、7 位用来控制 UART IRQ 中断。中断可由 TxRDY(发送完毕)或是 RxRDY(接收完毕)信号来触发。如果该单元的第 5 位 I_Reset 被置为 1,则 UART 将会复位所有的寄存器,恢复为系统默认值。P_UART_Command1 单元的默认值为 00H。

表 1.2.36　P_UART_Command1 单元

b7	b6	b5	b4	b3	b2	b1	b0	功能
RxIntEn	TxIntEn	I_Reset	—	Parity	P_Check	—	—	
1	—	—	—	—	—	—	—	启用由 RxRDY 信号触发的 UART IRQ 中断
0	—	—	—	—	—	—	—	关闭由 RxRDY 信号触发的 UART IRQ 中断
—	1	—	—	—	—	—	—	启用由 TxRDY 信号触发的 UART IRQ 中断
—	0	—	—	—	—	—	—	关闭由 TxRDY 信号触发的 UART IRQ 中断
—	—	1	—	—	—	—	—	启用内部复位
—	—	0	—	—	—	—	—	不启用内部复位
—	—	—	—	1	—	—	—	偶同位检查方式
—	—	—	—	0	—	—	—	奇同位检查方式
—	—	—	—	—	1	—	—	启用同步检查功能
—	—	—	—	—	0	—	—	关闭同步检查功能

(2) P_UART_Command2(写/读,7022H)

P_UART_Command2(写)单元在写入模式时,为 UART 数据发送/接收控制口,见表 1.2.37。第 6、7 位分别控制发送 Tx 和接收 Rx 引脚是否启用。P_UART_Command2 单元的默认值为 00H。

此时 IOB7 和 IOB10 引脚必须分别被规划成输入与输出,以作为 Rx 和 Tx 引脚。当发送引脚被启用时,IOB10 Tx 输出引脚将自动被置为高电平。

表 1.2.37　P_UART_Command2(写)单元

b7	b6
RxPinEn	TxPinEn
1:启用接收引脚	1:启用发送引脚
0:关闭接收引脚	0:关闭发送引脚

P_UART_Command2(读)单元在读取模式时,为 UART 状态信息,见表 1.2.38。第 7 位是 RxRDY 标志,当接收到数据时该标志位被置 1,读取 P_UART_Data 单元将会清除该标志;第 6 位是 TxRDY 标志位,将本单元第 6 位设为 1 来启用发送引脚后,该标志位会被置 1,表示发送用的数据寄存器已清空,可以发送写入 P_UART_Data 单元的数据。

向 P_UART_Data 单元写入数据,会清除掉 TxRDY 标志。P_UART_Command2(读)单元的第 3~5 位,是错误标志。如果在传输过程中发生错误,那么相对应位将被置 1;读取 P_UART_Data 单元内的数据,将会清除错误标志。

表 1.2.38 P_UART_Command2(读)单元

b7	b6	b5	b4	b3
RxRDY	TxRDY	FE	OEf	PE
1:数据已接收完毕; 0:未接收到数据	1:已准备好发送数据; 0:未准备好发送数据	1:存在 frame 错误; 0:无 frame 错误	1:发生溢出错误; 0:无溢出错误	1:发生同位检查错误; 0:无同位检查错误

以上错误信号代表传输过程可能出现的错误。表 1.2.39 列出了错误的原因及解决方法。

表 1.2.39 出错的原因及解决方法

错误类型	原因	解决方法
FE(帧错误)	发送引脚 Tx 和接收引脚 Rx 的数据 frame 格式或波特率不一致	1. 使用一致的数据格式; 2. 设置一致的波特率
OE(溢出错误)	接收端 Rx 接收数据的速度低于发送端 Tx 发送数据的速度,从而导致 Rx 数据溢出	1. 提高接收数据的速度; 2. 降低数据传输速度
PE(同位检查错误)	传输条件差,可能有噪声干扰	改善传输条件

(3) P_UART_Data(读/写,7023H)

b7	b6	b5	b4	b3	b2	b1	b0
数据							

(4) P_UART_BaudScalarLow(读/写,7024H)和 P_UART_BaudScalarHigh(读/写,7025H)

P_UART_BaudScalarHigh 和 P_UART_BaudScalarLow 单元组合可用来控制数据传输速率。UART 波特率的计算公式如下:

当 f_{osc}=49.152 MHz、40.960 MHz 或 32.768 MHz 时,则有

$$波特率=(f_{osc}/4)/Scale$$

当 f_{osc}=24.576 MHz 或 20.480 MHz 时,则有

$$波特率=(f_{osc}/2)/Scale$$

由此可得出 Scale 的值(Scale 为 7024H 单元和 7025H 单元组成的十进制整数)。

表 1.2.40 列出当 f_{osc}=24.576 MHz 或 49.152 MHz 时常用的波特率值。

表 1.2.40　常用的波特率值

波特率/(b·s^{-1})	高字节(7025H)	低字节(7024H)	Scale(十进制)	实际波特率/(b·s^{-1})
1500(最小值)	1FH	FFH	8192	1500
2400	14H	00H	5120	2400
4800	0AH	00H	2560	4800
9600	05H	00H	1280	9600
19200	02H	80H	640	19200
38400	01H	40H	320	38400
48000(默认值)	01H*	00H	256	48000
51200	00H	F0H	240	51200
57600	00H	D5H	213	57690
102400	00H	78H	120	102400
115200(最大值)	00H	6BH	107	114841

1.2.15　看门狗计数器

看门狗计数器(WatchDog)用来监视系统的正常运作。当系统正常运行时,每隔一定的周期就必须清除 WatchDog 计数器。如果在限定的时间内,WatchDog 计数器没有被清除,CPU 就会认为系统已经无法正常工作,将会进行系统复位(reset)。

SPCE061A 的 WatchDog 的清除时间周期为 0.75 s。因为 WatchDog 的溢出复位信号 WatchDog_Reset 是由 4 Hz 时基信号经 4 分频之后产生的,即每 4 个 4 Hz 时基信号(1 s)将会产生一个 WatchDog_Reset 信号,如图 1.2.19 所示。

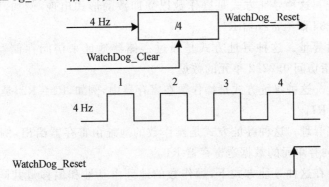

图 1.2.19　WatchDog 的结构和信号时序

SPCE061A 分为有 WatchDog 功能和无 WatchDog 功能两种版本。对于有 WatchDog 功能的版本,WatchDog 功能是上电时自动启动,不能被关闭。因此当用户使用时,注意要在 0.75 s 内进行清除 WatchDog 的操作。

P_WatchDog_Clear(写,7012H)

要清除 WatchDog,只需要将 xxxx xxxx xxxx xx01b 写入 P_WatchDog_Clear 单元即可,xx 代表任意数值。如果没有在 0.75 s 内清除 WatchDog,或者将不是 xxxx xxxx xxxx xx01b 的数值写入 P_WatchDog_Clear 单元,那么 CPU 将会进行系统复位。当系统处于睡眠模式(sleep mode)时,WatchDog 功能将会关闭。

第 2 章 指令系统与程序设计

2.1 指令系统概述及符号约定

指令是 CPU 执行某种操作的命令。微处理器(MPU)或微控制器(MCU)所能识别的全部指令的集合称为指令系统或指令集。指令系统是制造厂家在设计 CPU 时所赋予它的功能,用户必须正确书写和使用指令。因此学习和掌握指令的功能与应用非常重要,是程序设计的基础。本章将详细介绍 SPCE061A 指令系统的寻址方式和各种指令。

μ'nSP™ 单片机指令按其功能可划分为:

① 数据传送指令,包括立即数到寄存器、寄存器到寄存器、寄存器到存储器、存储器到寄存器的数据传送操作;

② 算术运算指令,包括加、减、乘等运算操作;

③ 逻辑运算指令,包括与、或、异或、测试、移位等操作;

④ 转移指令,包括条件转移、无条件转移、中断返回、子程序调用等操作;

⑤ 控制指令,包括开中断、关中断、FIR 滤波器的数据的自由移动等操作。

按寻址方式划分,可分为以下几类:

① 立即数寻址。这种寻址方式是操作数以立即数的形式出现,例如,R1=0x1234,是指把十六进制数 0x1234 赋给寄存器 R1。

② 存储器绝对寻址。这种寻址方式是通过存储器地址来访问存储器中的数据,例如,R1=[0x2222],是指访问 0x2222 单元的数据。

③ 寄存器寻址。这种寻址方式是操作数在寄存器中,例如,R1=R2,是指把寄存器 R2 中的数据赋给寄存器 R1。

④ 寄存器间接寻址。这种寻址方式是操作数的地址由寄存器给出,例如,R1=[BP],是指把由 BP 指向的内存单元的数据送寄存器 R1。

⑤ 变址寻址。在这种寻址方式下,操作数的地址由基址和偏移量共同给出,例如,R1=[BP+0x34]。

表 2.1.1 中的符号是在指令系统叙述过程中要用到的,在此统一进行约定。

表 2.1.1 符号约定

通用寄存器	R1,R2,R3,R4,R5(BP)
程序计数器	PC
SR 寄存器中的代码段选择字段和数据段选择字段	CS,DS
SR 寄存器中的 4 个标志位	N,Z,S,C
段寄存器,其中 b15~10 对应 DS;b9~6 对应 N、Z、S、C 标志位;b5~0 对应 CS	SR

续表 2.1.1

6 位(bit)立即数	IM6
16 位(bit)立即数	IM16
6 位地址码	A6
16 位地址码	A16
目的(destination)寄存器或存储器指针	Rd
源寄存器或存储器指针	Rs
数据传送符号	→
由 R4,R3 组成的 32 位结果寄存器(R4 为高字节,R3 为低字节)	MR
逻辑与记号,逻辑或记号,逻辑异或记号	&,|,^
可选项	{}
寄存器间接寻址标志	[]
指针单位自增量和自减量	++,--
两个有符号数之间的操作,无符号数与有符号数之间的操作	ss,us
程序标号	Label
Finite Impulse Response(有限冲击响应),数字信号处理中的一种具有线性相位及任意幅度特性的数字滤波器算法	FIR
负标志,N=0 时表示运算前最高有效位为 0,N=1 表示最高有效位为 1	N
零标志,Z=0 表示运算结果不为 0,Z=1 表示运算结果为 0	Z
符号标志,S=0 表示结果不为负,S=1 表示结果为负数(2 的补数),对于有符号运算,16 位数表示的范围为 $-32768 \sim 32768$,若结果小于 0,则 S=1	S
进位标志,C=0 表示运算过程中无进位或有借位产生,C=1 表示有进位或无借位产生	C
注释符	//

2.1.1 数据传送类指令

数据传送指令是把源操作数传送到指令所指定的目标地址。数据传送操作属复制性质,而不是搬家性质。指令执行后,源操作数不变,目的操作数为源操作数所代替。通用格式是:

〈目的操作数〉=〈源操作数〉

源操作数可以是立即数、寄存器直接寻址、寄存器间接寻址、直接地址寻址和变址寻址等。目的操作数可以是寄存器和直接地址寻址。下面按寻址方式来介绍 SPCE061A 的数据传送指令。指令长度如表 2.1.2 所列。

表 2.1.2 数据传送指令一览表

语　法	指令长度(word)	影响标志	周期数
Rd=IM16	2	N,Z	4
Rd=IM6		N,Z	2
Rd=[BP+IM6]	1	N,Z	6
Rd=[A6]		N,Z	5
Rd=[A16]	2	N,Z	7
Rd=Rs		N,Z	4
Rd=[Rs]		N,Z	
Rd=[Rs++]		N,Z	
Rd=[++Rs]	1	N,Z	4
Rd=[Rs--]		N,Z	
[BP+IM6]=Rs		无	6
[A6]=Rs		无	5
[A16]=Rs	2	无	7
[Rd]=Rs		无	
[++Rd]=Rs		无	
[Rd--]=Rs	1	无	6
[Rd++]=Rs		无	

注：若目的寄存器 Rd 为 PC，则指令周期数是列表中的后者，且此时运算后所有标志位均不受影响。

1. 立即数寻址

【影响标志】　N,Z

【格　式】　　Rd＝IM16　　　　//16 位的立即数送入目标寄存器 Rd

　　　　　　　Rd＝IM6　　　　 //6 位的立即数扩展成 16 位后送入目标寄存器 Rd

【举　例】　　设传送前 N＝0,Z＝1,S＝0,C＝1,

　　　　　　　R1 = 0xF001　　　//R1 的值变为 0xF001,N = 1,Z = 0,S = 0,C = 1

2. 寄存器寻址

【影响标志】　N,Z

【格　式】　　Rd＝Rs　　　　　//将源寄存器 Rs 中的数据送给目标寄存器 Rd

【举　例】　　设传送前 N＝0,Z＝1,S＝0,C＝1,

　　　　　　　R2 = 0xF001　　　//R2 的值为 0xF001,N = 1,Z = 0,S = 0,C = 1

　　　　　　　R1 = R2　　　　　//R1 的值变为 0xF001,N = 1,Z = 0,S = 0,C = 1

3. 直接地址寻址

【影响标志】　N,Z

【格　式】　　[A6]＝Rs　　　　//将源寄存器 Rs 中的数据送给以 A6 为地址的存储单元

　　　　　　　[A16]＝Rs　　　 //把 Rs 中的数据存储到 A16 指出的存储单元

| | Rd=[A6] | //把 A6 指定的存储单元数据读到 Rd 寄存器 |
| | Rd=[A16] | //把 A16 指定的存储单元数据读到 Rd 寄存器 |

【举例】 设传送前 N=1,Z=1,S=0,C=1,

    R1 = 0x0011　　　　　//R1 的值为 0x0011,N=0,Z=0,S=0,C=1

    [0x0010] = R1　　　　//[0x0010]单元的值变为 0x0011

4. 变址寻址

【影响标志】 N,Z

【格式】　　[BP+IM6]=Rs　　//把 Rs 的值存储到基址指针 BP 与 6 位的立即数
　　　　　　　　　　　　　　//之和指定的存储单元

　　　　　　Rd=[BP+IM6]　　//把基址指针 BP 与 6 位的立即数的和指定的存
　　　　　　　　　　　　　　//储单元数据读到 Rd 寄存器

【举例】 假设执行前 N=0,Z=1,S=0,C=1,

    R1 = 0x0010

    [BP + 0x0002] = R1　　//N=0,Z=0,S=0,C=1

5. 寄存器间接寻址

【影响标志】 N,Z

【格式】　　[Rd]=Rs　　　　//把 Rs 的数据存储到 Rd 的值所指定的存储单元,
　　　　　　　　　　　　　　//Rd 中存放的是操作数的地址

【举例】　　[++Rd]=Rs　　　//首先把 Rd 的值加 1,而后 Rs 的数据存储到 Rd 的值所指定
　　　　　　　　　　　　　　//的存储单元间接寻址的存储单元

　　　　　　Rd=[Rs++]　　　//读取 Rs 的值所指定的存储单元的值并存入 Rd,而后 Rs
　　　　　　　　　　　　　　//的值加 1

6. 堆栈指针 SP

除以上介绍的指令外,堆栈(stack)操作也属于一种特殊的数据传送指令。下面介绍 SPCE061A 的堆栈操作。堆栈指针 SP 总是指向栈顶的第一个空项,压入一个字后,SP 减 1,将多个寄存器同时压栈,总是序号最高的寄存器先入栈,然后依次压入序号较低的寄存器,直到序号最低的寄存器最后入栈。执行指令"PUSH R1,R4 to [SP]"与指令"PUSH R4,R1 to [SP]"是等效的。因此,在数据出栈前,SP 加 1,总是先弹出入栈指令中序号最低的寄存器,而后依次弹出序号较高的寄存器。

【格式】　PUSH　Rx, Ry to [SP]
　　　　　POP　　Rx, Ry from [SP]

【说明】 Rx,Ry 可以是 R1~R4,BP,SP,PC 中的任意两个或一个,执行后将 Rx~Ry 的序列寄存器压栈,或将堆栈中的数据弹入 Rx~Ry 序列寄存器中。压栈操作不影响标志位,出栈操作影响 N,Z 标志。当 Rx,Ry 中含有 SR 时,所有标志位都会改变。压栈、出栈操作的执行周期为 $2n+4$,若出栈操作的目的寄存器中含有 PC,则执行周期为 $3n+6$。其中 n 是压栈数据的个数。压栈和出栈的指令长度均为 1 字长。

【举例】　PUSH　R1, R5 to [SP]　　　　//将 R5,R4,R3,R2,R1 压栈,见图 2.1.1
　　　　　PUSH　R2, R2 to [SP]　　　　//将 R2 压栈

```
PUSH   R3 to [SP]              //将 R3 压栈
POP    R3 from [SP]             //R3 出栈
POP    R2, R2 from [SP]         //R2 出栈
POP    R1, R5 from [SP]         //R1,R2,R3,R4,R5 出栈
```

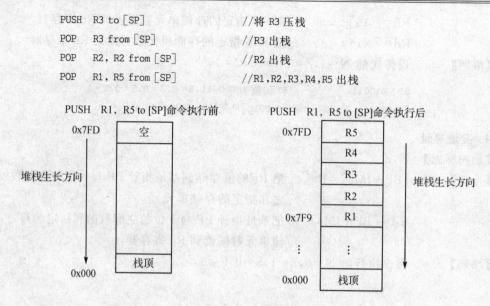

图 2.1.1 堆栈操作

2.1.2 算术运算类指令

SPCE061A 单片机的算术运算主要包括加、减、乘以及 n 项内积运算。加减运算又可分为不带进位和带进位的加减运算。带进位的加减运算在格式上和寻址方式上与无进位的加减运算类似。这里仍按寻址方式详细介绍不带进位的加减运算,而对带进位的加减运算只作简要说明。

1. 加法运算

加法运算影响标志位：N、Z、S、C。

(1) 立即数寻址(不带进位)

【格式1】 Rd+=IM6   或   Rd=Rd+IM6
【操作】   Rd+IM6→Rd
【说明】   Rd 的数据与 6 位(高位扩展成 16 位)立即数相加,结果送 Rd。
【格式2】 Rd=Rs+IM16
【操作】   Rs+IM16→Rd
【说明】   Rd 的数据与 16 位的立即数相加,结果送 Rd。
【举例】   假设开始时的标志位为：N=0,Z=1,S=0,C=1。

```
R1 = 0x0099         //R1 的值为 0x0099,N = 0,Z = 0,S = 0,C = 1
R1 += 0x0001        //R1 的值变为 0x009A,N = 0,Z = 0,S = 0,C = 0
R1 += 0xFFFE        //R1 的值变为 0x0098,N = 0,Z = 0,S = 0,C = 1
```

(2) 直接地址寻址

【格式1】 Rd+=[A6]   或   Rd=Rd+[A6]
【操作】   Rd+[A6]→Rd
【说明】   Rd 的数据与 6 位地址指定的存储单元中的数据相加,结果送 Rd。
【格式2】 Rd=Rs+[A16]

【操作】　　Rs+[A16]→Rd
【说明】　　Rs 的数据与 16 位地址指定的存储单元中数据相加,结果送 Rd。
【举例】　　假设开始时的标志位为:N=0,Z=1,S=0,C=1

　　　　　R2 = 0x0010　　　　　//R2 的值为 0x0010,N=0,Z=0,S=0,C=1
　　　　　[0x0088] = R2　　　　//把 0x0010 送到内存单元 0x0088 中,标志位不变
　　　　　R1 = 0xF099　　　　　//R1 的值为 0xF099,N=1,Z=0,S=0,C=1
　　　　　R1 += [0x0088]　　　 //R1 的值变为 0xF0A9,N=1,Z=0,S=1,C=0

(3) 变址寻址
【格式】　　Rd+=[Bp+IM6]　或　Rd=Rd+[BP+IM6]
【操作】　　Rd+[Bp+IM6]→Rd
【说明】　　取基址指针 BP 与 6 位的立即数的和指定的存储单元中的数据与 Rd 相加,结果送 Rd 寄存器。
【举例】　　假设开始时的标志位为:N=0,Z=1,S=0,C=1

　　　　　R1 = 0x0010　　　　　　//R1 的值变为 0x0010,N=0,Z=0,S=0,C=1
　　　　　R2 = 0x0090　　　　　　//R2 的值变为 0x0090,N=0,Z=0,S=0,C=1
　　　　　[0x0015] = R2　　　　　//R2 的值送到 0x0015 内存单元,标志位不变
　　　　　R1 += [BP+0x0015]　　　//R1 的值变为 0x00A0,N=0,Z=0,S=0,C=0

(4) 寄存器寻址
【格式】　　Rd+=Rs
【操作】　　Rd+Rs→Rd
【说明】　　Rd 与 Rs 的数据相加,结果送 Rd。
【举例】　　假设开始时标志位为:N=0,Z=1,S=0,C=1(注:本例为有符号数计算)

　　　　　R1 = -8　　　　　　　//R1 的值为 -8,实际以补码的形式体现,即 0xFFF8
　　　　　　　　　　　　　　　 //N=1,Z=0,S=0,C=1
　　　　　R2 = 0xFFFE　　　　　//R2 的值为 0xFFFE,N=1,Z=0,S=0,C=1
　　　　　R1 += R2　　　　　　 //R1 的值变为 0xFFF6,N=1,Z=0,S=1,C=1,无溢出

(5) 寄存器间接寻址
【格式 1】　Rd+=[Rs]
【操作】　　Rd+[Rs]→Rd
【说明】　　Rd 的数据与 Rs 所指定的存储单元中的数据相加,结果送 Rd。
【格式 2】　Rd+=[Rs++]
【操作】　　Rd+[Rs]→Rd,Rs+1→Rs
【说明】　　Rd 的数据与 Rs 所指定的存储单元中的数据相加,结果送 Rd,修改 Rs,Rs=Rs+1。
【格式 3】　Rd+=[Rs--]
【操作】　　Rd+[Rs]→Rd,Rs-1→Rs
【说明】　　Rd 的数据与 Rs 所指定存储单元中数据相加,结果送 Rd,Rs=Rs-1。
【格式 4】　Rd+=[++Rs]

【操作】　Rs+1→ Rs, Rd+[Rs]→Rd
【说明】　首先修改 Rs=Rs+1,然后 Rd 的数据与 Rs 所指定的存储单元中的数据相加,结果送 Rd。
【举例】　假设开始时的标志位为:N=0,Z=1,S=0,C=1

    R1 = 0x0010　　　　　//R1 的值为 0x0010,N=0,Z=0,S=0,C=1
    R2 = 0x0020　　　　　//R2 的值为 0x0020,N=0,Z=0,S=0,C=1
    [0x0010] = R2　　　　//R2 的值送到内存单元 0x0010 中,标志位不变
    R2 = 0x0010　　　　　//R2 的值为 0x0010
    R1 += [R2 ++]　　　　//R1 的值变为 0x0030,N=0,Z=0,S=0,C=0
    　　　　　　　　　　　//同时 R2 的值变为 0x0011

注意:有符号数的溢出只判断 N 和 S 两位:N!=S 时溢出,N=S 时无溢出。

2. 减法运算

同不带进位的加法运算一样,不带进位的减法运算同样可分为立即数寻址、直接地址寻址、寄存器寻址和寄存器间接寻址等方式。

减法运算影响标志位:N、Z、S、C。

(1) 立即数寻址

【格式1】　Rd−=IM6　或　Rd=Rd−IM6
【操作】　Rd−IM6→Rd
【说明】　Rd 的数据减去 6 位立即数,结果送 Rd。
【格式2】　Rd=Rs−IM16
【操作】　Rs−IM16→Rd
【说明】　Rs 的数据减去 16 位立即数,结果送 Rd。
【举例】　假设开始时的标志位为:N=0,Z=1,S=0,C=1

    R1 = 0x0010　　　　　//R1 的值为 0x0010,N=0,Z=0,S=0,C=1
    R2 = 0x0001　　　　　//R2 的值为 0x0001,N=0,Z=0,S=0,C=1
    R1 −= R2　　　　　　//R1 的值为 0x000F,N=0,Z=0,S=0,C=1

(2) 直接地址寻址

【格式1】　Rd−=[A6]　或　Rd=Rd−[A16]
【操作】　Rd−[A6]→Rd
【说明】　Rd 的数据减去[A6]存储单元中的数据,结果送 Rd。
【格式2】　Rd=Rs−[A16]
【操作】　Rs−[A16]→Rd
【说明】　Rs 的数据减去[A16]存储单元中的数据,结果送 Rd。
【举例】　假设开始时的标志位为:N=0,Z=1,S=0,C=1

    R1 = 0x0002　　　　　//R1 的值为 0x0002,N=0,Z=0,S=0,C=1
    [0x0020] = R1　　　　//把 R1 的值送到内存单元 0x0020 中,标志位不变
    R2 = 0x0001　　　　　//R2 的值为 0x0001,N=0,Z=0,S=0,C=1
    R2 −= [0x0020]　　　　//R2 的值变为 0xFFFF,C 为 0,运算过程产生

//借位，N＝1,Z＝0,S＝1

（3）变址寻址

【格式】　Rd－＝[BP＋IM6]　或　Rd＝Rd－[BP＋IM6]

【操作】　Rd－[BP＋IM6]→Rd

【说明】　Rd 的值减去基址加变址指定的存储单元的值，结果送 Rd。

【举例】　假设开始时的标志位为：N＝0,Z＝1,S＝0,C＝1

  R1 ＝ 0x8001　　　　　　//R1 的值为 0x8001,N＝1,Z＝0,S＝0,C＝1
  R2 ＝ 0x0020　　　　　　//R2 的值为 0x0020,N＝0,Z＝0,S＝0,C＝1
  [0x0010] ＝ R2　　　　　//把 0x0020 送到地址单元 0x0010 中
  R1 －＝ [BP ＋ 0x0010]　　//R1 的值变为 0x7FE1,N＝0,Z＝0,S＝1,C＝1

（4）寄存器寻址

【格式】　Rd－＝Rs

【操作】　Rd－Rs→Rd

【说明】　寄存器 Rd 的数据减去 Rs 的数据，结果送 Rd 寄存器。

【举例】　假设开始时的标志位为：N＝0,Z＝1,S＝0,C＝1

  R1 ＝ 32767　　　//R1 的初值为 0x7FFF,N＝0,Z＝0,S＝0,C＝1
  R2 ＝ 32768　　　//R2 的初值为 0x8000, N＝1,Z＝0,S＝0,C＝1
  R1 －＝ R2　　　　//R1 的值变为 0XFFFF,N＝1,Z＝0,S＝0,C＝0

（5）寄存器间接寻址

【格式1】　Rd－＝[Rs]

【操作】　Rd－[Rs]→Rd

【说明】　Rd 的数据与 Rs 所指定的存储单元中的数据相减，结果送 Rd。

【格式2】　Rd－＝[Rs＋＋]

【操作】　Rd－[Rs]→Rd, Rs＋1→Rs

【说明】　Rd 的数据与 Rs 所指定的存储单元中的数据相减，结果送 Rd，Rs 的值加 1。

【格式3】　Rd－＝[Rs－－]

【操作】　Rd－[Rs]→Rd, Rs－1→Rs

【说明】　Rd 的数据与 Rs 所指定的存储单元中的数据相减，结果送 Rd，Rs 的值减 1。

【格式4】　Rd－＝[＋＋Rs]

【操作】　Rs＋1→Rs,Rd－[Rs]→Rd

【说明】　Rs 的值加 1,Rd 的数据与 Rs 所指定单元数据相减，结果送 Rd。

3. 带进位的加减运算

由于带进位的加减运算与不带进位的加减运算在寻址方式、周期数、指令长度，以及影响的标志位均相同，在格式上相似，故这里只给出格式，供读者参考。

（1）带进位的加法格式

Rd＋＝IM6,Carry

Rd＝Rd＋IM6,Carry

Rd＝Rs＋IM16,Carry

Rd+=[BP+IM6],Carry
Rd=Rd+[BP+IM6],Carry
Rd+=[A6],Carry
Rd=Rd+[A6],Carry
Rd=Rs+[A16],Carry
Rd+=Rs,Carry
Rd+=[Rs],Carry
Rd+=[++Rs],Carry
Rd+=[Rs--],Carry
Rd+=[Rs++],Carry

（2）带进位的减法格式

Rd-=IM6,Carry
Rd=Rd-IM6,Carry
Rd=Rs-IM16,Carry
Rd-=[BP+IM6],Carry
Rd=Rd-[BP+IM6],Carry
Rd-=[A6],Carry
Rd=Rd-[A6],Carry
Rd=Rs-[A16],Carry
Rd-=Rs,Carry
Rd-=[Rs],Carry
Rd-=[++Rs],Carry
Rd-=[Rs--],Carry
Rd-=[Rs++],Carry

4. 取补运算

取一个数的补码,在计算机中表示为取其反码,再加1,SPCE061A 也正是这样处理的。取补运算影响标志位 N、Z。

【举例】 计算数-600 与 0x0040 单元数据的差。

```
R1 = -600
R2 = 0x0001
[0x0040] = R2
BP = 0x0040        //取该单元地址
R2 = -[BP]         //取此数的补码,-1 的补码为 0xFFFF
R1 += R2           //相加,结果送 R1
```

5. 乘法指令

注：Rd、Rs 可用 R1～R4,BP；MR 由 R4、R3 构成,R4 是高位,R3 为低位。

【影响标志】 无

【格式1】　　MR=Rd * Rs 或　MR=Rd * Rs,ss

【功能】　　Rd * Rs→MR

【说明】 表示两个有符号数相乘,结果送 MR 寄存器。
【格式 2】 MR=Rd * Rs,us
【功能】 Rd * Rs→MR
【说明】 表示无符号数与有符号数相乘,结果送 MR 寄存器。
【举例】 计算一年(365 天)共有多少小时,结果存放 R4(高位)R3(低位)。

```
R1 = 365              //R1 的值为 0x016D
R2 = 24               //R2 的值为 0x0018
MR = R1 * R2,us       //计算乘积,结果 R3 的值为 0x2238, R4 的值为 0x0000
```

6. n 项内积运算指令

【影响标志】 无

【格式】 MR=[Rd] * [Rs]{,ss}{,n}

【功能】 指针 Rd 与 Rs 所指寄存器地址内有符号数据之间或无符号与有符号字数据之间进行 n 项内积运算,结果存入 MR。符号的缺省选择为 ss,即有符号数据之间的运算。n 的取值为 1~16,缺省值为 1。内积运算操作如图 2.1.2 所示。

【执行周期】 10n+6

【说明】 当 FIR_MOV ON 时,允许 FIR 运算过程中数据自由移动。为新样本取代旧样本进行数据移动做准备：Xn−4=Xn−3,Xn−3=Xn−2,Xn−2=Xn−1。如图 2.1.2 所示,当完成一次内积运算后,X1、X2、X3 自动右移,X4 移出。这在数字信号处理中十分有用。比如,要计算连续 4 次采样值的平均值,可将采样值放到 X1−−−−X4 中,加权系数放到 C 中,然后完成"[Rd] * [Rs]{,ss}{,4}"运算,再求平均值。当 FIR_MOV ON 时,运算完成后,X1、X2、X3 自动右移,X4 移出,这样就可以把下一次的采样值 X0 放到原 X1 的位置,下一次直接完成"[Rd] * [Rs]{,ss}{,4}"运算,即 X0−X3 的运算,不必手动移动 Xn。

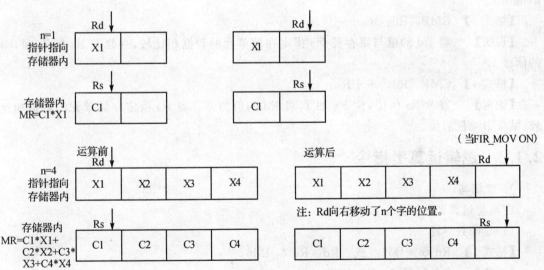

图 2.1.2 内积运算操作示意图

7. 比较运算

比较运算执行两数的减法操作,不存储运算结果,只影响标志位 N、Z、S、C。下面按寻址方式分别介绍比较运算的各条指令。

(1) 立即数寻址

【格式1】　CMP　Rd,IM6

【说明】　将Rd与6位立即数相减。

【格式2】　CMP　Rd,IM16

【说明】　将Rd与16位立即数相减。

(2) 直接地址寻址

【格式1】　CMP　Rd,[A6]

【说明】　将Rd的值与A6指定地址单元的数据相减。

【格式2】　CMP　Rd,[A16]

【说明】　将Rd的值与A16指定地址单元的数据相减。

(3) 寄存器寻址

【格式】　CMP　Rd,Rs

【说明】　将Rd与Rs的值相减。

(4) 变址寻址

【格式】　CMP　Rd,[BP+IM6]

【说明】　将Rd与[BP+IM6]指定地址单元的数据相比较。

(5) 寄存器间接寻址

【格式1】　CMP　Rd,[Rs]

【说明】　将Rd的值与寄存器Rs指定存储单元的数据相比较。

【格式2】　CMP　Rd,[Rs++]

【说明】　将Rd的值与寄存器Rs指定存储单元的数据相比较,并修改Rs的值,使Rs的值加1。

【格式3】　CMP　Rd,[Rs--]

【说明】　将Rd的值与寄存器Rs指定存储单元的数据相比较,并修改Rs的值,使Rs的值减1。

【格式4】　CMP　Rd,[++Rs]

【说明】　修改Rs的值,使Rs加1,将Rd的值与寄存器Rs指定存储单元的数据相比较,结果影响标志位。

2.1.3　逻辑运算类指令

1. 逻辑与

逻辑与运算影响标志位:N和Z。

(1)立即数寻址

【格式1】　Rd &= IM6　或　Rd=Rd & IM6

【功能】　Rd & IM6→Rd

【说明】　将Rd的数据与6位立即数进行逻辑与操作,结果送Rd寄存器。

【格式2】　Rd=Rs & IM16

【功能】　Rs & IM16→Rd

【说明】 该指令将 Rs 的数据与 16 位立即数进行逻辑与操作,结果送 Rd 寄存器。
【举例】 假设开始时的标志位:N=0,Z=1,S=0,C=1

    R1 = 0x0010   //R1 的初值为 0x0010,Z = 0
    R1& = 0x000F //结果为 0,标志位 Z 由 0 变为 1

(2) 直接地址寻址

【格式1】 Rd &=[A6] 或 Rd=Rd & [A6]
【功能】 Rd & [A6]→Rd
【说明】 将 Rd 和 A6 指定存储单元数据进行逻辑与操作,结果送 Rd 寄存器。
【格式2】 Rd=Rs & [A16]
【功能】 Rs & [A16]→Rd
【说明】 将 Rs 中的数据和 A16 指定存储单元中的数据进行逻辑与操作,结果送 Rd 寄存器。
【举例】 假设开始时的标志位:N=0,Z=1,S=0,C=1

    R1 = 0x0010   //R1 赋值为 0x0010,Z = 0,N = 0
    R2 = 0xFFFF   //R2 赋值为 0xFFFF,Z = 0,N = 1
    [0x000F] = R2
    R1& = [0x000F] //执行后,R1 = 0x0010,标志位 Z = 0,N = 0

(3) 寄存器寻址

【格式】 Rd &=Rs
【功能】 Rd & Rs→Rd
【说明】 将 Rd 和 Rs 的数据进行逻辑与操作,结果送 Rd 寄存器。
【举例】 假设开始时的标志位:N=0,Z=1,S=0,C=1

    R1 = 0x00FF   //R1 的初值为 0x00FF,Z = 0,N = 0
    R2 = 0xFFFF   //R1 的初值为 0xFFFF,Z = 0,N = 1
    R1& = R2   //结果为 0x00FF,执行后标志位 N 变为 0,Z = 0

(4) 寄存器间接寻址

【格式1】 Rd &=[Rs]
【功能】 Rd & [Rs]→Rd
【说明】 将 Rd 的数据与 Rs 指定存储单元的数据进行逻辑与操作,结果送 Rd 寄存器。
【格式2】 Rd &=[Rs++]
【功能】 Rd & [Rs]→Rd,Rs+1→Rs
【说明】 将 Rd 的数据与 Rs 指定存储单元的数据进行逻辑与操作,结果送 Rd 寄存器,修改 Rs 的值,使 Rs 加 1。
【格式3】 Rd &=[Rs−−]
【功能】 Rd & [Rs]→Rd,Rs−1→Rs
【说明】 将 Rd 的数据与 Rs 指定存储单元的数据进行逻辑与操作,结果送 Rd 寄存器,修改 Rs 的值,使 Rs 减 1。
【格式4】 Rd &=[++Rs]

【功能】　Rs+1→Rs,Rd & [Rs]→Rd

【说明】　修改 Rs 的值,Rs 加 1,将 Rd 的数据与 Rs 指定存储单元的数据进行逻辑与操作,结果送 Rd 寄存器

【举例】　假设开始时的标志位:N=0,Z=1,S=0,C=1

```
R1 = 0x00FF       //R1 的初值为 0x00FF,Z=0,N=0
R2 = 0xFFFF       //R1 的初值为 0xFFFF,Z=0,N=1
[0x0001] = R2
R2 = 0x0001
R1& = [R2]        //结果为 0x00FF,执行后标志位 N 变为 0,Z=0
```

2. 逻辑或

逻辑或影响标志位:N 和 Z。

(1) 立即数寻址

【格式 1】　Rd |= IM6　或　Rd=Rd | IM6

【功能】　Rd | IM6→ Rd

【说明】　将 Rd 数据与 6 位立即数进行逻辑或操作,结果送 Rd 寄存器。

【格式 2】　Rd=Rs | IM16

【功能】　Rs | IM16→Rd

【说明】　将 Rs 数据与 16 位立即数进行逻辑或操作,结果送 Rd 寄存器。

【举例】　假设开始时的标志位:N=0,Z=1,S=0,C=1

```
R1 = 0x00FF       //R1 的初值为 0x00FF,Z=0,N=0
R1| = 0xF000      //R1 的值变为 0xF0FF,Z=0,N=1
```

(2) 直接地址寻址

【格式 1】　Rd |=[A6]　或　Rd=Rd | [A6]

【功能】　Rd | [A6]→Rd

【说明】　将 Rd 和 A6 指定单元数据进行逻辑或操作,结果送 Rd 寄存器。

【格式 2】　Rd=Rs | [A16]

【功能】　Rs | [A16]→Rd

【说明】　将 Rs 的数据和 A16 指定单元数据进行逻辑或操作,结果送 Rd 寄存器。

【举例】　假设开始时的标志位:N=0,Z=1,S=0,C=1

```
R1 = 0x00FF       //R1 的初值为 0x00FF,Z=0,N=0
R1| = [0x0009]    //R1 值变为 0x00FF,Z=0,N=0,[0x0009]的值默认为 0
```

(3) 寄存器寻址

【格式】　Rd |= Rs

【功能】　Rd | Rs→Rd

【说明】　将 Rd 和 Rs 的数据进行逻辑或操作,结果送 Rd 寄存器。

【举例】　假设开始时的标志位:N=0,Z=1,S=0,C=1

```
R1 = 0x0000       //R1 的初值为 0x0000,Z=1,N=0
```

```
            R2 = 0xFFFF
            R1|= R2              //R1 的值变为 0xFFFF, Z = 0, N = 1
```

(4) 寄存器间接寻址

【格式1】 Rd |=[Rs]

【功能】 Rd | [Rs]→Rd

【说明】 将 Rd 的数据与 Rs 指定的单元的数据进行逻辑或操作,结果送 Rd 寄存器。

【格式2】 Rd |=[Rs++]

【功能】 Rd | [Rs]→Rd,Rs+1→Rs

【说明】 将 Rd 的数据与 Rs 指定的单元的数据进行逻辑或操作,结果送 Rd 寄存器,修改 Rs 的值,使 Rs 加 1。

【格式3】 Rd |=[Rs--]

【功能】 Rd | [Rs]→Rd,Rs-1→Rs

【说明】 将 Rd 的数据与 Rs 指定的单元的数据进行逻辑或操作,结果送 Rd 寄存器,修改 Rs 的值,使 Rs 减 1。

【格式4】 Rd |=[++Rs]

【功能】 Rs+1→Rs,Rd | [Rs]→Rd

【说明】 首先将 Rs 的值加 1,然后 Rd 与 Rs 指定的单元的数据进行逻辑或操作,结果送 Rd 寄存器。

【举例】 假设开始时的标志位:N=0,Z=1,S=0,C=1

```
            R1 = 0x0000          //R1 的初值为 0x0000, Z = 1, N = 0
            R2 = 0xFFFF          //把 0xFFFF 送到地址单元[0x0002]中
            [0x0002] = R2
            R2 = 0x0002          //R2 的值为 0x0002, Z = 0, N = 0
            R1|= [R2]            //R1 的值变为 0xFFFF, Z = 0, N = 1
```

3. 逻辑异或

逻辑异或影响标志位:N 和 Z。

(1) 立即数寻址

【格式1】 Rd ^=IM6 或 Rd=Rd ^ IM6

【功能】 Rd ^ IM6→Rd

【说明】 将 Rd 数据与 6 位立即数进行逻辑异或操作,结果送 Rd 寄存器。

【格式2】 Rd=Rs ^ IM16

【功能】 Rs ^ IM16→Rd

【说明】 将 Rs 的数据与 16 位立即数进行逻辑异或操作,结果送 Rd 寄存器。

【举例】 假设开始时的标志位:N=0,Z=1,S=0,C=1

```
            R1 = 0x0F00          //R1 的初值为 0x0F00, Z = 0, N = 0
            R1^ = 0x0FFF         //R1 的值变为 0x00FF, Z = 0, N = 0
```

(2) 直接地址寻址

【格式1】 Rd ^=[A6] 或 Rd=Rd ^ [A6]

【功能】　Rd ^ [A6]→ Rd
【说明】　将 Rd 和 A6 指定存储单元中的数据进行逻辑异或操作,结果送 Rd 寄存器。
【格式2】　Rd＝Rs ^ [A16]
【功能】　Rs ^ [A16]→Rd
【说明】　将 Rs 的数据和 A16 指定存储单元中的数据进行逻辑异或操作,结果送 Rd 寄存器。
【举例】　假设开始时的标志位：N＝0,Z＝1,S＝0,C＝1

   R1 = 0x0F00　　　　//R1 的初值为 0x0F00,Z = 0,N = 0
   R2 = 0x0FF0
   [0x0010] = R2
   R1^ = [0x0010]　　　//R1 的值变为 0x00F0, Z = 0,N = 0

(3) 寄存器寻址

【格式】　Rd ^＝Rs
【功能】　Rd ^ Rs→Rd
【说明】　将 Rd 和 Rs 的数据进行逻辑异或操作,结果送 Rd 寄存器。
【举例】　假设开始时的标志位：N＝0,Z＝1,S＝0,C＝1

   R1 = 0x0E01　　　　//R1 的初值为 0x0E01,Z = 0,N = 0
   R2 = 0x0FF1　　　　//R2 的初值为 0x0FF1,Z = 0,N = 0
   R1^ = R2　　　　　　//R1 的值变为 0x01F0, Z = 0,N = 0

(4) 寄存器间接寻址

【格式1】　Rd ^＝[Rs]
【功能】　Rd ^ [Rs]→ Rd
【说明】　将 Rd 的数据与 Rs 指定的存储单元中的数据进行逻辑异或操作,结果送 Rd 寄存器。
【格式2】　Rd ^＝[Rs++]
【功能】　Rd ^ [Rs]→Rd,Rs+1→Rs
【说明】　将 Rd 的数据与 Rs 指定的存储单元中的数据进行逻辑异或操作,结果送 Rd 寄存器,修改 Rs,使 Rs 加 1。
【格式3】　Rd ^＝[Rs--]
【功能】　Rd ^ [Rs]→Rd,Rs-1→Rs
【说明】　将 Rd 的数据与 Rs 指定的存储单元中的数据进行逻辑异或操作,结果送 Rd 寄存器,修改 Rs,使 Rs 减 1
【格式4】　Rd ^＝[++Rs]
【功能】　Rs+1→ Rs,Rd ^ [Rs]→Rd
【说明】　修改 Rs,使 Rs 加 1,Rd 的数据与 Rs 指定的存储单元中的数据进行逻辑异或操作,结果送 Rd 寄存器
【举例】　假设开始时的标志位：N＝0,Z＝1,S＝0,C＝1

   R1 = 0x0000　　　　//R1 的初值为 0x0000,Z = 1,N = 0

R2 = 0xFFFF	//R2 的初值为 0xFFFF,N = 1,Z = 0
[0x0002] = R2	
R2 = 0x0002	
R1^ = [R2]	//R1 的值变为 0xFFFF, Z = 0,N = 1

4. 测试指令

测试指令(TEST)执行指定两个数的逻辑与操作,但不写入寄存器,结果影响 N、Z 标志。

(1) 立即数寻址

【格式 1】 TEST Rd,IM6

【说明】 将 Rd 与 IM6 进行逻辑与操作,不存储结果。

【格式 2】 TEST Rd,IM16

【说明】 将 Rd 与 IM16 进行逻辑与操作,不存储结果,只影响 N、Z 标志。

【举例】 假设初始时标志位:N=0,Z=1,S=0,C=1

R1 = 0x0E01	//R1 的初值为 0x0E01,N = 0,Z = 0,S = 0,C = 1
TEST R1,0x0000	//测试 R1 和 0x0000 相与的结果,N = 0,Z = 1,S = 0,C = 1
JZ loop1	//Z 为 1 跳转到 loop1 处,此时测试结果为 0
NOP	
NOP	
loop1:	//标号
R1 = 0x0000	

(2) 直接地址寻址

【格式 1】 TEST Rd,[A6]

【说明】 将 Rd 与 A6 指定存储单元中的数据进行逻辑与操作,不存储结果,只影响 N、Z 标志。

【格式 2】 TEST Rd,[A16]

【说明】 将 Rd 与 A16 指定存储单元中的数据进行逻辑与操作,不存储结果,只影响 N、Z 标志。

【举例】 假设初始时标志位:N=0,Z=1,S=0,C=1

R1 = 0x0E01	//R1 的初值为 0x0E01,N = 0,Z = 0,S = 0,C = 1
R2 = 0x0011	//将 0x0011 送到内存单元[0x0000]中
[0x0000] = R2	
TEST R1,[0x0000]	//测试 R1 和 0x0000 单元的值相与的结果,此时 N = 0,Z = 0,S = 0,C = 1
JNZ loop1	//Z 为 0 时跳转到 loop1 处,此时测试结果不为 0
NOP	
NOP	
loop1:	//标号
R1 = 0x0000	

(3) 变址寻址

【格式】 TEST Rd,[BP+IM6]

【说明】 将 Rd 与 BP+IM6 指定存储单元中的数据进行逻辑与操作,不存储结果,只影响 N、Z 标志。

【举例】 假设初始时标志位：N=0,Z=1,S=0,C=1.

   R1 = 0x0E01   //R1 的初值为 0x0E01,N=0,Z=0,S=0,C=1
   R2 = 0x0011   //将 0x0011 送到内存单元[0x0000]中
   [0x0000] = R2
   TEST R1,[BP+0x0000] //已知 BP 的值为 0
    //测试 R1 和 BP+0x0000 单元的值相与的结果,测试后 N=0,Z=0,S=0,C=1
   JNZ loop1   //Z 不为 0 时跳转到 loop1 处,此时测试结果不为 0
   NOP
   NOP
   loop1：
   R1 += 1

(4) 寄存器寻址

【格式】 TEST Rd,Rs
【说明】 将 Rd 与 Rs 的数据进行逻辑与操作,不存储结果,只影响 N、Z 标志位。
【举例】 假设初始时标志位：N=0,Z=1,S=0,C=1

   R1 = 0x0000   //R1 的初值为 0x0000,N=0,Z=1,S=0,C=1
   R2 = 0x1111   //R2 的初值为 0x1111,N=0,Z=0,S=0,C=1
   TEST R1,R2   //测试 R1 和 R2 的相与的结果,N=1,Z=0,S=0,
   C=1
   JZ loop1   //Z=1 时跳转到 loop1 处,此时测试结果为 0
   NOP
   loop1：   //标号
   R1 -= 1

(5) 寄存器间接寻址

【格式 1】 TEST Rd,[Rs]
【说明】 将 Rd 与[Rs] 指定存储单元中的数据进行逻辑与操作,不存储结果,只影响 N、Z 标志位。

【格式 2】 TEST Rd,[Rs++]
【说明】 将 Rd 与[Rs] 指定存储单元中的数据进行逻辑与操作,不存储结果,只影响 N、Z 标志位,并且使 Rs 值加 1。

【格式 3】 TEST Rd,[Rs--]
【说明】 将 Rd 与 Rs 指定存储单元中的数据进行逻辑与操作,不存储结果,只影响 N、Z 标志位,并且使 Rs 值减 1。

【格式 4】 TEST Rd,[++Rs]
【说明】 首先使 Rs 值加 1,而后 Rd 与 Rs 指定存储单元中的数据进行逻辑与操作,不存储结果,只影响 N、Z 标志位。

【举例】 假设初始时标志位：N=0,Z=1,S=0,C=1

   R1 = 0x0000   //R1 的初值为 0x0000,N=0,Z=1,S=0,C=1

```
R2 = 0x1111              //[0x0001]的初值为 0x1111,N = 0,Z = 0,S = 0,C = 1
[0x0001] = R2
R2 = 0x0001
TEST R1,R2               //测试 R1 和 R2 相与的结果,N = 0,Z = 1,S = 0,C = 1
JZ   loop1               //Z = 1 时跳转到 loop1 处,此时测试结果为 0
nop
loop1:                   //标号
R1 = 0x0000
```

5. 移位操作

SPCE061A 的移位运算包括逻辑左移、逻辑右移、循环左移、循环右移和算术右移等操作,移位的同时还可进行其他运算,如加、减、比较、取负、与、或、异或、测试等。指令长度为 1,指令周期为 3/8,影响 N、Z 标志。由于硬件原因,对于移位操作,每条指令可以移 1~4 位。

(1) 逻辑左移(LSL)

【格式】　Rd = Rs LSL　n

【说明】　该指令对 Rs 进行 n(可设为 1~4)位逻辑左移,将 Rs 高 n 位移入 SB 寄存器,同时 Rs 的低 n(1~4)位用 0 补足,结果送 Rd 寄存器。

(2) 逻辑右移(LSR)

【格式】　Rd = Rs LSR　n

【说明】　该指令对 Rs 进行 n(可设为 1~4)位逻辑右移,将 Rs 低 n 位移入 SB 寄存器,同时 Rs 的高 n(1~4)位用 0 补足,结果送 Rd 寄存器。

(3) 循环左移(ROL)

【格式】　Rd = Rs ROL　n

【说明】　该指令对 Rs 进行 n(可设为 1~4)位循环左移,将 Rs 的高 n 位移入 SB 寄存器,同时移动 SB 寄存器的高 n 位,移入 Rs 的低 n 位,结果送 Rd 寄存器。

(4) 循环右移(ROR)

【格式】　Rd = Rs ROR　n

【说明】　该指令对 Rs 进行 n(可设为 1~4)位循环右移,将 Rs 的低 n 位移入 SB 寄存器,同时移动 SB 寄存器的低 n 位,移入 Rs 的高 n 位,结果送 Rd 寄存器。

(5) 算术右移(ASR)

【格式】　Rd = Rs ASR　n

【说明】　该指令将 Rs 算术右移 n(可设为 1~4)位,将 Rs 的低 n 位移入 SB 寄存器,并对最高有效位进行符号扩展,结果送 Rd 寄存器。该指令适合有符号数的移位操作。

另外,SPCE061A 在进行移位的同时,还可进行其他运算,现以算术右移为例说明如下:

```
【格式】  Rd += Rs ASR n {,Carry}   //将 Rs 移位后的结果与 Rd(带进位)相加,
                                    //结果送 Rd 寄存器
          Rd -= Rs ASR n {,Carry}   //将 Rs 移位后的结果与 Rd(带进位)相减,
                                    //结果送 Rd 寄存器
          CMP Rd, Rs ASR n          //将 Rs 移位后的结果与 Rd 相比较
          Rd = - Rs ASR n           //取 Rs 移位后的结果的负值,结果送 Rd 寄存器
          Rd & = Rs ASR n           //将 Rs 移位后的结果与 Rd 逻辑相与,结果送 Rd 寄存器
          Rd | = Rs ASR n           //将 Rs 移位后的结果与 Rd 相或,结果送 Rd 寄存器
```

```
Rd ^= Rs ASR n        //将 Rs 移位后的结果与 Rd 相异或,结果送 Rd 寄存器
TEST Rd, Rs ASR n     //测试 Rd 中 Rs 移位后结果中为 1 的位
```

2.1.4 控制转移类指令

SPCE061A 的控制转移类指令主要有中断、中断返回、子程序调用、子程序返回及跳转等指令。下面以表 2.1.3 说明其用法和功能。

表 2.1.3 条件转移指令列表(指令长度 2,周期 3/5)

助记符	操作数类型	条件	标志位状态
JB	无符号数	小于	C=0
JNB		不小于	C=1
JAE		大于或等于	C=1
JNAE		小于	C=0
JA		大于	Z=0 and C=1
JNA		不大于	Not(Z=0 and C=1)
JBE		小于或等于	Not(Z=0 and C=1)
JNBE		大于	Z=0 and C=1
JGE	有符号数	大于或等于	S=0
JNGE		小于	S=1
JL		小于	S=1
JNL		大于或等于	S=0
JLE	有符号数	小于或等于	Not(Z=0 and S=0)
JNLE		大于	Z=0 and S=1
JG		大于	Z=0 and S=1
JNG		小于或等于	Not(Z=0 and S=0)
JVC		无溢出	N=S
JVS		溢出	N!=S
JCC	—	进位为 0	C=0
JCS		进位为 1	C=1
JSC		符号位为 0	S=0
JSS		符号位为 1	S=1
JNE		不等于	Z=0
JNZ		非 0	Z=0
JZ		为负	Z=1
JMI		为负	N=1
JPL		为正	N=0
JE		相等	Z=1

下面对表 2.1.3 中的每一种操作类型举一个例子进行说明。

(1) 无符号数的跳转指令

判 C 的转移指令 JB 和 JNB。

JB　　loop1

JNB　　loop1

这两条指令都是通过判断标志位 C 的值来决定程序的走向，它们的执行过程如图 2.1.3 所示。

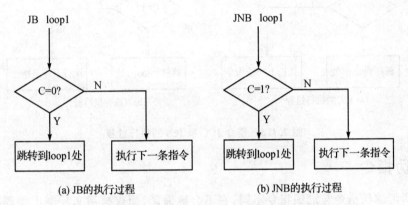

图 2.1.3　指令 JB 和 JNB 的执行过程

(2) 有符号数的跳转指令

判 S 的跳转指令 JGE 和 JNGE。

JGE　　loop1

JNGE　　loop1

JGE 表示"大于或等于"，通过判断标志位 S 的值来决定程序的走向。S 为 0，则产生跳转；若 S 为 1，则继续执行下一条语句。JNGE 表示"小于"，当 S 为 1 时产生跳转，S 为 0 时则继续执行下一条语句。这两条指令的执行过程如图 2.1.4 所示。

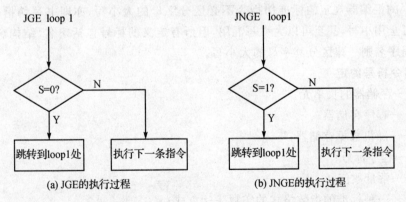

图 2.1.4　指令 JGE 和 JNGE 的执行过程

(3) 其他跳转指令

判 C 的跳转指令 JCC 和 JCS。

JCC　　loop1

JCS　　loop1

JCC是以"C=0"作为判断的标准决定程序的跳转,JCS是以"C=1"作为判断的标准决定程序的跳转。这两条指令的执行过程如图2.1.5所示。

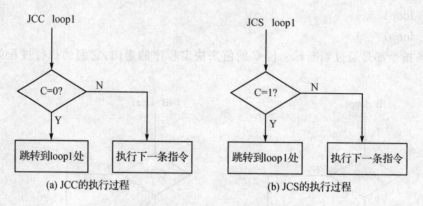

图2.1.5　指令JCC和JCS的执行过程

2.1.5　伪指令

μ'nSP™汇编伪指令与汇编指令不同,它不会被编译,而仅被用来控制汇编器的操作。伪指令的作用有点像语言中的标点符号,它能使句子表达的意思、结构更加清晰,成为语言中不可缺少的一部分。在汇编语言中,正确使用伪指令,不仅能使程序的可读性增强,而且能使汇编器的编译效率倍增。

1. 伪指令的语法格式与特点

伪指令可以写在程序文件中的任意位置,但在其前面必须用一个小圆点引导,以便与汇编指令区分开。伪指令行中,方括弧里的参量是任选项,不是必须带有的参量。如果某一个参量使用双重方括弧括起来,则说明这个任选项参量本身就必须带着方括弧。例如,[[count]]表示引用该任选参量时必须写出[count]才可。

μ'nSP™的汇编器规定的标准伪指令不必区分字母的大小写,亦即书写伪指令时既可全用大写,也可全用小写,甚至可以大小写混用,但所有定义的标号包括宏名、结构名、结构变量名、段名及程序名则一律区分其字母的大小写。

2. 伪指令符号约定

bank——存储器的页单元;
ROM——程序存储器;
RAM——随机数据存储器;
label——程序标号;
value——常量数值;
IEEE——一种标准的指数格式的实数表达方式;
variable——变量名;
number——数据的数目;
ASCII——数值或符号的ASCII代码;
argument#——参量表中的参量序号;

filename——文件名；

[ ]——任选项。

3. 标准伪指令

伪指令依照其用途可分为五类：定义类、存储类、存储定义类、条件类及汇编方式类。它们的具体分类及用途详见表 2.1.4。

表 2.1.4 伪指令的类别

类 别	用 途	伪指令
定义类	用于对以下内容进行定义的伪指令： 1. 程序； 2. 程序中所用数据的性质、范围或结构； 3. 宏或结构； 4. 程序； 5. 其他	1. CODE、DATA、TEXT； 2. IRAM、ISRAM、ORAM、OSRAM、RAM、SRAM； 3. MACRO、MACEXIT、ENDM； 4. PROC、ENDP、STRUCT、ENDS； 5. DEFINE、VAR、PUBLIC、EXTERNAL、EQU、VDEF
存储类	以指定的数据类型存储数据或设定程序地址等	DW、DD、FLOAT、DOUBLE、END
存储定义类	定义若干指定数据类型的数据存储单元	DUP
条件类	对汇编指令进行条件汇编	IF、ELSE、ENDIF；IFMA、IFDEF、IFNDEF
汇编方式类	包含汇编文件或创建用户定义段	INCLUDE；SECTION

2.1.6 宏定义与调用

1. 宏定义

所谓宏(Macro)是指在源程序里将一序列的源指令行用一个简单的宏名(Macro Name)所取代。这样做的好处是使程序的可读性增强。

宏在使用之前一定要先经过定义，可分别用伪指令.MACRO 和.ENDM 来起始和结束宏定义；定义的宏名将被存入标号域。在汇编器首次编译通过汇编指令时，先将宏定义存储起来，待指令中遇到被调用的宏名，则会用同名宏定义里的序列源指令行取代此宏名。宏定义里可以包括宏参数，这些参数可被代入除注释域之外的任何域内。虚参数不能含有空格。

2. 宏标号

宏定义里可以用显式标号(由用户定义)，亦可用隐含标号(由汇编器自动定义)。汇编器不会改变用户定义的显式标号。在宏标号后加上后缀符"♯"则表明该标号为隐含标号，汇编器会自动生成一个后缀数字符号"_X_XXXX"(X 表示一位数符，XXXX 表示 4 位扩展数符)来取代这个隐含标号中的后缀符"♯"，见下面程序汇编例子。隐含标号中的字母字符及其后缀数符总共不能超过 32 个字符。

```
instruction:.MACRO arg,val
            arg
            lab#:.DW   val ;
            .ENDM
            instruction NOP,7        //调用前面定义的宏
            NOP ;                    //汇编后会产生以下结果
```

```
         lab_1_6416:.DW    7 ;
```

3. 宏调用

在调用宏时,可以使用任何类型的参数:直接型、间接型、字符串型或寄存器型。只有字符串型参数才能含有空格,但必须用引号将此空格括起,即单引号(' ')或双引号(" ")(而字符串参数中的单引号,必须用双引号将其括起,即"'")。只要在宏嵌套中的形参名相同,则这些参数就可以穿过嵌套的宏使用。宏嵌套使用唯一所受的限制是内存空间的容量。宏的多个参数应以逗号隔开,参数前的空格及 Tab 键都将被忽略。单有一个逗号,而后面未带有任何参数会被汇编器表示为参数丢失错误。

4. 宏参数分隔符

在一个宏体中,宏参数的有效分隔为标点符号中的逗号(,)。

5. 宏内字符串连接符

符号"@"(40H)是字符串连接符。**注意**:字符串连接只能在宏内进行。

6. 助记符搜索顺序

通常,汇编器以表 2.1.5 列出的顺序来搜索各种助记符或符号。

7. 宏应用举例

例 2-1 数的比较。

表 2.1.5 汇编器助记符搜索顺序

序 号	助记符	序 号	助记符
1	记符表	3	编器伪指令表
2	定义表	4	段名表

```
cmp_number:.MACRO    arg1
           .IFMA    0
             .MACEXIT
           .ENDIF
           .IF    1 == arg1
   month:.DW    1 ;
             .MACEXIT
           .ENDIF
           .IF    2 == arg1
   month:.DW    2 ;
             .MACEXIT
           .ENDIF
           .IF    3 == arg1
   month:.DW    3 ;
             .MACEXIT
           .ENDIF
           .IF    4 == arg1
   month:.DW    4 ;
             .MACEXIT
           .ENDIF
           .IF    5 == arg1
   month:.DW    5 ;
             .MACEXIT
           .ENDIF
           .IF    6 == arg1
```

```
      month: .DW   6
             .MACEXIT
             .ENDIF
             .ENDM
```

例 2-2 将宏参数传入标号域。

这样做可以使程序的结构改变。

```
employee_info2: .MACRO arg1,arg2,arg3
arg1:           .DW   0x30;
arg2:           .DW   0x10;
arg3:           .DD   1999;
                .ENDM                          //调用前面定义的宏
employee_info2  name,department,date_hired     //汇编器将宏展开成:
name:           .DW   0x30;
department:     .DW   0x10;
date_hired:     .DD   1999;
```

例 2-3 宏的递归调用。

在本例宏的递归调用中,由参数 arg1(计数)控制着递归的次数。宏的每一次递归中保存有 4 个字型数据,其值分别由参数 arg2、arg3、arg4 和 arg5 来指定。每执行一次递归调用计数 arg1 减 1。

```
reserve: .MACRO arg1,arg2,arg3,arg4,arg5
count:   .VDEF arg1 ;
         .IF   count == 0
             .MACEXIT
         .ENDIF
count:   .VDEF count - 1
         .DW   arg2,arg3,arg4,arg5 ;
         reserve  count,arg2,arg3,arg4,arg5
         .ENDM                              //调用前面定义的宏
reserve  10,0x0A,0x0B,0x0C,0x0D             //汇编后会产生以下结果
count:   .VAR 10 ;
         .IF   count == 0;
             .MACEXIT
         .ENDIF
count: .VAR count - 1 ;
         .DW   0x0A,0x0B,0x0C,0x0D
         reserve  count,0x0A,0x0B,0x0C,0x0D
count: .VAR count ;
         .IF   count == 0
             .MACEXIT
         .ENDM
         .ENDM
```

一个递归的宏调用另一个递归的宏是完全合法的,这样的调用可以有多层。不必担心从宏里退出时条件会失衡,汇编器会自动将条件恢复到原来的均衡状态。

2.1.7 段的定义与调用

段其实就是应用在汇编器 Xasm16 中的地址标签。Xasm16 除了定义的预定义段以外,还可由用户自己定义段。

1. 预定义段

在 Xasm16 里共定义有 9 个预定义段:CODE、DATA、TEXT、ORAM、OSRAM、RAM、IRAM、SRAM 和 ISRAM。这些预定义段都分别被规定了以下内容:

- 段内存储数据类型:指令/数据,无初始值的变量/有初始值的变量;
- 存储介质类型:ROM/RAM(SRAM);
- 存储范围:零页(或零页中前 64 个字)或当前页/整个 64 页;
- 定位排放方式:合并排放/重叠排放。

当用户用这些预定义段的伪指令来定义自己程序的数据块以后,Xasm16 在汇编时会采取相应的措施进行处理,实际上为链接器的链接处理贴好了地址标签。各预定义段的具体规定可参见相应的预定义段的伪指令内容介绍。

2. 用户定义段

为了使程序在链接时具有更大的灵活性,用户可以用伪指令 .SECTION 来定义段。定义的段名最多不可超过 32 个字符,且最多可定义 4096 个段,但不可嵌套使用。用户段定义的格式为:

label:.SECTION .attribute

其中,属性参数.attribute 可以是上述 9 个预定义段中的任意一个,表明用户定义段的链接属性与这个预定义段相同。

定义一个段之后,可以将该段名作为助记符,用来进行段的转换。详细可参见 .SECTION 伪指令内容。

例 2 - 4

```
.CODE                        //设置 CODE 预定义段
NOP;
.DATA                        //转换到 DATA 预定义段
.DW    0x20                  //该字节将被存放到 DATA 段
section1:.SECTION .CODE      //定义一个新段,其属性与 CODE 预定义段相同
R3 = R3 - 0x10;              //该指令将被存入 section1 段
.CODE                        //转换到 CODE 段
R1 = 1;                      //该指令将被存入 CODE 段
.section1                    //转换到用户定义段 section1
R1 = R1 + 2;                 //该指令将被存入 section1
.DW    0x30                  //任何用户定义段都可包含代码或数据或同时包含二者
.TEXT                        //转换到 TEXT 预定义段
```

2.1.8 结构的定义与调用

像在 ANSI-C 那样，汇编器可以把不同类型的数据组织在一个结构体里，为处理复杂的数据结构提供了手段，并为在过程间传递不同类型的参数提供了便利。

1. 结构的定义

结构作为一种数据构造类型在 μ'nSP™ 汇编语言程序中也要经历定义、说明、使用的过程。在程序中使用结构时，首先要对结构的组成进行描述，即结构的定义。定义的一般格式如下：

```
结构名: .STRUCT       //定义结构开始
       .数据存储类型定义
       .ENDS          //定义结构结束
```

结构的定义以伪指令 .STRUCT 和 ENDS 作为标识符。结构名由用户命名，命名原则与标号等相同。在两个伪指令之间包围的是组成该结构的各成员项数据存储类型的定义。例如：

```
test1: .STRUCT        //定义了一个结构 test1
ad:    .DW 10         //它包括 3 个成员 ad, bs, gh,且分别被初始化为 10,abcd,0x0FFFC
bs:    .DW ´abcd´
gh:    .DD 0x0FFFC
       .ENDS          //结构定义结束
```

2. 结构变量的定义——结构的说明

某个结构一经定义后，便可指明使用该结构的具体对象，这被称为结构的说明，其一般形式如下：

结构变量名: .结构名[结构成员表]

其中，[结构成员表]用来存放结构变量中成员的值。例如：

```
Stru_var1: .test1   [20,´ad´,0x7D]
Stru_var2: .test1   [10,,0x7D]    //第二个成员未被存入新值，因此它的初值可被保留
```

3. 结构变量的引用

结构是不同数据类型的若干数据变量的集合体。在程序中使用结构时不能把结构作为一个整体来参加数据处理，参加各种运算和操作的应该是结构中各个成员项数据。结构成员项引用的一般形式如下：

结构变量名.成员名

例如：

```
R1 += [stru_var1.ad]    //stru_var1 是一定义过的结构变量,ad 是它的一个成员
```

2.1.9 过程的定义与调用

过程实际可以是一个子程序块。它有点类似 ANSI-C 中的函数，可以把一个复杂、规模较大的程序由整化零成一个个简单的过程，以便程序的结构化。

1. 过程的定义

过程的定义就是编写完成某一功能的子程序块,用伪指令.PROC 和.ENDP 作为定义的标识符。

过程定义的一般格式如下:

过程名:.PROC
   程序指令列表
   RETF
  .ENDP

由此格式可以看出,过程的定义主要由过程名和两个伪指令之间的过程体组成。过程名由用户命名,其命名规则同标号。例如:

```
qw：.PROC            //定义一个过程"qw"
label1：
    R1 += 0x20；
    R2 = R1；
    JMP   label1；
    RETF；
  .ENDP              //过程定义结束
```

2. 过程的调用

在程序中调用一个过程时,程序控制就从调用程序中转移到被调用的过程,且从其起始位置开始执行该过程的指令。在执行完过程体中各条指令并执行到 RETF 指令时,程序控制就返回调用过程时原来断点位置继续执行下面的指令。过程调用的一般格式如下:

CALL 过程名

例如:

```
sub1：.PROC          //定义一个过程"sub1"
label1：
    R1 += 0x0020
    R2 = R1；
    JMP   label1；
    RETF；
  .ENDP              //过程定义结束
CALL sub1            //调用过程"sub1"
```

2.2 程序设计

在 $\mu'nSP^{TM}$ 单片机的汇编程序设计中,其汇编指令针对 C 语言进行了优化,其汇编的指令格式很多地方直接类似于 C 语言。另外,其开发仿真环境 IDE 也直接提供了 C 语言的开发环境,C 函数和汇编函数可以方便地进行相互调用。

2.2.1 汇编语言程序设计

C 的编译器 GCC 把 C 语言代码编译成汇编代码。汇编编译器 Xasm16 对汇编代码进行编译,成为目标文件。链接器将目标文件、库函数模块、资源文件连接为整体,形成一个可在芯片上运行的可执行文件。这样的一个代码流动过程如图 2.2.1 所示。

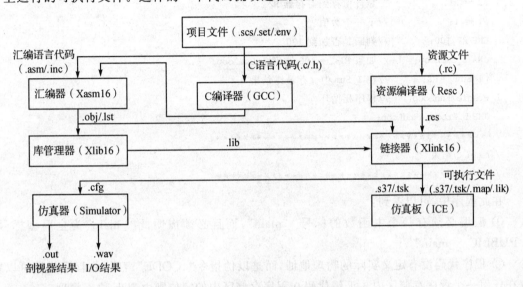

图 2.2.1 代码流动结构示意图

μ'nSP™ 的汇编指令只有单字和双字两种,其结构紧凑,且最大限度地考虑了对高级语言中 C 语言的支持。另外,在需要寻址的各类指令中的每一个指令都可通过与 6 种寻址方式的组合而形成一个指令子集,目的是为增强指令应用的灵活性和实用性。而算术逻辑运算类指令中的 16 位×16 位的乘法运算指令(Mul)和内积运算指令(Muls),又提供了对数字信号处理应用的支持。此外,复合式的"移位算术逻辑操作"指令允许操作数在经过 ALU 的算术逻辑操作前可先由移位器进行各种移位处理,然后再经 ALU 的算术逻辑运算操作。灵活、高效是 μ'nSP™ 指令系统的显著特点。

1. 简单的汇编程序设计

例 2-5 IDE 开发环境中提供了一个 1~100 累加的范例。

```
//*******************************************************************/
//名称:2_2_1
//描述:计算 1~100 累加值
//*******************************************************************/
.RAM                    //定义预定义 RAM 段
.VAR      I_Sum;        //定义变量
.CODE                   //定义代码段
//===============================
//函数:main()
//描述:主函数
//===============================
```

```
    .PUBLIC _main;        //对 main 程序段声明
    _main:                //主程序开始
      R1 = 0x0001;        //R1 = [1..100]
      R2 = 0x0000;        //寄存器清零
    L_SumLoop:
      R2 += R1;           //累计值存到寄存器 R2
      R1 += 1;            //下一个数值
      CMP R1,100;         //判断是否加到 100
      JNA L_SumLoop;      //如果 R1<＝100 跳到 L_SumLoop
      [I_Sum] = R2;       //在 I_Sum 中保存最终结果
    L_ProgramEndLoop:     //程序死循环
      JMP L_ProgramEndLoop;
/*******************************************/
//main.c 结束
/*******************************************/
```

在此程序中,可以看到:

① 汇编必须有一个主函数的标号"_main",而且必须声明此"_main"为全局型标号:".PUBLIC _main"。

② 程序代码没有定义实际的物理地址,而是以伪指令".CODE"声明;此程序代码可以定位在任何一个程序存储区内。汇编代码在程序存储区中的定位则由 IDE 负责管理。

③ 程序用伪指令.RAM 在数据存储区内声明了一个变量 R_Sum,无需关心 R_Sum 的实际物理地址,IDE 将负责安排和管理数据变量在数据存储区的地址安排。

④ 变量名 R_Sum 实际上代表了变量的地址,在汇编中,当对变量进行读写操作时,则需要用[R_Sum]来表示变量中的实际内容。通过这段汇编代码,是让初学 SPCE061A 的读者对程序设计建立一个基本概念。

2. 分支程序设计

分支结构可分为双分支和多分支结构两种。在程序体中,根据不同的条件执行不同的动作,在某一确定的条件下,只能执行多个分支中的一支。下面用相应的例子来详细说明这两种结构。

(1) 阶跃函数

这是一个典型的双分支结构,输入值大于或等于 0 时则返回 1,输入值小于 0 时则返回 0。

入口参数:R1(有符号数)
出口参数:R1
子程序名:F_Step
阶跃函数流程如图 2.2.2 所示。

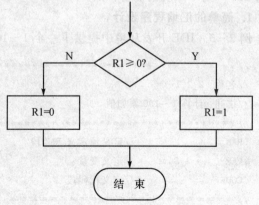

图 2.2.2 阶跃函数流程图

程序如下：

```
.PUBLIC F_Step;
.CODE
F_Step：.proc
    CMP R1,0;               //与0比较
    JGE ? negtive;          //大于或等于0则跳转到非负数处理
    R1 = 0;                 //小于0则返回0
    JMP ? Step_end;         //跳转到程序结束处
? negtive：
    R1 = 1;                 //大于0则返回1
? Step_end：
    RETF;
.ENDP
```

(2) 中断服务子程序

这个例子是 IDE 开发环境提供的语音应用程序的范例"A2000"中断服务子程序。由于产生 FIQ 中断的中断源有三种（Timer A、Timer B 和 PWM），所以在中断中要进行判断，根据判断的结果跳转到相应的代码中。A2000 中断服务程序中采用的分支结构流程见图 2.2.3。

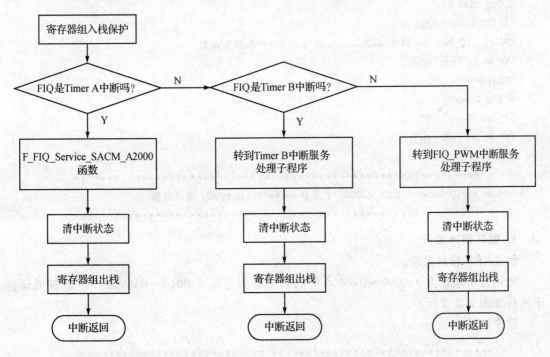

图 2.2.3　A2000 中断服务程序中采用的分支结构的程序设计

程序 A2000 的中断服务程序如下：

//==
//函数：FIQ()
//语法：void FIQ(void)

```
//描述：FIQ中服务断函数
//参数：无
//返回：无
//================================================================
.PUBLIC _FIQ;
_FIQ:
PUSH R1,R4 to [sp];
R1 = 0x2000;
TEST R1,[P_INT_Ctrl];
JNZ L_FIQ_TimerA;
R1 = 0x0800;
TEST R1,[P_INT_Ctrl];
JNZ L_FIQ_TimerB;
L_FIQ_PWM:
R1 = C_FIQ_PWM;
[P_INT_Clear] = R1;
POP R1,R4 from[sp];
RETI;
L_FIQ_TimerA:
[P_INT_Clear] = R1;
CALL F_FIQ_Service_SACM_A2000;    //调用 A2000 中断服务函数
POP R1,R4 from [sp];
RETI;
L_FIQ_TimerB:
[P_INT_Clear] = R1;
POP R1,R4 from [sp];
RETI;
/******************************************************************/
//void F_FIQ_Service_SACM_A2000(); 来自 sacmv25.lib 的 API 接口函数
/******************************************************************/
```

3. 循环程序设计

例 2-6 数据搬运。

把内存中地址为 0x0000～0x0006 中的数据移到地址 0x0010～0x0016 中。数据搬运程序流程如图 2.2.4 所示。

程序如下：

```
/******************************************************************/
//描述：把内存中地址为 0x0000～0x0006 中的数据移到地址 0x0010～0x0016 中
/******************************************************************/
.IRAM
Label:
.DW 0x0001,0x0002,0x0003,0x0004,0x0005,0x0006,0x0007;
.VAR C_Move_To_Position = 0x0010;              //定义起始地址
```

第 2 章 指令系统与程序设计

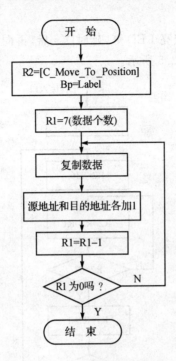

图 2.2.4 数据搬运程序流程图

```
.CODE
//============================================================
//函数：main()
//描述：主函数
//============================================================
.PUBLIC _main;
_main:
R1 = 7;                                //设置要移动的数据的个数
R2 = [C_Move_To_Position];
BP = Label;
L_Loop:
R3 = [BP];                             //被移动的数据送入 R3
[R2] = R3;                             //被移动的数据送往目的地址
BP += 1;                               //源地址加 1
R2 = R2 + 1;                           //目的地址加 1
R1 -= 1;                               //计数减 1
JNZ L_Loop;

MainLoop:
jmp MainLoop;
//************************************************************/
//main.c 结束
//************************************************************/
```

例 2-7 延时程序。

向 B 口送 0xFFFF 数据,点亮 LED 灯,延时 1 s 后,再向 B 口送 0x0000 数据,熄灭 LED 灯。延时子程序的流程如图 2.2.5 所示。

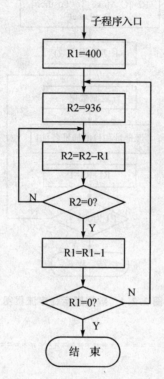

图 2.2.5 延时子程序流程图

程序代码如下:

```
//*****************************************************************/
//描述:延时程序,向 B 口送 0xFFFF 数据,点亮 LED 灯,延时 1 s 后,再向 B 口送
//      0x0000 数据,熄灭 LED 灯
//*****************************************************************/
.DEFINE P_IOB_DATA    0x7005;
.DEFINE P_IOB_DIR     0x7007;
.DEFINE P_IOB_ATTRI   0x7008;
.CODE
//===============================================================
//函数:main()
//描述:主函数
//===============================================================
.PUBLIC _main;
_main:
R1 = 0xffff;
[P_IOB_DIR] = R1;
[P_IOB_ATTRI] = R1;
```

```
    R1 = 0x0000;
    [P_IOB_DATA] = R1;           //设 B 口为同相的低电平输出
L_MainLoop:
    R2 = 0xffff;
    [P_IOB_DATA] = R2;           //向 B 口送 0xFFFF
    CALL L_Delay;                //调用 1 s 的延时子程序
    R2 = 0x0000;
    [P_IOB_DATA] = R2;           //向 B 口送 0x0000
    CALL L_Delay;                //调用 1 s 的延时子程序
    JMP L_MainLoop;
//===========================================================
//函数：L_Delay()
//语法：void L_Delay(int A,int B,int C)
//描述：延时子程序
//参数：无
//返回：无
//===========================================================
L_Delay: .PROC                   //延时 1 s 的子程序
loop:
R1 = 200;
L_Loop1:
R2 = 1248;
nop;
nop;
L_Loop2:
    R2 -= 1;
    JNZ L_Loop2;
    R1 -= 1;
    JNZ L_Loop1;
RETF;
.ENDP
//***********************************************************/
//main.c 结束
//***********************************************************/
```

2.2.2　C 语言程序设计

是否具有对高级语言 HLL(High Level Language)的支持已成为衡量微控制器性能的标准之一。显然,在 HLL 平台上要比在汇编上编程具有诸多优势:代码清晰易读、易维护,易形成模块化,便于重复使用,从而增加代码的开发效率。

HLL 中又因 C 语言的可移植性最佳而成为首选。因此,支持 C 语言几乎是所有微控制器设计的一项基本要求。$\mu'nSP^{TM}$ 指令结构的设计就着重考虑了对 C 语言的支持。GCC 是一种针对 $\mu'nSP^{TM}$ 操作平台的 ANSI-C 编译器。

1. μ'nSP™ 支持的 C 语言算术逻辑操作符

在 μ'nSP™ 的指令系统中，算术逻辑操作符与 ANSI-C 算符大同小异，见表 2.2.1。

表 2.2.1　μ'nSP™ 指令系统的算术逻辑操作符

算术逻辑操作符	作　　用
+、-、*、/、%	加、减、乘、除、求余运算符
&&、||	逻辑与、逻辑或
&、|、^、<<、>>	按位与、或、异或、左移、右移
>、>=、<、<=、==、!=	大于、大于或等于、小于、小于或等于、等于、不等于
=	赋值运算符
?，:	条件运算符
，	逗号运算符
*，&	指针运算符
.	分量运算符
sizeof	求字节数运算符
[ ]	下标运算符

2. C 语言支持的数据类型

μ'nSP™ 支持 ANSI-C 中使用的基本数据类型，如表 2.2.2 所列。

表 2.2.2　μ'nSP™ 对 ANSI-C 中基本数据类型的支持

数据类型	数据长度（位数）	值　　域
char	16	-32 768～32 767
short	16	-32 768～32 767
int	16	-32 768～32 767
long int	32	-2 147 483 648～2 147 483 647
unsigned char	32	0～65 535
unsigned short	16	0～65 535
unsigned int	16	0～65 535
unsigned long int	32	0～4 294 967 295
float	32	以 IEEE 格式表示的 32 位浮点数
double	64	以 IEEE 格式表示的 64 位浮点数

3. 程序调用协议

由于 C 编译器产生的所有标号都以下划线（_）为前缀，因而 C 程序在调用汇编程序时要求汇编程序名也以下划线为前缀。

模块代码间的调用遵循 μ'nSP™ 体系的调用协议（calling convention）。所谓调用协议，是指用于标准子程序之间一个模块与另一模块的通信约定，即使两个模块是以不同的语言编写而成，亦是如此。

调用协议是指这样一套法则：它使不同的子程序代码之间形成一种握手通信接口，并完成由一个子程序到另一个子程序的参数传递与控制,以及定义出子程序调用与子程序返回值的常规规则。

调用协议包括以下一些相关要素:

① 调用子程序间的参数传递;
② 子程序返回值;
③ 调用子程序过程中所用堆栈;
④ 用于暂存数据的中间寄存器。

μ'nSP™体系调用协议的内容如下:

① 参数传递。参数以相反的顺序(从右到左)被压入栈中,必要时所有的参数都被转换成其在函数原型中被声明过的数据类型;但是,如果函数的调用发生在其声明之前,则传递在调用函数里的参数是不会被进行任何数据类型转换的。

② 堆栈维护及排列。函数调用者应切忌在程序返回时将调用程序压入栈中的参数弹出。各参数和局部变量在堆栈中的排列如图2.2.6所示。

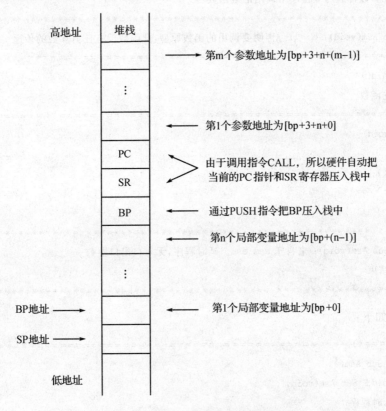

图 2.2.6　程序调用参数传递的堆栈调用

③ 返回值。16位的返回值存放在寄存器R1中,32位的返回值存入寄存器R1、R2中。其中,低字节在R1中,高字节在R2中。若要返回结构,则需在R1中存放一个指向结构的指针。

④ 寄存器数据暂存方式。编译器会产生prolog/epilog过程动作来暂存或恢复PC、SR及BP寄存器。汇编器则通过CALL指令可将PC和SR自动压入栈中,通过RETF或RETI指

令将其自动弹出栈来。

⑤ 指针。编译器所认可的指针是 16 位的。函数的指针实际上并非指向函数的入口地址，而是一个段地址向量_function_entry，在该向量里由 2 个连续的 word 的数据单元存放的值才是函数的入口地址。

下面以具体实例来说明 μ'nSP™ 体系的调用协议。

(1) 在 C 程序中调用汇编函数

在 C 程序中调用一个用汇编语言编写的函数，首先需要在 C 语言中声明此函数的函数原型。尽管不作声明也能通过编译并能执行代码，但是这会带来很多的潜在的 bug。

下面先观察最简单的 C 程序调用汇编函数的堆栈过程。

例 2-8 无参数传递的 C 程序中调用汇编函数。

程序如下：

```
//*********************************************************************/
//描述：无参数传递的 C 程序中调用汇编函数
//*********************************************************************/
void F_Sub_Asm(void);      //声明要调用的函数原型,此函数没有任何参数的传递
//==================================================================
//函数：main()
//描述：主函数
//==================================================================
int main(void){
while(1)
F_Sub_Asm();
return 0;
}
//*********************************************************************/
//void F_Sub_Asm(void); 来自于 asm.asm。延时程序,无入口出口参数
//main.c 结束
//*********************************************************************/
```

汇编函数如下：

```
//==================================================================
//函数：F_Sub_Asm()
//语法：void F_Sub_Asm(void)
//描述：延时程序
//参数：无
//返回：无
//==================================================================
.CODE
.PUBLIC _F_Sub_Asm
_F_Sub_Asm:
  NOP;
```

```
RETF;
```

在 IDE 开发环境下运行可以看到调用过程中堆栈变化十分简单,如图 2.2.7 所示。

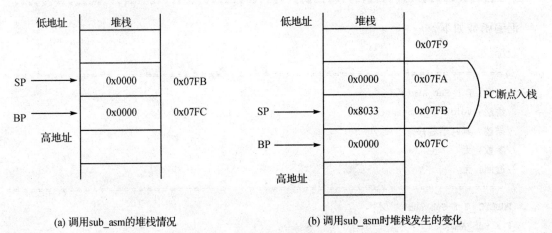

(a) 调用sub_asm的堆栈情况　　　　(b) 调用sub_asm时堆栈发生的变化

图 2.2.7　最简单的程序调用的堆栈变化

接下来,在 C 程序中加入局部变量来观察调用过程。

例 2-9　C 程序中具有局部变量。

程序如下:

```
//*******************************************************************/
//描述:局部变量调用示意
//*******************************************************************/
void F_F_Sub_Asm(void);      //声明要调用的函数原型,此函数没有任何参数的传递
//===================================================================
//函数:main()
//描述:主函数
//===================================================================
int main(){
int i = 1, j = 2, k = 3;
while(1){
F_F_Sub_Asm();
i = 0;
i ++ ;
j = 0;
j ++ ;
k = 0;
k ++ ;
}
return 0;
}
//*******************************************************************/
//void F_F_Sub_Asm(void);来自于 asm.asm 延时子程序。无入口出口参数。
```

//void F_Show(int A,int B);点亮 LED;A 表示 LED 的位数(C_Dig);B 表示 LED 显示值
//main.c 结束
// **/

汇编函数如下:

 .CODE
 // ==
//函数：F_F_Sub_Asm()
//语法：void F_F_Sub_Asm(void)
//描述：延时子程序
//参数：无
//返回：无
// ==
.PUBLIC _F_F_Sub_Asm
_F_F_Sub_Asm:
 NOP;
 RETF;

图 2.2.8 中表示出了 C 程序中的局部变量(i,j,k)在堆栈中存放的位置。

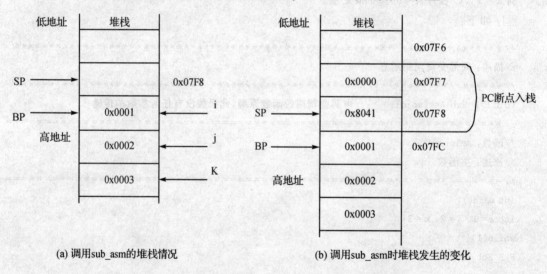

(a) 调用 sub_asm 的堆栈情况　　　　(b) 调用 sub_asm 时堆栈发生的变化

图 2.2.8　具有局部变量的 C 程序调用时的堆栈变化

例 2-10　C 语言向汇编函数传递参数。
程序如下：

// **/
//描述：C 语言向汇编函数传递参数
// **/
void F_Sub_Asm(int a,int b,int c);　　//声明要调用的函数原型
// ==
//函数：main()

```
//描述:主函数
//================================================================
int main(){
int i = 1, j = 2, k = 3;
while(1){
F_Sub_Asm(i,j,k);
 i = 0;
 i ++ ;
 j = 0;
 j ++ ;
 k = 0;
 k ++ ;
 }
 return 0;
}
//*****************************************************************/
//void F_Sub_Asm(int a,int b,int c); 来自 asm.asm。
//测试传递参数,a,b,c 为所传递的参数,无出口参数
//main.c 结束
//*****************************************************************/
```

汇编函数如下:

```
//================================================================
//函数: F_Key_Scan()
//语法: void F_Key_Scan(int a,int b,int c)
//描述: 测试传递参数
//参数: a,b,c 所传递的参数
//返回: 无
//================================================================
.CODE
.PUBLIC _F_Sub_Asm
_F_Sub_Asm:
 NOP;
 RETF;;
```

如图 2.2.9 所示为 C 程序调用时利用堆栈的参数进行传递。

通过例 2-8~例 2-10 这三个例子,现在可以了解 C 调用函数时是如何进行参数传递的。另外的一个问题就是关于函数的返回值是怎样实现的。

函数的返回相对简单,在汇编子函数中,返回的是寄存器 R1 里的内容,就是此函数 16 位数据宽度的返回值。当要返回一个 32 位数据宽度的返回值时,则利用的是 R1 和 R2 里的内容:R1 为低 16 位内容,R2 为高 16 位内容。下面的代码说明了这一过程。

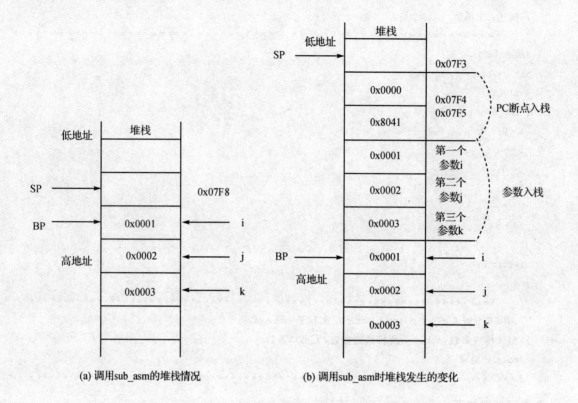

(a) 调用sub_asm的堆栈情况   (b) 调用sub_asm时堆栈发生的变化

图 2.2.9　C 程序调用时利用堆栈的参数传递

例 2-11　函数的返回值。

程序如下：

```
//*********************************************************************/
//描述：测试函数的返回值
//*********************************************************************/
int F_Sub_Asm1(void);              //声明要调用的函数原型
long int F_Sub_Asm2(void);         //声明要调用的函数原型
//==================================================================
//函数：main()
//描述：主函数
//==================================================================
int main(){
int i;
long int j;
while(1){
i = F_Sub_Asm1();
j = F_Sub_Asm2();
}
return 0;
}
```

```
// *********************************************************************/
//void F_Sub_Asm1(void); 来自于 asm.asm。没有任何参数的传递,但返回整型值。
//void F_Sub_Asm2(void); 来自于 asm.asm。没有任何参数的传递,但返回一个长整型值。
//main.c 结束
// *********************************************************************/
```

被调用的汇编代码如下:

```
.code
// ================================================================
//函数: F_Sub_Asm1()
//语法: void F_Sub_Asm1(void)
//描述: 整型返回值测试
//参数: 无
//返回: 整型值
// ================================================================
.PUBLIC _F_Sub_Asm1
_F_Sub_Asm1:
R1 = 0xaabb;
R2 = 0x5555;
RETF;
// ================================================================
//函数: F_Sub_Asm2()
//语法: void F_Sub_Asm2(void)
//描述: 长整型值返回值测试
//参数: 无
//返回: 一个长整型值
// ================================================================
.PUBLIC _F_Sub_Asm2
_F_Sub_Asm2:
R1 = 0xaabb;
R2 = 0xffcc;
RETF;
```

程序调用的结果: i=0xaabb;j=0xffccaabb。

(2) 在汇编程序中调用 C 函数

在汇编程序中调用 C 语言的子函数,那么应该根据 C 语言的函数原型所要求的参数类型,分别把参数压入堆栈后,再调用 C 函数。调用结束后还需再进行出栈,以恢复调用 C 函数前的堆栈指针。此过程很容易产生 bug,所以程序员要细心处理。下面的例子给出了汇编程序调用 C 函数的过程。

例 2-12 汇编程序中调用 C 的函数。

程序如下:

```
// *********************************************************************/
//描述：汇编程序中调用 C 的函数
// *********************************************************************/
.EXTERNAL _F_Sub_C
.CODE
.PUBLIC _main;
// ================================================================
//函数：main()
//描述：主函数
// ================================================================
_main:
  R1 = 1;
  PUSH R1 TO [SP];          //第 3 个参数入栈
  R1 = 2;
  PUSH R1 TO [SP];          //第 2 个参数入栈
  R1 = 3;
  PUSH R1 TO [SP];          //第 1 个参数入栈
  CALL _F_Sub_C;
  POP R1,R3 FROM [SP];      //弹出参数回复 SP 指针
  GOTO _main;
  RETF;
// *********************************************************************/
//void F_Sub_C(int i,int j,int k); 来自于 asm.c。延时程序，入口参数 i,j,k;返回 i。
//main.asm 结束
// *********************************************************************/
```

C 语言子函数如下：

```
// ================================================================
//函数：F_Sub_C()
//语法：void F_Sub_C(int i,int j,int k)
//描述：延时程序
//参数：i,j,k
//返回：i
// ================================================================
int F_Sub_C(int i,int j,int k)
{
  i ++;
  j ++;
  k ++;
  return i;
}
```

(3) C 语言和汇编语言混合编程举例

下面举一个 C 语言和汇编语言混合编程的例子。在汇编中利用 2 Hz 中断进行计数，C 程

序判断时间,在 IOA 口上以 2 s 的速率闪烁。

例 2-13 C 语言与汇编混合编程举例。

C 主程序 min.c 如下:

```c
//**********************************************************************/
//描述:C语言与汇编混合编程举例
//**********************************************************************/
unsigned int TimeCount = 0;
//======================================================================
//函数:main()
//描述:主函数
//======================================================================
int main()
{
 TimeCount = 0;
 F_InitIOA(0xFFFF,0xFFFF,0x0000);        //初始化 IOA 口
 SystemInit();                           //系统初始化
 while(1)
 {
        if(TimeCount<=4)
           LightOff();                   //IOA 口 LED 熄灭
        else if(TimeCount<=7)
   LightOn();                            //IOA 口 LED 亮
 else
       TimeCount = 0;
            }
 }
//**********************************************************************/
//void SP_InitIOA(int A,int B,int C);来自于 System.asm,IOA 初始化。A 方向向量单元,
//B 数据单元,C 属性向量单元。
//void SystemInit();来自于 System.asm,IOA 初始化。无入口出口参数。
//void LightOff();来自于 System.asm。无入口出口参数。
//void LightOff();来自于 System.asm。无入口出口参数。
//main.c 结束
//**********************************************************************/
```

汇编程序 System.asm 如下:

```
.INCLUDE hardware.inc
.CODE
//======================================================================
//函数:SystemInit()
//语法:void SystemInit(void)
//描述:系统初始化
```

```
//参数：无
//返回：无
//================================================================
.PUBLIC _SystemInit;                     //系统初始化
_SystemInit: .PROC
     R1 = 0x0004                         //开 2 Hz 中断
     [P_INT_Ctrl] = R1
     IRQ ON
     RETF;
  .ENDP;


//================================================================
//函数：F_InitIOA()
//语法：void F_InitIOA(void)
//描述：I/O 口初始化
//参数：无
//返回：无
//================================================================
.PUBLIC _F_InitIOA;                      //初始化 IOA 口
_F_InitIOA: .PROC
     PUSH BP TO [SP];
     BP = SP + 1;
     R1 = [BP + 3];
     [P_IOA_Dir] = R1;
     R1 = [BP + 4];
     [P_IOA_Attrib] = R1;
     R1 = [BP + 5];
     [P_IOA_Data] = R1;
     POP BP FROM [SP];
     RETF;
  .ENDP;
//================================================================
//函数：LightOn()
//语法：void LightOn(void)
//描述：点亮 LED
//参数：无
//返回：无
//================================================================
.PUBLIC _LightOn;                        //IOA 口 LED 点亮
_LightOn: .PROC
     R1 = 0xFFFF;
     [P_IOA_Data] = R1;
     RETF;
```

```
    .ENDP
// ================================================================
//函数：LightOff()
//语法：void LightOff(void)
//描述：熄灭 LED
//参数：无
//返回：无
// ================================================================
.PUBLIC _LightOff;                      //IOA 口 LED 熄灭
_LightOff: .PROC
    R1 = 0x0000;
    [P_IOA_Data] = R1;
    RETF;
    .ENDP
```

中断程序 ISR.ASM 如下：

```
.PUBLIC _IRQ5
.INCLUDE hardware.inc
.EXTERNAL _TimeCount;                   //计时
.TEXT
// ================================================================
//函数：IRQ5()
//语法：void IRQ5(void)
//描述：IRQ5 中断服务程序
//参数：无
//返回：无
// ================================================================
_IRQ5:
 PUSH R1,R5 TO [SP]
 R1 = 0x0008;
 TEST R1,[P_INT_Ctrl];
 JNZ L_IRQ5_4Hz;
L_IRQ5_2Hz:                             //2 Hz 中断
    R1 = 0x0004
    [P_INT_Clear] = R1;                 //清中断
    R1 = [_TimeCount]                   //计数器值加 1
    R1 += 1
    [_TimeCount] = R1
 POP R1,R5 FROM [SP];
 RETI;
L_IRQ5_4Hz:                             //4 Hz 中断
    [P_INT_Clear] = R1;
 POP R1,R5 FROM [SP];
 RETI;
```

源程序共包含 C 主程序 main.c、汇编程序 System.asm 和中断程序 ISR.ASM 三个程序文件。完成硬件接口的子程序有系统初始化(_SystemInit)、初始化 IOA 口(_F_InitIOA)、IOA 口 LED 点亮(_LightOn)、IOA 口 LED 熄灭(_LightOff)，它们都定义为过程，写在 CODE 段，由 C 主程序调用；中断服务程序写在 TEXT 段。

4. C 语言的嵌入式汇编

为了使 C 语言程序具有更高的效率和更多的功能，需在 C 语言程序里嵌入用汇编语言编写的子程序。一方面是为提高子程序的执行速度和效率；另一方面，可解决某些用 C 语言程序无法实现的机器语言操作。而 C 语言代码与汇编语言代码的接口是任何 C 编译器毋庸置疑要解决的问题。

通常，有两种方法可将汇编语言代码与 C 语言代码联合在一起。一种是把独立的汇编语言程序用 C 函数连接起来，通过 API（Application Program Interface）的方式调用；另一种就是下面要讲的在线汇编方法，即将直接插入式汇编指令嵌入到 C 函数中。

编译器 GCC 认可的基本数据类型及其值域见表 2.2.3。

表 2.2.3 GCC 的基本数据类型

数据类型	数据长度（位数）	值 域
Int	16	−32 768～32 767
long int	32	−2 147 483 648～2 147 483 647
unsigned int	16	0～65 535
Unsigned long	32	0～4 294 967 295
float	32	以 IEEE 格式表示的 32 位浮点数
double	64	以 IEEE 格式表示的 64 位浮点数

采用 GCC 规定的在线汇编指令格式进行指令的输入，是 GCC 实现将 μ'nSP™ 汇编指令嵌入 C 函数中的方法。GCC 在线汇编指令格式规定如下：

asm("汇编指令模板"：输出参数：输入参数：clobbers 参数)；

若无 clobber 参数，则在线汇编指令格式可简化为：

asm("汇编指令模板"：输出参数：输入参数)；

下面对在线汇编指令格式中的各种成分进行介绍。

(1) 汇编指令模板

模板是在线汇编指令中的主要成分，GCC 据此可在当前位置产生汇编指令输出。例如，下面是一条在线汇编指令：

asm("%0+=%1"："+r"(foo)："r"(bar))；

此处，"%0+=%1"就是模板。其中，操作数"%0"、"%1"作为一种形式参数，分别会由第一个冒号后面实际的输出、输入参数取代。带百分号的数字表示的是第一个冒号后参数的序号。

又如：

asm("%0=%1+%2"："=r"(foo)："r"(bar),"i"(10))；

其中，"%0"会由参数 foo 取代，"%1"会由参数 bar 取代，而"%2"则会由数值 10 取代。

在汇编输出中,一个汇编指令模板里可以挂接多条汇编指令。其方法是用换行符'\n'来结束每一条指令,并用 Tab 键符'\t'将同一模板产生在汇编输出中的各条指令在换行显示时缩进到同一列,以使汇编指令显示清晰。如下例:

asm("%0+=%1\n\t%0+=%1":"+r"(foo):"r"(bar));

(2) 操作数

在线汇编指令格式中,第一个冒号后的参数为输出操作数,第二个冒号后的参数为输入操作数,第三个冒号后跟着的则是 clobber 操作数。在各类操作数中,引号里的字符代表的是其存储类型约束符;括弧里面的字符串表示的是实际操作数。

如果输出参数有若干个,可用逗号","将每个参数隔开。同样,该法则适用于输入参数或 clobber 参数。

(3) 操作数约束符

约束符的作用在于指示 GCC,使用在汇编指令模板中的操作数的存储类型。表 2.2.4 列出了一些约束符和它们分别代表的操作数不同的存储类型,也列出了用在操作数约束符之前的两个约束符前缀。

表 2.2.4　操作数存储类型约束符及约束符前缀

约束符	操作数存储类型	约束符前缀及含义解释	
r	寄存器中的数值	=	+
m	存储器内的数值	为操作数赋值	操作数在被赋值前先要参加运算
i	立即数		
p	全局变量操作数		

(4) GCC 在线汇编指令举例

例 2-14　asm("%0=%1+%2":"=m"(foo):"r"(bar),"i"(10));

操作数 foo 和 bar 都是局部变量。bar 的值会分配给寄存器(此例中寄存器为 R1),而 foo 的值会置入存储器中,其地址在此由 BP 寄存器指出。GCC 对此会产生如下代码:

```
//GCC在线汇编起始
[BP] = R1 + 10
//GCC在线汇编结束
```

注意,本应在线汇编指令产生的汇编代码不能被正确汇编。正确的在线汇编指令应当是:

asm("%0=%1+%2":"=r"(foo):"r"(bar),"i"(10));

它产生如下的汇编代码:

```
//GCC在线汇编起始
R1 = R4 + 10
//GCC在线汇编结束
```

例 2-15

```
int a;
int b;
```

```
#define SEG(A,B) asm("%0 = seg %1" : "=r" (A) : "p" (&B));
int main(void)
{
    int foo;
    int bar;
    SEG(foo, a);
    SEG(bar, b);
    return foo;
}
```

例 2 - 16 asm ("%0 += %1" : "+r" (foo) : "r" (bar));

操作数 foo 在被赋值前先要参加运算,故其约束符为"+r",而非"=r"。

5. 利用嵌入式汇编实现对端口寄存器的操作

在 C 的嵌入式汇编中,当使用端口寄存器名称时,需要在 C 文件中加入汇编的包含文件,如下所示:

```
asm(".include hardware.inc");
```

那么,就可以使用端口寄存器的名称,而不必去使用端口的实际地址。

(1) 写端口寄存器

现举例说明:要设定 Port A 端口为输出端口,则需要对 P_IOA_Dir 赋值 0xFFFF。

在 C 中有一个 int 型的变量 i,传送到 P_IOA_Dir 中,则嵌入汇编的实现方式如下:

```
……
asm(".include hareware.inc");
……
int main(void)
{
    int i;
    ……
    asm("[P_IOA_Dir] = %0"
        ……
                        //没有输出参数
        :"r"(i)
                        //只有输入参数,通过寄存器传递变量 i 的内容
    );
    ……
}
```

如果需要对端口寄存器直接赋值一个立即数(比如对 P_IOA_Dir 赋值 0x1234),那么内嵌式汇编为:

```
...
asm(".include hareware.inc");
……
```

```
int main(void){
 ……
 asm("[P_IOA_Dir] = %0"
 ……
                        //没有输出参数
 :"r"(0x1234)
                        //只有输入参数,通过寄存器传递立即数 0x1234
 );
 ……
}
```

(2) 读端口寄存器

对端口寄存器进行读操作的方法与写类似,下面仍然以 P_IOA_Dir 为例进行说明。

如果要实现把端口的寄存器 P_IOA_Dir 的值读出并保存在 C 中的一个 int 变量 j 里,那么可以通过下面的方法来实现。

```
……
asm(".include hareware.inc");
……
int main(void){
 int j;
 ……
 asm("%0 = [P_IOA_Dir]"
  :"=r"(j)
                        //只有输出参数,而无输入参数
);
 ……
}
```

(3) 利用 GCC 编程举例

下面是一段 GCC 的代码,实现对 A 口的初始化:设定 A 口为同向输出高电平。

```
asm("[P_IOA_Attrib] = %0\n\t"
 "[P_IOA_Data] = %0\n\t"
 "[P_IOA_Dir] = %0\n\t"
 ……
 "r"(0xffff)
);
```

通过 GCC 编译后的代码如下:

```
R1 = (-1)              //QImode move
                       //GCC inline ASM start
[P_IOA_Attrib] = R1
[P_IOA_Data] = R1
[P_IOA_Dir] = R1
```

```
                    //GCC inline ASM end
```

下面是一段 GCC 的代码,实现对 B 口的初始化:设定 B 口为具有上拉电阻的输入。

```
asm("[P_IOB_Attrib] = %0\n\t"
    "[P_IOB_Data] = %1\n\t"
    "[P_IOB_Dir] = %0\n\t"
    ……
    "r"(0),
    "r"(0xffff)
    );
```

上面这段代码通过 GCC 编译后的汇编代码如下:

```
R2 = (-1)               //QImode move
R1 = 0                  //QImode move
                        //GCC inline ASM start
[P_IOB_Attrib] = R2
[P_IOB_Data] = R1
[P_IOB_Dir] = R2
                        //GCC inline ASM end
```

通过上述两段代码,使得 SPCE061A 的 B 口成为输入,A 口成为输出,如果要实现把 B 口得到的数据从 A 口输出,这样的 GCC 编程需要在 C 中先建立个 int 型的中间变量,通过这个中间变量,写出两个 GCC 的代码来实现。

```
……
int temp;
……
asm("%0 = [P_IOB_Data]"
    :"=r"(temp)
    );
asm("[P_IOA_Buffer] = %0"
    ……
    :"r"(temp)
    );
```

通过 GCC 后的代码如下所示。这里将看不到 temp 的影子,GCC 会进行优化处理。

```
R1 = [P_IOB_Data]
[P_IOA_Buffer] = R1
```

通过上述方法的介绍就可以在 C 语言中直接对 SPCE061A 的硬件进行操作。在对硬件读写语句较少的情况下,如果采用 C 调用汇编函数的方法显得有些臃肿,而使用嵌入式汇编会使得代码高效简洁。

2.2.3 中断系统程序设计

1. 单中断源的应用

（1）定时器中断

定时器中断包括定时器 A 中断和定时器 B 中断，而且定时器 A、B 中断源不仅在 FIQ 中断方式中，还在 IRQ1（Timer A），IRQ2（Timer B）中，当然这可以根据具体程序需要，如果需要定时器的中断优先级高，即可以打开 FIQ 方式的定时器中断。如果不要求较高的中断优先级，则可以将定时器中断放在 IRQ 中断方式中。定时中断所使用的寄存器如表 2.2.5 所列。

表 2.2.5 定时中断寄存器

配置单元	读/写属性	存储地址	配置单元功能说明
P_TimerA_Data	读/写	700AH	16 位定时器/计数器 Timer A 的预置计数初值存储单元
P_TimerA_Ctrl	读/写	700BH	Timer A 的控制单元，可进行时钟源 ClkA、ClkB 输入选择和脉宽调制占空比输出 APWMO 控制
P_TimerB_Data	读/写	700CH	16 位定时器/计数器 Timer B 的预置计数初值存储单元
P_TimerB_Ctrl	读/写	700DH	Timer B 的控制单元，可进行时钟源 ClkA 输入选择和脉宽调制占空比输出 BPWMO 的控制
P_INT_Ctrl	读/写	7010H	写可控制各中断源允许或禁止中断，读可判断产生中断请求的中断源
P_INT_Clear	写	7011H	用来清除中断源的中断请求

例 2-11 利用定时器 A 定时 10 ms，在 A 口的 IOA0 脚输出周期 20 ms 的方波。

分析：采用定时器 A 定时，首先解决使用哪种中断方式，是 FIQ 中断方式，还是 IRQ 中断方式。当然在这个例子中，采用哪一种中断都可以，这里采用 IRQ 中断，开中断时需打开 IRQ1 中断（即定时器 A 中断），即将 P_INT_Ctrl 的 IRQ1_TMA 置位。其次是考虑定时 10 ms 的问题。如果确定定时 10 ms，则又要考虑采用的时钟源（P_TimerA_Ctrl）。这里采用 8 kHz 的时钟源 A，时钟源 B 为 1。当然选用其他频率也可以定时 10 ms。接下来确定定时器 A 的预置数（P_TimerA_Data）是多少。

计算方法：

$$0xFFFF-时钟源频率/定时器溢出频率=0xFFFF-8\ kHz/0.1\ kHz=0xFFFF-80=0xFFAF$$

定时器中断主程序流程如图 2.2.10 所示。
定时器中断服务程序流程如图 2.2.11 所示。
定时中断源程序代码：

```
.INCLUDE    hardware.inc
.DEFINE     TIMERA_CLKA_8K    0x0003;         //时钟源 A 选择 8 096 Hz
.DEFINE     TIMERA_CLKB_1     0x0030;         //时钟源 B 选择 1
.DEFINE     RUN_TIMERA        0x2000          //定义启动定时器
.DEFINE     TIMER_DATA_FOR_8KHZ (0xffff-0x1fff)
            //公式:0xFFFF-时钟源频率/定时器溢出频率 = 0xFFFF-8 kHz/0.1 kHz = 0xFFAF
```

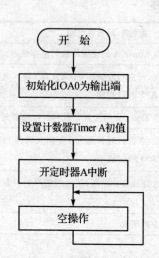

图 2.2.10 定时器中断主程序流程图　　　图 2.2.11 定时器中断服务流程图

```
.RAM
.VAR    C_Flag                                  //方波标志,1,IOA0 为高,0,IOA0 为低
.CODE
//================================================================
//函数：main()
//================================================================
.PUBLIC _main
_main:
R1 = 0x0001;                                    //定义 IOA0 为高电平输出端
[P_IOA_Dir] = R1;
[P_IOA_Attrib] = R1;
    [P_IOA_Data] = R1;
    [C_Flag] = R1;                              //初始化 10 ms 方波输出标识位
R1 = TIMER_DATA_FOR_8KHZ                        //定义定时器 A 预置数
    [P_TimerA_Data] = R1
    R1 = TIMERA_CLKA_8K + TIMERA_CLKB_1         //时钟源频率时钟源 A 为 8096 Hz
    [P_TimerA_Ctrl] = R1                        //开放定时器 A 的中断
    R1 = RUN_TIMERA
    R1 | = 0x0010
```

```
    [P_INT_Ctrl] = R1
    INT IRQ,FIQ                         //开 IRQ 中断
L_Loop:                                 //空操作
    NOP;
    GOTO L_Loop;
//================================================================
//函数：FIQ()
//语法：void FIQ(void)
//描述：定时器 A 中断程序
//参数：无
//返回：无
//================================================================
.TEXT
.PUBLIC _FIQ;
_FIQ:
    PUSH R1,R5 TO [SP]                  //现场保护
    R1 = [C_Flag]
    [P_IOA_Data] = R1                   //波形输出端
    R1 ^= 0xffff;                       //方波标志位取反
    [C_Flag] = R1;
    R1 = 0x1000                         //清中断
    [P_INT_Clear] = R1
    POP R1,R5 FROM [SP]                 //恢复现场
    RETI                                //返回
.PUBLIC _IRQ4;
_IRQ4:
    NOP
    NOP
    NOP
L_L1:
    NOP
    JMP L_L1;
    R4 = 100;
L_Loop1:
    R4 -= 1;
    JNZ L_Loop1;
    R2 = 0x0;
    [P_IOB_Data] = R2;
    R4 = 0x0040;
    [P_INT_Clear] = R4;
    RETI;
```

(2) 时基中断

SPCE061A 单片机具有时基中断，减少了软硬件关于实时时钟处理过程。时基信号频率

丰富,有 2 Hz、4 Hz、8 Hz、16 Hz、32 Hz、64 Hz、128 Hz、256 Hz、512 Hz、1024 H、2048 Hz、4096 Hz 等多种频率,为用户在实时处理上提供了各种时钟选择。

时基中断源 7 个,占有三个中断入口地址。

例 2-18 定时 0.5 s,使 A 口的 8 个二极管闪烁。

分析:首先考虑定时 0.5 s 采用哪个时基信号比较方便,可以很明显地看出 2 Hz 时基信号中断是最方便的。只要触发 2 Hz 的时基信号中断即为 0.5 s 的定时时间。

时基中断使用的控制寄存器如表 2.2.6 所列。

表 2.2.6 时基中断使用的控制寄存器

配置单元	读/写属性	存储地址	配置单元功能说明
P_TimeBase_Setup	写	700EH	时基信号发生器输出的 TMB1,TMB2 频率设定
P_TimeBase_Clear	写	700FH	时基信号发生器复位并进行时间的精确校准
P_SystemClock	写	7013H	系统时钟的选择控制单元
P_INT_Ctrl	读/写	7010H	写可控制各中断源允许或禁止中断,读可判断产生中断请求的中断源
P_INT_Clear	写	7011H	用来清除中断源的中断请求

本例的主程序流程如图 2.2.12 所示。

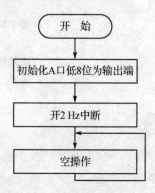

图 2.2.12 主程序流程图

时基信号中断程序代码:

```
//*****************************************************************/
//名称:TimeBase_2Hz
//描述:使 A 口低 8 位发光二极管以 0.5 s 闪烁,IOA0~IOA7 分别接 8 个发光二极管
//*****************************************************************/
.INCLUDE hardware.inc
.DEFINE   RUN_2HZ_TimeBase_INT    0x0004
.RAM
.VAR C_Flag                         //发光二极管的标志:1 为点亮,2 为熄灭
//==================================================================
//函数:main()
//描述:主函数
```

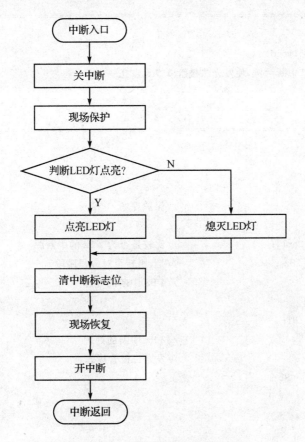

图 2.2.13　中断服务程序流程图

```
//================================================================
.CODE
.PUBLIC _main
_main:
R1 = 0x00ff;                        //初始化 A 口低 8 位为低电平输出端
[P_IOA_Attrib] = R1 ;
[P_IOA_Dir] = R1 ;
R1 = 0x0000 ;
[P_IOA_Data] = R1 ;
[C_Flag] = R1;                      //初始化发光二极管标志
R1 =  RUN_2HZ_TimeBase_INT;         //开放 2 Hz 中断
[P_INT_Ctrl] = R1 ;
    INT IRQ ;
L_Loop:
NOP ;
NOP;
NOP;
NOP;
GOTO L_Loop
```

```
// ================================================================
//函数：IRQ5()
//语法：void IRQ5(void)
//描述：2 Hz 时基中断示例,使发光二极管 0.5 s 点亮一次
//参数：无
//返回：无
// ================================================================
.TEXT
.PUBLIC _IRQ5
_IRQ5:
    PUSH R1,R5 TO [SP];              //保护现场
        R1 = 0x0004;
    TEST R1,[P_INT_Ctrl];            //比较是否为 2 Hz 的中断源
        JNZ   L_IRQ5_2Hz;            //是,则转至对应程序段
    L_IRQ5_4Hz:                      //4 Hz 中断的处理
        R1 = 0x0008;
        GOTO L_Exit_INT;
    L_IRQ5_2Hz:                      //2 Hz 中断的处理
        R1 = [C_Flag];               //发光二极管标志
        [P_IOA_Data] = R1;
        R1 ^= 0xffff;
        [C_Flag] = R1;
        R1 = 0x0004;
    L_Exit_INT:                      //退出中断
        [P_INT_Clear] = R1;
        POP R1,R5 FROM [SP];         //恢复现场
        RETI;
```

(3) 触键唤醒中断

触键唤醒中断源主要是在系统进入睡眠状态后,通过 A 口低 8 位的按键来唤醒系统时钟,同时进入触键唤醒中断,恢复睡眠时的 PC 指针。

例 2-19 使系统进入睡眠状态,通过触键唤醒。

分析：首先考虑如何使系统进入睡眠状态,可以通过设置时钟系统控制寄存器（P_SystemClock）的 b4 位使系统进入睡眠状态。其次因为只有 A 口的低 8 位具有唤醒功能,所以按键必须接 A 口低 8 位。

触键唤醒中断使用的控制寄存器见表 2.2.7。

表 2.2.7　触键唤醒中断使用的控制寄存器

配置单元	读/写属性	存储地址	配置单元功能说明
P_IOA_RL	读	7004H	从其读数可激活 A 口的唤醒功能,并锁存 IOA0～IOA7 上的键状态
P_SystemClock	写	7013H	系统时钟的选择控制单元

续表 2.2.7

配置单元	读/写属性	存储地址	配置单元功能说明
P_INT_Ctrl	读/写	7010H	写可控制各中断源允许或禁止中断,读可判断产生中断请求的中断源
P_INT_Clear	写	7011H	用来清除中断源的中断请求

触键唤醒主程序流程如图 2.2.14 所示。

触键唤醒中断服务流程如图 2.2.15 所示。

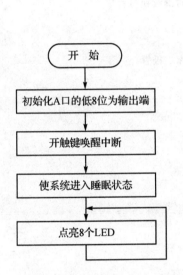

图 2.2.14 触键唤醒主程序流程图

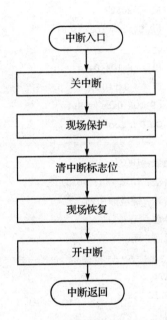

图 2.2.15 触键唤醒中断服务流程图

触键唤醒程序代码:

```
//****************************************************************//
//描述:检测触键唤醒的功能
//硬件连接:A 口低 8 位接键盘;高 8 位接 8 个 LED
//****************************************************************//
.INCLUDE hardware.inc
.DEFINE P_IOA_RL        0x7004
.DEFINE RUN_KEYWAKEUP_INT 0x0080
.CODE
//================================================================
//函数:main()
//描述:主函数
//================================================================
.PUBLIC _main
_main:
    R1 = 0xff00                     //初始化 A 口低 8 位为带下拉电阻的输入
```

```
        [P_IOA_Dir] = R1                    //高8位为低电平输出
        [P_IOA_Attrib] = R1
    R1 = 0x0000
        [P_IOA_Data] = R1
        R1 = RUN_KEYWAKEUP_INT              //开放触键唤醒中断
        [P_INT_Ctrl] = R1
        R1 = [P_IOA_RL]                     //激活A口唤醒功能
        INT IRQ                             //开中断
        R1 = 0x0007
        [P_SystemClock] = R1                //进入睡眠状态
L_Loop:                                     //当有键唤醒时继续执行程序
        R1 = [P_IOA_Data]
        R1 | = 0xff00;
        [P_IOA_Data] = R1;                  //点亮8个发光二极管
        GOTO L_Loop;
//================================================================
//函数：IRQ3()
//语法：void IRQ3(void)
//描述：键唤醒中断
//参数：无
//返回：无
//================================================================
.TEXT
.PUBLIC _IRQ3
_IRQ3:
        INT OFF
        PUSH R1,R4 TO [SP]                  //现场保护
        R1 = 0x0080
        TEST R1,[P_INT_Ctrl]                //是否为键唤醒中断
        JZ L_notKeyArouse                   //否，外部中断
L_KeyArouse:                                //触键唤醒中断的处理
        R1 = 0x0080
        GOTO L_Exit_INT;
L_notKeyArouse:                             //外部中断的处理
        R1 = 0x0100
        TEST R1,[P_INT_Ctrl]
        JNZ L_EXT1;                         //判断是否为外部中断1
        R1 = 0x0200                         //外部中断2
L_EXT1:
L_Exit_INT:
        [P_INT_Clear] = R1                  //清中断
        POP R1,R4 FROM [SP]                 //恢复现场
        INT IRQ
```

```
    RETI
.END
//***********************************************************************/
//main.c 结束
//***********************************************************************/
```

(4) 外部中断

SPCE061A 有两个外部中断,为负跳沿触发。可以使用形成反馈电路定时来触发外部中断,也可以不使用反馈电路,通过给 IOB2 或 IOB3 外部中断触发信号,进入外部中断。

例 2-20 在外部中断中点亮 8 个 LED。

分析:首先考虑使用外部中断 1 还是外部中断 2,此处两个外部中断都可以,只是初始化时略有不同。选择外部中断 1,初始化 IOB2 为带上拉电阻的输入端口;选择外部中断 2,初始化 IOB3 为带上拉电阻的输入端口,为高阻输入。此例选择外部中断 1。

反馈电路外部中断使用的控制寄存器见表 2.2.8。

表 2.2.8　反馈电路外部中断使用的控制寄存器

配置单元	读/写属性	存储地址	配置单元功能说明
P_INT_Ctrl	读/写	7010H	写可控制各中断源允许或禁止中断,读可判断产生中断请求的中断源
P_INT_Clear	写	7011H	用来清除中断源的中断请求
P_FeedBack	写	7009H	B 口的应用方式控制向量

外部中断主程序流程如图 2.2.16 所示。

外部中断中断服务程序流程如图 2.2.17 所示。

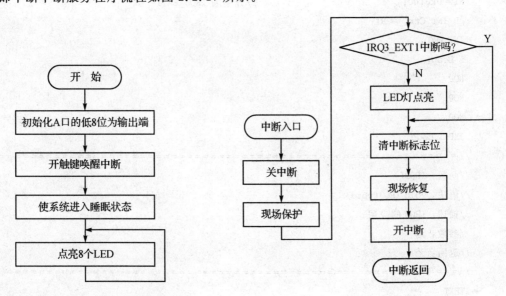

图 2.2.16　外部中断主程序流程图　　　图 2.2.17　外部中断中断服务程序流程图

外部中断源程序代码如下：

```
// ********************************************************************/
//描述：通过外部中断点亮 A 口低 8 位的 8 个 LED
//硬件连接：A 口低 8 位连接 8 个 LED
// ********************************************************************/
.INCLUDE hardware.inc
.CODE
// ==================================================================
//函数：main()
//描述：主函数
// ==================================================================
.PUBLIC _main
_main:
    R1 = 0x00ff                    //设置 A 口低 8 位为同相高电平输出口
    [P_IOA_Attrib] = R1
    [P_IOA_Dir] = R1
    R1 = 0x0000
    [P_IOA_Data] = R1
    R1 = 0x0000;                   //设置 IOB2 带上拉电阻的输入端口
    [P_IOB_Dir] = R1;
    [P_IOB_Attrib] = R1;
    R1 = 0x0004 ;
    [P_IOB_Data] = R1;
    R1 = 0x0100;                   //开中断 IRQ3_EXT1
    [P_INT_Ctrl] = R1;
    INT IRQ;
L_Loop:
    NOP
    NOP
    NOP
    JMP L_Loop
// ==================================================================
//函数：IRQ3()
//语法：void IRQ3(void)
//描述：IRQ3 的应用
//参数：无
//返回：无
// ==================================================================
.TEXT
.PUBLIC _IRQ3
_IRQ3:
    INT OFF
```

```
    PUSH R1,R5 TO [SP]          //现场保护
    R1 = 0x0100
    TEST R1,[P_INT_Ctrl]        //比较是否为 IRQ3_EXT1
    JNZ   L_Irq3_Ext1           //是,则转至对应程序段
    R1 = 0x0200
    TEST R1,[P_INT_Ctrl]        //否,则比较是否为 IRQ3_EXT2
    JNZ   L_Irq3_Ext2           //是,则转至对应程序段
L_Irq3_Key:                     //否,则进入键唤醒中断
    GOTO L_Exit_INT;
L_Irq3_Ext2:                    //进入外部中断 2
    GOTO L_Exit_INT;
L_Irq3_Ext1:                    //外部中断 1
    R1 = 0xffff
    [P_IOA_Data] = R1           //点亮 LED
    R1 = 0x0100
L_Exit_INT:
    [P_INT_Clear] = R1
    pop R1,r5 from [sp]         //现场恢复
    INT IRQ,FIQ
    RETI
```

(5) 串行异步中断

串行异步中断用于串行通信过程中数据的收发,此外,UART 还可以缓冲地接收数据。也就是说,它可以在读取缓存器内当前数据之前接收新的数据。但是,如果新的数据被接收到缓存器之前一直未从中读取先前的数据,会发生数据丢失。P_UART_Data(读/写,$7023H)单元可以用于接收和发送数据的缓存。向该单元写入数据,可以将发送的数据送入缓存器;从该单元读数据,可以从缓存器读出单个的数据字节。UART 模块的接收引脚 Rx 和发送引脚 Tx 分别可与 IOB7 和 IOB10 共用。

例 2-21 准备一组数据自发自收。

分析:允许串口中断,并设置 P_UART_Command1 允许 UART 收发中断。注意,因为 UART 串行传输方式为 8 位数据位传输,所以传输一个字时需要发送两次,接收也如此。

串行异步中断使用的控制寄存器见表 2.2.9。

表 2.2.9　串行异步中断使用的控制寄存器

配置单元	读/写属性	存储地址	配置单元功能说明
P_UART_Command1	写	7021H	UART 功能的控制单元
P_UART_Command2	读/写	7022H	读出时为 UART 工作的状态口。写入时用来控制 UART Rx、Tx 端口数据传输的开通或关断

续表 2.2.9

配置单元	读/写属性	存储地址	配置单元功能说明
P_UART_Data	读/写	7023H	需要接收或发送的数据
P_UART_BaudScalarLow	读/写	7024H	用于选择数据传输波特率控制字低位
P_UART_BaudScalarHigh	读/写	7025H	用于选择数据传输波特率控制字高位
P_INT_Ctrl	读/写	7010H	写可控制各中断源允许或禁止中断,读可判断产生中断请求的中断源
P_INT_Clear	写	7011H	用来清除中断源的中断请求

串行异步通信主程序流程如图 2.2.18 所示。

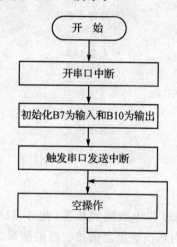

图 2.2.18 串行异步通信主程序流程图

串口异步通信中断服务程序流程如图 2.2.19 所示。
串行异步通信程序代码如下:

```
//*****************************************************************/
//程序描述:异步通信自发自收程序。
//准备 5 个数据分别是 0x55aa,0xff55,0x1010,0x3344,0x66aa
//*****************************************************************/
.INCLUDE hardware.inc
.DEFINE UART_DATA_SIZE   0x0005;
.DATA                            //发送的数据
C_SendData:.dw 0x55aa,0xff55,0x1010,0x3344,0x66aa
.ISRAM
.PUBLIC   C_RecData              //接收数据缓冲区
C_RecData:.DW   5 DUP(0);
.VAR C_RecNum                    //接收数据个数
.VAR C_SendNum                   //发送数据个数
.VAR C_SendFlag;                 //1 表示发送高 8 位,0 表示发送低 8 位
.VAR C_RecFlag                   //1 表示接收高 8 位,0 表示接收低 8 位
```

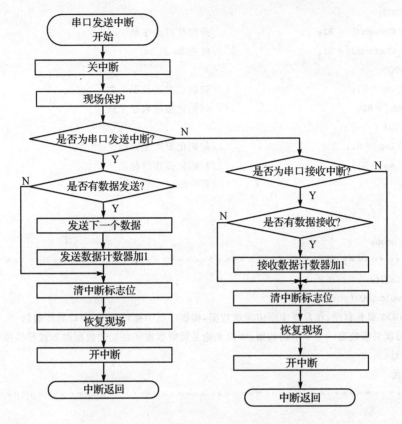

图 2.2.19 串口异步通信中断服务程序流程图

```
.CODE
//================================================================
//函数：main()
//描述：主函数
//================================================================
.PUBLIC _main;
_main:
 R2 = C_RecData;
_UART_INIT:
F_UART_INIT:
 R1 = 0x0480;                          //设置 IOB7 为输入，IOB10 为输出
 [P_IOB_Attrib] = R1;
 R1 = 0x0400;
 [P_IOB_Dir] = R1;
 R1 = 0x0000;
 [P_IOB_Data] = R1;
 R1 = 0x006b;                          //设置波特率 114.84 kHz(~ = 115.2 kHz)
 [P_UART_BaudScalarLow] = R1;
 R1 = 0x0000;
 [P_UART_BaudScalarHigh] = R1;
```

```
    R1 = 0x00C0;
    [P_UART_Command1] = R1;            //开接收发送中断
    [P_UART_Command2] = R1;            //使能 Rx 和 Tx
    R1 = 0x0000;
    [C_SendNum] = R1;                  //初始化发送数据个数
    [C_RecNum] = R1;                   //初始化接收数据个数
    R1 = 0x0001 ;
    [C_SendFlag] = R1;                 //初始化发送位标志
    [C_RecFlag] = R1;                  //初始化接收位标志
    INT IRQ;                           //开中断
L_Loop:
    NOP;
    GOTO L_Loop;
//================================================================
//函数：IRQ7()
//语法：void IRQ7(void)
//描述：UART 服务程序,在发送中断中发送数据,接收中断中接收数据,串口异步通信
//      每次只能收发一个字节的数据,所以无论是接收数据还是发送数据都需进行移位处理
//参数：无
//返回：无
//================================================================
.TEXT
.PUBLIC _IRQ7
UART_C_RecC_IRQ:.pRoc
_IRQ7:
    INT OFF
    PUSH R1,R5 TO [SP]
    R1 = 0x0080                        //判断是接收数据还是发送数据
    TEST R1,[P_UART_Command2]
    JNZ L_UART_C_RecV_IRQ;
L_UART_C_Send_IRQ:                     //发送数据处理
    R2 = [C_SendFlag];
    R2 ^= 0x0001
    [C_SendFlag] = R2;                 //发送位标志取反
    R1 = C_SendData;
    R4 = [C_SendNum]
    R3 = UART_DATA_SIZE
    CMP R4,R3;                         //数据是否发送结束
    JE L_Exit_INT;                     //结束,退出发送
    R1 = R1 + R4                       //继续发送处理
    R1 = [R1]                          //取发送数据
    R2 = [C_SendFlag]
    JZ  L_Send_Data;                   //发送一个字的高 8 位
```

```
        R1 = R1 LSR 4;
        R1 = R1 LSR 4;                      //发送高 8 位
        R4 += 1;                            //发送的数据加 1
        [C_SendNum] = R4;
    L_Send_Data:
        [P_UART_Data] = R1 ;                //发送数据
        GOTO L_Exit_INT;
    L_UART_C_RecV_IRQ:
        R2 = [C_RecFlag];
        R2 ^= 0x0001                        //接收标志取反
        [C_RecFlag] = R2;
        R4 = [C_RecNum];
        R3 = UART_DATA_SIZE
        CMP R3,R2;                          //数据是否接收结束
        JE L_Exit_INT;                      //接收结束,退出接收,否则,继续接收
        R1 = [P_UART_Data] ;                //接收数据
        R2 = [C_RecFlag]                    //接收低 8 位数据
        JNZ  L_Shift_Data;
        R3 = R4 + C_RecData;                //保存数据低 8 位
        [R3] = R1;
        GOTO L_Exit_INT;
    L_Shift_Data:                           //接收高 8 位数据
        R1 = R1 lsl 4
        R1 = R1 lsl 4;
        R2 = [C_RecNum];
        R3 = R2 + C_RecData;                //保存数据高 8 位
        R4 = [R3]
        R4 |= R1;
        [R3] = R4;
        R2 += 1;
        [C_RecNum] = R2;                    //接收数据数量加 1
    L_Exit_INT:
        POP R1,R5 FROM [SP];
        INT IRQ,FIQ
        RETI;
    .ENDP;
```

2. 多中断源应用

在单片机软件开发中,使用多个中断源的机会有很多。在 SPCE061A 单片机中多中断源的使用有两种方式,一种是同中断入口的中断源的使用;另一种是不同中断入口的多个中断源的使用。

(1) 同中断向量的多个中断源使用

例 2-22　IRQ6 中断有两个中断源(IRQ6_TMB1 和 IRQ6_TMB2),此处利用两个中断

源分别控制 8 个发光二极管,分别为 1 s 和 0.5 s 闪烁。

分析:IRQ6_TMB1 有多种选择(即 8 Hz,16 Hz,32 Hz,64 Hz),选择其中任何频率均可作 0.5 s 定时。此处选择 64 Hz;同样 IRQ6_TMB2 有 128 Hz,256 Hz,512 Hz,1024 Hz 选择,每种频率都可以达到定时 1 s,此处选择 128 Hz。

同中断向量的多个中断源主程序流程如图 2.2.20 所示。

同中断向量的多个中断源中断服务子程序流程如图 2.2.21 所示。

同中断向量的多个中断源程序代码如下:

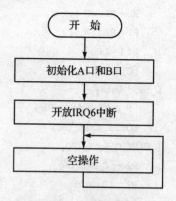

图 2.2.20 同中断向量的多个中断源主程序流程图

```
// **********************************************************************/
//描述:FIQ 有 FIQ_PWM、FIQ_TMA 和 FIQ_TMB 三个中断源,当定时器 A 或 B 计
//       满溢出时产生中断请求信号 TA_TIMEOUT_INT 或 TA_TIMEOUT_INT,CPU
//       响应后进入中断执行相应的子程序,控制二极管发光
// **********************************************************************/
.DEFINE P_IOA_DATA       0x7000;
.DEFINE P_IOA_DIR        0x7002;
.DEFINE P_IOA_ATTRI      0x7003;
.DEFINE P_IOB_DATA       0x7005;
.DEFINE P_IOB_DIR        0x7007;
.DEFINE P_IOB_ATTRI      0x7008;
.DEFINE P_INT_CTRL       0x7010;
.DEFINE P_INT_CLEAR      0x7011;
.DEFINE P_TimerA_Data    0x700A;
.DEFINE P_TimerA_Ctrl    0x700B;
.DEFINE P_TimerB_Data    0x700C;
.DEFINE P_TimerB_Ctrl    0x700D;
.DEFINE timea_clk        0x020d;     //1024 Hz
.DEFINE timeb_clk        0x0004;     //4096 Hz
.RAM
.VAR TA_Flag
.VAR TB_Flag
//================================================================
//函数:main()
//描述:主函数
//================================================================
.CODE
.PUBLIC _main
_main:
    INT OFF
```

第 2 章 指令系统与程序设计

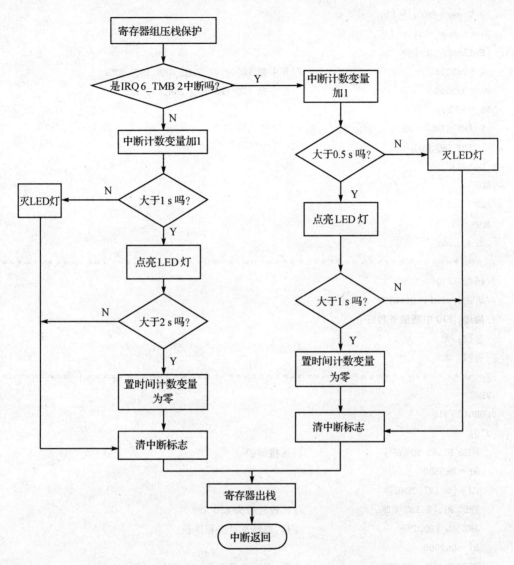

图 2.2.21 同中断向量的多个中断源中断服务子程序

R1 = 0xffff   //IOA 口为输出口
[P_IOA_ATTRI] = R1
[P_IOA_DIR] = R1
R1 = 0x0000
[P_IOA_DATA] = R1
R1 = 0xffff   //B 口的低 8 位设置为输出
　　[P_IOB_DIR] = R1
[P_IOB_ATTRI] = R1
R1 = 0x0000
[P_IOB_DATA] = R1
R1 = 0xff9f;
[P_TimerA_Data] = R1;

```
    [P_TimerB_Data] = R1;
    R1 = timea_clk;
    [P_TimerA_Ctrl] = R1;
    R2 = 0x0004                    //开中断 IRQ0_TMA、IRQ1_TMA、IRQ1_TMB
    R1 = 0x2000                    //开中断 FIQ_PWM、FIQ_TMA、FIQ_TMB
    R1 |= R2;
    [P_INT_CTRL] = R1
        INT IRQ,FIQ;
L_Loop:
    NOP
    NOP
    NOP
    JMP L_Loop
//==============================================================
//函数：FIQ()
//语法：void FIQ(void)
//描述：FIQ 中断服务程序
//参数：无
//返回：无
//==============================================================
.TEXT
.PUBLIC _FIQ
_FIQ:
    PUSH R1,R5 TO [SP]             //压栈保护
    R1 = 0x0800
    R2 = [P_INT_CTRL]
    TEST R1,[P_INT_CTRL]           //比较是否为 FIQ_TMB
    JNZ   L_FIQ_TMB                //是,则转至对应程序段
    R1 = 0x2000
    TEST R1,[P_INT_CTRL]           //否,则比较是否为 FIQ_TMA
    JNZ   L_FIQ_TMA                //是,则转至对应程序段
L_FIQ_PWM:                         //否,则进入 FIQ_PWM 中断
    R1 = 0x8000
    [P_INT_CLEAR] = R1
    POP R1,R5 FROM [SP]
    RETI
L_FIQ_TMA:
    R1 = [TA_Flag]
    R1 ^= 0xffff
    [P_IOA_DATA] = R1
    [TA_Flag] = R1
    R1 = 0x2000
    [P_INT_CLEAR] = R1
```

```
        POP R1,R5 FROM [SP]
        RETI
L_FIQ_TMB:
        R1 = 0x0800
        [P_INT_CLEAR] = R1
        POP R1,R5 FROM [SP]
        RETI
//================================================================
//函数：IRQ5()
//语法：void IRQ5(void)
//描述：IRQ5 中断服务程序
//参数：无
//返回：无
//================================================================
.TEXT
.PUBLIC _IRQ5
_IRQ5:
    PUSH R1,R5 TO [SP]              //压栈保护
        R1 = 0x0008
    TEST R1,[P_INT_CTRL]            //比较是否为 4 Hz 的中断源
        JNZ L_Irq5_4                //是,则转至对应程序段
L_Irq5_2:
        NOP;
        NOP;
        NOP;
    //R1 = 0xffff                   //否,则进入 2 Hz 程序段
//[P_IOA_DATA] = R1
        JMP L_Irq5_2;
L_LED2Hz_RET:
        //R1 = 0x0004
//[P_INT_CLEAR] = R1
        POP R1,R5 FROM [SP]
        RETI
L_Irq5_4:
//[P_INT_CLEAR] = R1
        POP R1,R5 FROM [SP]
        RETI
//*******************************************************************/
//main.c 结束
//*******************************************************************/
```

(2) 不同中断入口的中断源使用

例 2-23 如例 2-22,用不同中断入口的中断源举例。

分析：此例利用的是 0.5 s 定时，使用的是 IRQ2 中的定时器 B；1 s 定时利用的是 IRQ4 中的 IRQ_1kHz 中断。

不同中断入口的中断源主程序流程如图 2.2.22 所示。不同中断入口的中断定时器 B 中断服务程序流程如图 2.2.23 所示。不同中断入口的中断源时基信号 1 024 Hz 中断服务流程如图 2.2.24 所示。

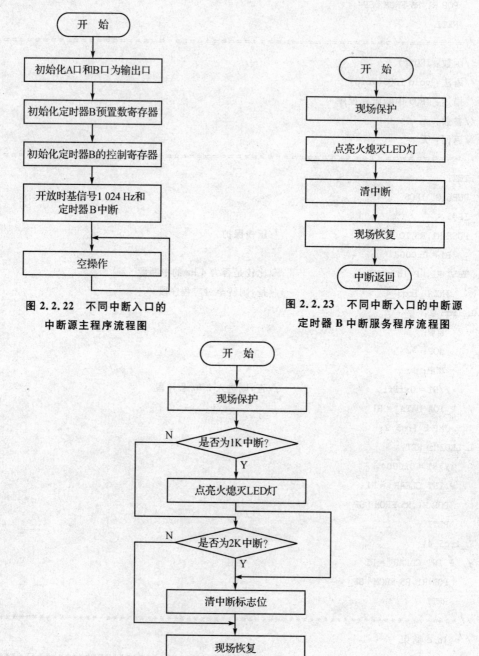

图 2.2.22　不同中断入口的中断源主程序流程图

图 2.2.23　不同中断入口的中断源定时器 B 中断服务程序流程图

图 2.2.24　不同中断入口的中断源时基信号 1 024 Hz 中断服务程序流程图

不同中断入口的中断源程序代码：

```
// *****************************************************************************/
//描述：利用定时器 B 定时 0.5 s，使 A 口低 4 位的 LED 闪烁，利用时基信号 1024 Hz
//      中断定时 1 s，使 IOA4～IOA7 连接的 LED 闪烁。
//硬件连接：IOA0～IOA4 接 4 个 LED,IOA4～IOA7 接 4 个 LED
// *****************************************************************************/
.INCLUDE    hardware.inc
.DEFINE     RUN_TIMERB          0x0400              //定义启动定时器
.DEFINE     TIMER_DATA_FOR_4KHZ (0xffff - 2048)     //定时 0.5 秒 F
.DEFINE     RUN_TIMEBASE_1024 0x0010                //时基信号 1024 Hz 中断位
.DEFINE     TIMER_CLKA_4096 0x0004;                 //时钟源 A 选择 4096 Hz
.RAM
.VAR    C_Ioa_Led,C_Iob_Led                         //C_Ioa_Led 为定时器 B LED 亮灭的数据
                                                    //C_Iob_Led 为时基信号 LED 亮灭的数据
.VAR    C_Clock_Cnt;                                //时基信号的计数器
.CODE
// ================================================================
//函数：main()
//描述：主函数
// ================================================================
.PUBLIC _main
_main:
    INT OFF
    R1 = 0xffff                                     //IOA 口为输出口
    [P_IOA_Attrib] = R1
    [P_IOA_Dir] = R1
    R1 = 0x00ff
    [P_IOA_Data] = R1
    R1 = 0xffff                                     //IOA 口为输出口
    [P_IOB_Attrib] = R1
    [P_IOB_Dir] = R1
    R1 = 0x00ff
    [P_IOB_Data] = R1
        [C_Ioa_Led] = R1;
        [C_Iob_Led] = R1;
        R1 = TIMER_DATA_FOR_4KHZ                    //定时器 B 的预置数
        [P_TimerB_Data] = R1
        R1 = TIMER_CLKA_4096                        //定义使用的时钟源频率,时钟源 A 为 4096 Hz 时
        [P_TimerB_Ctrl] = R1
        R1 = RUN_TIMEBASE_1024 + RUN_TIMERB
                                                    //开放定时器 B 中断和时基信号 1024 Hz 中断
        [P_INT_Ctrl] = R1
```

```
            INT IRQ                              //开 IRQ 中断
    L_Loop:                                      //空操作
        NOP;
        GOTO L_Loop;
//================================================================
//函数：IRQ2()
//语法：void IRQ2(void)
//描述：IRQ2 中断服务程序,使 IOA0～IOA3 位接的 4 个 LED 0.5 s 闪烁
//参数：无
//返回：无
//================================================================
.TEXT
.PUBLIC _IRQ2;
_IRQ2:
    PUSH R1,R5 TO [SP]                           //现场保护
     R1 = [C_Ioa_Led]                            //LED 赋值
    ///////////////////
    //R1 & = 0x000f;
    //R2 = [P_IOA_Data]
    //R2 & = 0x00f0;
    //R1 | = R2
    ///////////////////
    [P_IOB_Data] = R1
    R1 ^= 0xffff;
    [C_Ioa_Led] = R1;
    R1 = 0x0400                                  //清中断
    [P_INT_Clear] = R1
    POP R1,R5 FROM [SP]                          //恢复现场
    RETI                                         //返回
//================================================================
//函数：IRQ4()
//语法：void IRQ4(void)
//描述：IRQ4 中断服务程序,1024 Hz 时基信号中断,使 IOA4～IOA7 接的 4 个 LED 1 s 闪烁
//参数：无
//返回：无
//================================================================
.TEXT
.PUBLIC _IRQ4
_IRQ4:
    PUSH R1,R5 TO [SP]                           //压栈保护
    R1 = 0x0010;
    TEST R1,[P_INT_Ctrl];                        //比较是否为 1 kHz 的中断源
    JNZ L_Irq4_1k;                               //是,则转至对应程序段
```

```
    R1 = 0x0020;
    TEST R1,[P_INT_Ctrl]        //否,则比较是否为 2 kHz 的中断源
    JNZ L_Irq4_2k;              //是,则转至对应程序段
L_Irq4_4k:                      //否,则进入 4 kHz 程序段
    R1 = 0x0040;
    GOTO L_Exit_Int;
L_Irq4_2k:
    GOTO L_Exit_Int;
L_Irq4_1k:
    R1 = [C_Clock_Cnt]
    CMP R1,1024;
    JE L_Led_Pro;
    R1 + = 1;
    [C_Clock_Cnt] = R1;
    R1 = 0x0010
    GOTO L_Exit_Int;
L_Led_Pro:                      //LED 赋值
    R1 = [C_Iob_Led]
    [P_IOA_Data] = R1
    R1 ^ = 0xffff;
    [C_Iob_Led] = R1;
    R1 = 0x0000
    [C_Clock_Cnt] = R1;         //清时基计数器
    R1 = 0x0010
L_Exit_Int:
    [P_INT_Clear] = R1;
    POP R1,R5 FROM [SP]
    RETI;
//*******************************************************************/
//main.c 结束
//*******************************************************************/
```

2.3 集成开发环境 IDE

为了提高 μ'nSP® IDE 工具的兼容性,让 μ'nSP® IDE 工具能支持更多的芯片,使 IDE 下的例程全面修改、更新,凌阳科技公司推出了 μ'nSP® IDE 工具的最新版本——unSP IDE 2.0.0(以下简称 IDE 2.0.0)。IDE 2.0.0 是目前很多用户使用的版本,IDE 2.6.2D 可以向下兼容 IDE 2.0.0,是目前 Release 的最新版本。

μ'nSP 集成开发环境集程序的编辑、编译、链接、调试以及仿真等功能为一体,具有友好的交互界面、下拉菜单、快捷键和快捷访问命令列表等,使编程、调试工作更加方便且高效。

2.3.1 安装 IDE

μ'nSP IDE 的安装软件在凌阳大学计划网站下载专区和凌阳大学计划光盘都有提供。安装步骤非常简单,步骤如下:

① 找到安装软件 unSPIDE2.0.0D.exe,如图 2.3.1 所示,运行该软件。

② 在接下来显示的几个对话框中选择 Next 或 Yes 按钮,当提示选择 License Agreement 界面、安装路径、提示用户 unSP IDE Common 还没有安装时,可以按照实际情况填写。

图 2.3.1 IDE 2.0.0 的安装软件

③ 进入安装界面,将会显示安装进度,接着提示安装完成,单击 Finish 按钮即可。

2.3.2 工作环境介绍

安装好 μ'nSP IDE 后,将会自动在桌面和开始菜单中生成一个图标。双击该图标即可启动运行 μ'nSP IDE,进入 IDE 开发环境,如图 2.3.2 所示。

图 2.3.2 μ'nSP IDE 界面

μ'nSP IDE 软件提供了丰富的工具,常用命令都具有快捷工具栏。除代码窗口外,该软件还具有多种观察窗口,这些窗口可使开发者在调试过程中随时掌握代码所实现的功能。屏幕界面和 VC 类似,提供菜单命令栏、快捷工具栏、项目窗口、代码窗口、目标文件窗口、存储器窗口、输出窗口、信息输出窗口和大量的对话框,可以打开多个项目文件进行编辑。

1. 工程工作区窗口

工程工作区用于管理项目中的文件、调试运行时的寄存器以及工程相关的说明文档。在其 File 区可以添加、移除文件,编译单个文件或调试工程;在 Regs 区可以参看、设置寄存器的值。

2. 文件编辑窗口

文件编辑窗口用于对源文件编辑,查看串行口输入/输出,浏览整个工程,以及代码性能分析。

3. 信息输出窗口

编译窗口输出程序编译结果,包括编译、链接、程序区大小、输出文件的个数及名称以及错误与警告等信息。

4. Debug 窗口

调试窗口包括变量名 Watch 窗口、寄存器 Register 窗口、内存 Memory 窗口、反汇编 Disassemble 窗口和历史缓冲区窗口。这些窗口用于调试程序时使用。

2.3.3 项目建立

1. 新建项目的方法步骤

① 在 μ'nSP IDE 界面中选择 File→New 菜单项,则弹出 New 对话框,如图 2.3.3 所示。

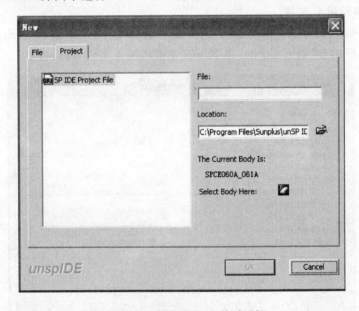

图 2.3.3 新建项目/文件对话框

② 在该对话框中选择 Project 标签,在 File 文本框中输入项目的名称;在 Location 文本框中输入项目的存取路径或利用浏览按钮制定项目的存储位置。

③ 单击 OK 按钮,则项目建立完成。

新建项目的需求:按照设计的应用程序的要求建立项目。新建项目后的 Workspace 界面如图 2.3.4 所示。例如:

项目名称　example1。

项目位置　F:\xiangmu。

结果　生成了新项目 example1。

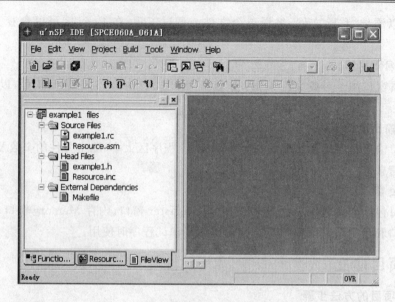

图 2.3.4 新建项目后的 Workspace 界面

2. 在项目中新建 C 文件

新建 C 文件(.C)的方法：在新建项目下，选择 File→New 菜单项，则弹出 New 对话框，如图 2.3.5 所示。单击 SP IDE C File，在 File 文本框内输入文件名称，再单击 OK 按钮。

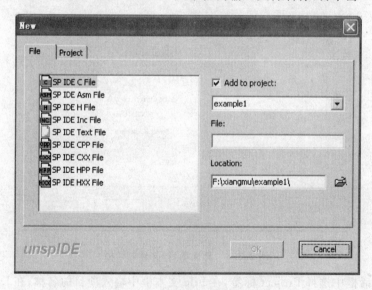

图 2.3.5 新建文件/项目对话框

新建 C 文件的需求：用 C 语言做程序时需要建立 C 文件类型。新建 C 文件后的 Workspace 界面如图 2.3.6 所示。例如：

文件名称　exa1。

文件位置　F:\xiangmu\example1\exa1.c。

结果　Source File 下多出一个 exa1.c 文件。

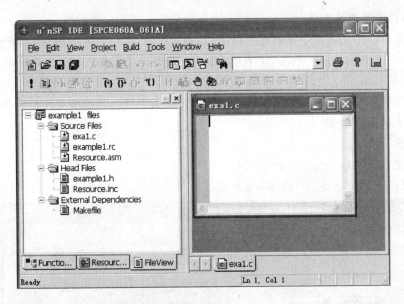

图 2.3.6 新建 C 文件后的 Workspace 界面

3. 在项目中新建汇编文件

新建汇编文件(.asm)的方法：在新建项目下，选择 File→New 菜单项，则弹出新建文件/项目的对话框，如图 2.3.5 所示。单击 SP IDE Asm File，在 File 文本框内输入文件名称，再单击 OK 按钮。

新建汇编文件需求：用汇编语言编程序时需要建立汇编文件类型。新建汇编文件后的 Workspace 界面如图 2.3.7 所示。例如：

文件名称　exa2。

文件位置　F：\xiangmu\example1\exa2.asm。

结果　Source File 下多出一个 exa2.asm 文件。

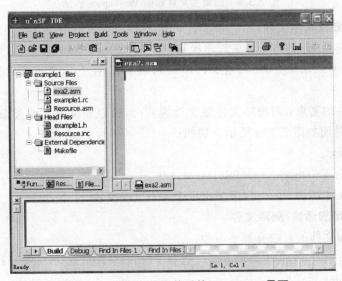

图 2.3.7 新建汇编文件后的 Workspace 界面

4. 在项目中新建头文件

新建头文件(.h)的方法：在新建项目下，选择 File→New 菜单项，则弹出新建文件/项目的对话框，如图 2.3.5 所示。单击 SP IDE H File，在 File 文本框内输入文件名称，再单击 OK 按钮。

新建头文件需求：多个文件共享的文件可以建成头文件。新建头文件后的 Workspace 界面如图 2.3.8 所示。例如：

文件名称　head。

文件位置　F:\xiangmu\example1\head.h。

结果　Head File 下多出一个 head.h 文件。

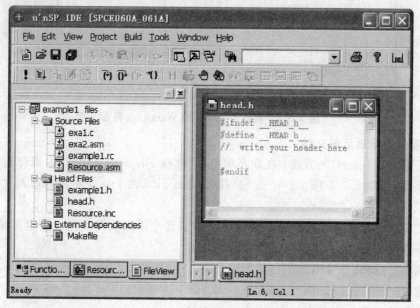

图 2.3.8　新建头文件后的 Workspace 界面

5. 在项目中新建文本文件

新建文本文件(.txt)的方法：在新建项目下，选择 File→New 菜单项，则弹出新建文件/项目的对话框，如图 2.3.5 所示。单击 SP IDE Text File，在 File 文本框内输入文件名称，再单击 OK 按钮。

新建文本文件的需求：对程序文件做文档说明时，可以建文本文件类型。新建文本文件后的 Workspace 界面如图 2.3.9 所示。例如：

文件名称　text。

文件位置　F:\xiangmu\example1\text.txt。

结果　External Dependencies 下多出一个 text.txt 文件。

6. 在项目中增加添加/删除文件

在项目中添加文件的方法有如下两种。

第 1 种方法是通过 Project 菜单方法。选择 Project→Add to Project→Files/Resource 菜单项，激活 Add Files 对话框。

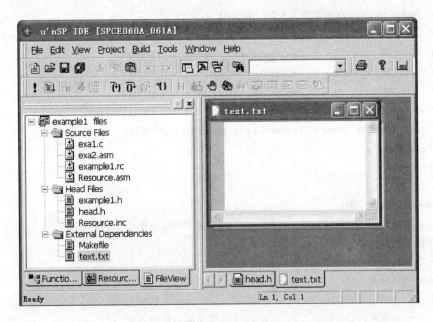

图 2.3.9 新建文本文件后的 Workspace 界面

第 2 种方法是通过 Workspace 窗口。
① 在 Workspace 窗口内选中元组,右击弹出快捷菜单。
② 选择 Add Files to Folder 选项,可激活 Add Files 对话框。
③ 在文本框中输入将添加的文件,单击"打开"按钮,即可将添加的文件加到所选的元组中。

删除文件步骤如下:
① 在 File 视窗或 Resource 视窗里选中元组中的某个文件。
② 右击则弹出快捷菜单,选中 Remove 选项,该文件将会从元组中被删除。

7. 在项目中使用资源

在项目里的资源元组中添加资源文件时,该资源文件的存储路径及名称会自动被记入项目中的.rc 文件中,并以 RES_* 的默认文件名格式被赋予一个新的文件名(此处"*"是指资源文件在其存储路径上的文件名);同时,添加的资源文件还会被安排一个文件标志符 ID。

8. 项目选项的设置

项目选项的设置是针对不同目标而对开发环境的各个要素进行的设置。

9. 项目的编译

项目中的文件编写结束后,要对项目中的程序进行编译,并将编译出来的二进制代码与库中的各个模块链接成一个完整的、地址统一的可执行目标文件和符号表文件,供用户调试使用,其中,要使用编译器、汇编器、链接器等工具。

(1) 应用实例

使用 C 语言实现 A 口的输出,通过 IOA 口低 8 位输出的数据控制 8 个发光二极管的点亮与熄灭,点亮与熄灭为动态的,而且是重复循环的。

```
//==============================================================
//    工程名称:ex1
//    组成文件:ex1.c
```

```
//      硬件连接：IOA 口低 8 位与 1 * 8 LED 相连
// ================================================================
#define P_IOA_Data        (volatile unsigned int *)0x7000
#define P_IOA_Buffer      (volatile unsigned int *)0x7001
#define P_IOA_Dir         (volatile unsigned int *)0x7002
#define P_IOA_Attrib      (volatile unsigned int *)0x7003
#define P_Watchdog_Clear  (volatile unsigned int *)0x7012
void Delay(void);
int main(void)
{
    unsigned int uiData;
    *P_IOA_Dir = 0xffff;              //设置 IOA 口为同相低电平输出
    *P_IOA_Attrib = 0xffff;
    *P_IOA_Data = 0x0000;
    while(1)
    {
        uiData = 0;                   //定义输出数据变量
        *P_IOA_Data = uiData;         //输出数据到 IOA 口,低电平发光二极管熄灭
        Delay();                      //延时
        uiData = 0xff;                //输出数据都为高电平
        *P_IOA_Data = uiData;         //输出数据到 IOA 口,高电平发光二极管点亮
        Delay();                      //延时
        *P_Watchdog_Clear = 0x0001;   //清看门狗操作
    }
}
void Delay(void)
{
    unsigned int uiCount;
    for(uiCount = 0;uiCount < 32767; uiCount ++)
    {
        *P_Watchdog_Clear = 0x0001;   //清看门狗操作
    }
}
```

(2) 方法步骤

① 新建项目,项目名称为 ex1。

② 该项目下新建 C 文件,文件名称为 ex1.c。

③ 在 C 文件中输入范例的源代码,如"应用实例"中所述。

④ 保存项目。

⑤ 编译(选择 Build→Compile 菜单项)该程序,如图 2.3.10 所示,检查是否有语法错误。如果无错,则继续;否则,修改。

⑥ 编辑(选择 Build→Build 菜单项)该程序,如图 2.3.11 所示。如果无错,则继续;否则,修改。

图 2.3.10　C 文件程序编译后界面(注意输出窗口)

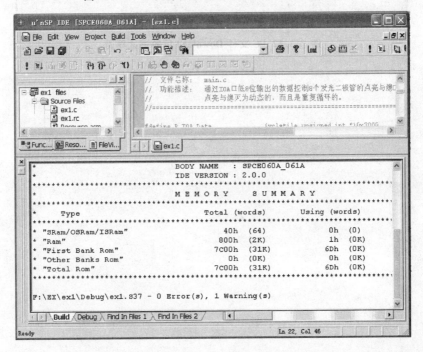

图 2.3.11　C 文件程序编辑后输出窗口界面

⑦ 将程序下载到本机中进行调试(单击编辑工具栏中的 Download 命令按钮),进入调试状态,如图 2.3.12 所示。

⑧ 在调试状态下,打开寄存器、变量等调试窗口,单步执行,仔细观察寄存器和变量的变化。在 Memory 窗口的 Address 中输入 7000,观察 IOA 口的高低电平变化。

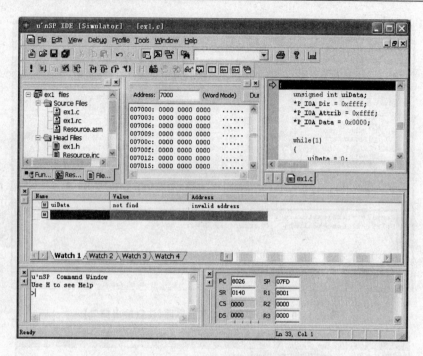

图 2.3.12　C 文件 Download 后的调试界面

第 3 章　音乐播放器的设计与应用

3.1　案例点评

在现今这个讲究个性消费的年代,数码代表着潮流,MP3 音乐播放器受到了广大人民群众的追捧。而随着全球半导体产业与技术的飞速发展,IC 的集成度越来越高,功能越来越强大,价格却越来越低。FLASH 存储器价格也是越来越低,使得 MP3 播放器大范围普及。本次设计要求是制作一个音乐盒播放器,采用凌阳音频压缩格式实现,实现类似于 MP3 的功能。

该设计是一个典型的软硬件结合的题目,采用 C 语言编程。要求学生懂得 C 语言程序的书写,以及 SPCE061A、SPR4096 等模组的结构及相关作用。虽然设计题目很容易,但是要求掌握的东西很多。通过此次设计可以使学生很好地掌握有关单片机毕业设计的流程,并对所学的知识有系统的了解,同时锻炼大家的动手能力。

3.2　设计任务

利用 SPCE061A 单片机、SPR 模组、液晶 1602 制作音乐盒播放器,要求其具有下述功能:
① 可以实现多首乐曲的播放;
② 可以实现音乐播放的开始、停止、暂停、上一首、下一首功能;
③ 在播放音乐时可以在液晶 1602 上显示均衡效果;
④ 具有友好的用户界面。
方案扩展:
① 可以实现音乐的音量控制;
② 具有 USB 功能,可以实现语音资源的更新(可以考虑使用 USB 模组)。

3.3　设计意义

基于 SPCE061A 单片机的音乐播放器的设计是一个软硬件相结合的综合设计题目,虽然题目容易,但是具有广泛的推广空间。该题目是一个很具有代表性的设计题目,要求学生掌握 C 语言及汇编语言的编程,掌握凌阳单片机的结构及掌握 SPR4096 模组的电气特性及功能,同时要求学生懂得 IDE 2.0.0 软件的使用。该题目能很好地培养学生的动手能力,以及检验学生对理论知识的掌握程度。

3.4 硬件电路设计

3.4.1 器件选型

本设计是以 SPCE061A 为核心,整个可以划分为键盘输入、液晶 1602 显示、SPR4096 语音资源存储和 61 板语音播放等部分。为了更好地完成本次设计任务,器件的选择是一个不可或缺的环节。

1. 单片机的选择

本设计单片机是核心,要达到设计目的,单片机的选择是不可或缺的一步,也是最重要的一个环节。目前市场上的单片机芯片有很多,比如熟悉的 51 单片机、52 单片机等等。本设计主要完成音乐的播放设计,而市场上所提供的凌阳 61 单片机具有很强大的语言播放功能,它自带 8 路 10 位精度的 ADC,其中一路为音频转换通道,并且内置有自动增益电路。这为实现语音录入提供了方便的硬件条件。两路 10 位精度的 DAC,只需要外接功放,即可完成语音的播放。另外,凌阳 16 位单片机具有易学易用的效率较高的一套指令系统和集成开发环境。在此环境中,支持标准 C 语言,可以实现 C 语言与凌阳汇编语言的互相调用,并且提供了语音录放的库函数,只要了解库函数的使用,就会很容易地完成语音录放,这些都为软件开发提供了方便的条件。SPCE061A 片内还集成了一个 ICE(在线仿真电路)接口,使得对该芯片的编程、仿真都变得非常方便,而 ICE 接口不占用芯片上的硬件资源。结合凌阳科技提供的集成开发环境(unSP IDE),学生可以利用它对芯片进行实际的仿真,而且程序的下载(烧写)也是通过该接口进行的。

综合上述优点,本设计采用 SPCE061A 单片机作为核心器件,用来完成以下的设计任务。

2. 存储设备的选择

SPCE061A 单片机是一款内置 2K 字 SRAM 以及内置 32K 字 FLASH 的单片机(详情请参照 1、2 章节凌阳单片机介绍),显然,要完成此设计题目,内存空间存在不足,所以只好引进外接存储设备。外接存储设备很多,比如 SPR4096、SPR1024 等。此设计选择 SPR4096 作为外接存储设备。

SPR4096 内嵌 512K×8 bit 高性能 FLASH 存储器,同时内嵌 4K×8 bit SRAM。芯片具有 BMI(Bus Memory Interface)并行接口总线与 SIF(Serial Interface)串行接口总线。在 SPR4096 芯片中,使用两种电源供电,引脚分别为 VDDI 与 VDDQ。VDDI 电压范围为 2.25~2.75 V,这个电源是给内部的 FLASH 与逻辑控制单元供电的。VDDQ 电压范围是 2.25~3.6 V,只给 I/O 口供电。SPR4096 可以工作在 5.0 MHz 频率下,最大读电流为 2.0 mA,最大编程/擦写电流为 6.0 mA。

凌阳科技公司针对存储器芯片 SPR4096/SPR1024,开发了一个简易烧写器 SPR 模组。该烧写器配合 PC 机 ResWriter 工具,通过 EZ-probe 下载线,完成对 SPR4096/1024 存储器芯片的擦除、写入、校验等功能;并且在 SPR 模组上留有与 SPCE061A 单片机的接口,可以实现 SPR 模组与 SPCE061A 单片机组成的系统。

SPR 模组预留两个接口。一个接口是 EZ-probe,在使用 ResWriter 工具对 SPR4096/1024 进行烧写时连接使用;另一个是 10Pin 的排线,主要是为 SPR 模组提供电源以及与

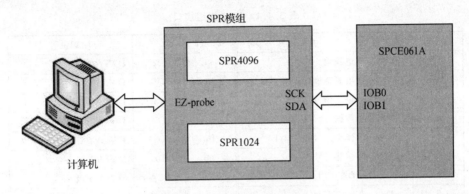

图 3.4.1　SPR 模组结构框图

SPCE061A 连接使用。值得注意的是，SPR 模组电路支持 SPR4096 和 SPR1024，但只能同时对其中一种芯片进行使用。SPR 模组有两种基本配置，一种为电路板加 SPR4096 芯片，另一种为电路板加 SPR1024 芯片，而且必须配合 EZ-probe 下载线使用。在选购时应特别注意确认是 SPR 模组 4096 还是 SPR 模组 1024。

ResWriter 工具是将语音、字模等数据资源（二进制文件）整合处理并烧录到 SPR1024/4096 FLASH Memory 的烧录工具。用 PC Printer Port 通过下载线（EZ-probe）烧录 SPR1024/4096，基本操作内容包括芯片的空白检查（Blank Check）、芯片的数据擦除（Erase）、读出芯片数据（Read）、烧录写入数据（Program），以及校验检查写入的数据是否正确（Verify）。该工具具有文档整合功能，把多个小文档按照指定的格式生成索引表，然后将索引表与所有的小文档整合成一个大文档，作为烧录 FLASH 的数据资料。

3. 显示设备的选择

目前市场上显示设备种类繁多，本次设计要求实现均衡器功能，所以要求使用能直接观察的友好界面。本系统选择液晶 1602 显示来实现该功能。液晶 1602 实物如图 3.4.2 所示。

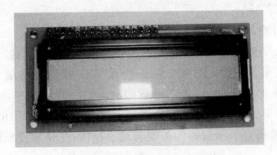

图 3.4.2　液晶 1602 实物图

液晶 1602 特性如下：
- 显示容量：32 个字符，每个字符为 5×7 点阵，分 2 行，每行 16 列；
- 芯片工作电压：4.5～5.5 V；
- 工作电流：2 mA(5.0 V)；
- 模块最佳工作电压：5.0 V；
- 字符尺寸：2.95 mm×4.35 mm。

LED 模组接口信号说明如表 3.4.1 所列。

表 3.4.1　LED 模组接口

接　口	编　号	引脚说明	接　口	编　号	引脚说明
1	VSS	电源地	9	D2	DATA I/O
2	VDD	电源正极	10	D3	DATA I/O
3	VL	偏压信号	11	D4	DATA I/O
4	RS	数据/命令选择端(H/L)	12	D5	DATA I/O
5	R/W	读/写选择端(H/L)	13	D6	DATA I/O
6	EP	使能信号	14	D7	DATA I/O
7	D0	DATA I/O	15	BLA	背光源正极
8	D1	DATA I/O	16	BLK	背光源负极

液晶 1062 与单片机典型接口如图 3.4.3 所示。

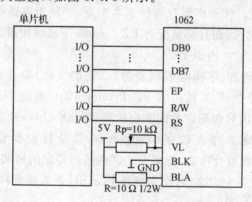

图 3.4.3　液晶 1062 与单片机典型接口

3.4.2　单元电路设计

1. 系统硬件总设计电路

系统以 SPCE061A 为核心,可以划分为键盘(61 板上自带的按键)输入、液晶 LCD1602 用户界面提示与均衡器效果显示、SPR4096 资源存储和 61 板语音播放等部分,如图 3.4.4 所示。61 板作为整个系统的核心部分,负责语音的输出。SPR 模组作为语音资源的存储介质,这些语音资源是通过专用的 ResWriter 工具烧写到 SPR4096 芯片中的。61 板上自带的键盘与液晶 1602 实现用户控制音乐播放器的控制与显示作用;在播放音乐时,液晶 1602 还可以显示音乐的均衡器效果。

本设计应用 SPCE061A 单片机作为核心器件,SPR4096 作为外接存储设备,将所需要的音乐文件存储到 SPR4096 之中,通过凌阳单片机的语言播放功能进行相关的设计。系统硬件模块连接如图 3.4.5 所示。

2. 主控板电路模块

(1) 电源电路

由前面章节介绍可知其所需要的电源电压,本设计由 4.5 V 直流电压经过 SPY0029 后产生 3.3 V 给整个系统供电。SPY0029 是凌阳公司设计的电压调整 IC,采用 CMOS 工艺。SPY0029 具有静态电流低、驱动能力强、线性调整出色等特点。

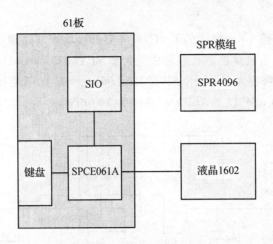

图 3.4.4 系统硬件框图

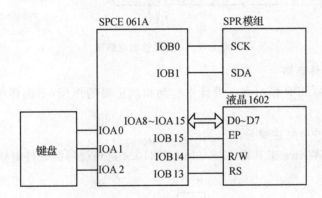

图 3.4.5 系统硬件模块连线图

电源设计电路如图 3.4.6 所示。

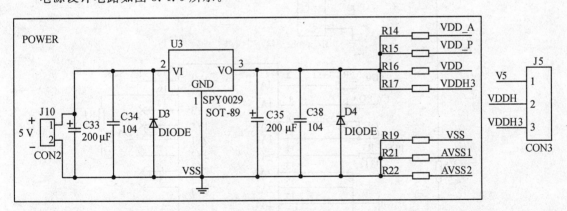

图 3.4.6 电源电路图

图 3.4.6 中的 VDDH3 为 SPCE061A 的 I/O 电平参考,接 SPCE061A 的 51 脚,这种接法使得 I/O 输出高电平为 3.3 V;VDD_P 为 PLL 锁相环电源,接 SPCE061A 的 7 脚;VDD 和 VDD_A 分别为数字电源与模拟电源,分别接 SPCE061A 的 15 脚和 36 脚;AVSS1 是模拟地,接 SPCE061A 的 24 脚;VSS 是数字地,接 SPCE061A 的 38 脚;AVSS2 接音频输出电路的 AVSS2。

（2）语音输出电路

SPCE061A 内置 2 路 10 位精度的 DAC,只需要外接功放电路即可完成语音的播放。

图 3.4.7 是音频输出电路图。音频集成放大器 SPY0030 与 LM386 相比,具有很多优势,比如,LM386 工作电压需在 4 V 以上,SPY0030 仅需 2.4 V 即可工作(两节电池即可工作);LM386 输出功率在 100 mW 以下,SPY0030 约为 700 mW,等等。

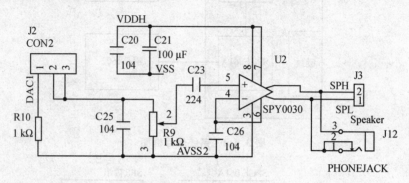

图 3.4.7　音频输出电路图

3. SPR 模组硬件电路

作为存储设备的 SPR 模组在本设计中起到相当重要的作用,下面详细介绍 SPR 模组硬件原理。

SPR 模组的硬件电路主要分成三大部分。

第一部分:ResWriter 工具对 SPR4096/SPR1024 进行烧写的硬件电路如图 3.4.8 所示。

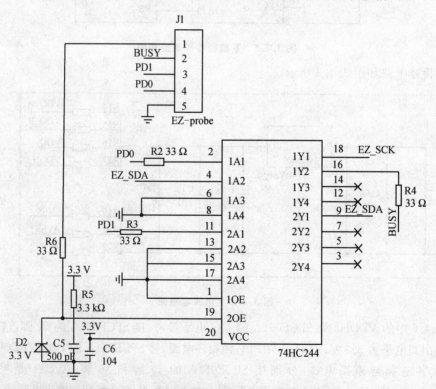

图 3.4.8　烧写 SPR4096/SPR1024 硬件电路图

图 3.4.8 所示电路主要作用是控制 SCK、SDA 信号,通过 74HC244 可以控制 SDA 信号的通与断,这样可以使用 ResWriter 工具发出符合烧写芯片的时序信号,完成对芯片的擦除、写入与校验功能。

第二部分:SPR4096 的工作电路,如图 3.4.9 所示。

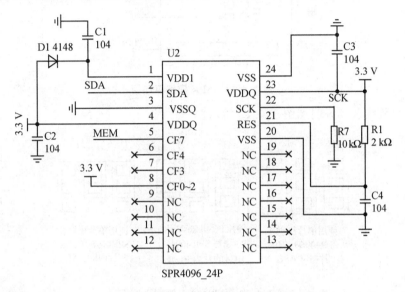

图 3.4.9　SPR4096 工作电路图

图 3.4.9 工作电路是为了使 SPR4096 存储器工作的外围电路,通过 SCK 和 SDA 与外界相连。由于本设计没有用到 SPR1024 模块,所以在此不作详细介绍。

第三部分:SPR 模组还有其他接口电路,如图 3.4.10 所示。

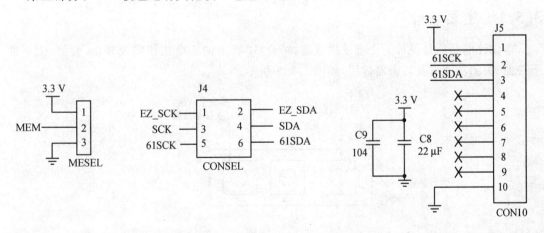

图 3.4.10　SPR 模组的接口跳线电路图

图 3.4.10 电路的作用是辅助 SPR4096 模组更好地完成擦除、写入、校验和存储功能。图 3.4.10 最左边的电路 MESEL 是 SPR4096 片内 FLASH 与 SRAM 的选择端,当 MEM 选择与地短接时,使用的是 SPR4096 的片内 FLASH;当 MEM 选择与电源短接时,使用的是片内 SRAM。J4 跳线的作用是选择使用 10 Pin 排线与单片机相连,还是使用 5 Pin 接口与PC 机相连(对 SPR4096 芯片进行烧录)。以下是 SPR 模组的平面图以及各跳线说明。

SPR 模组平面图如图 3.4.11 所示。

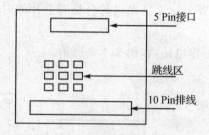

图 3.4.11 SPR 模组平面图

SPR 模组跳线及其说明如图 3.4.12 所示。

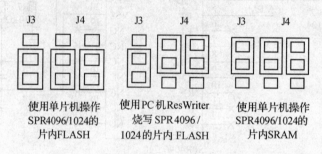

图 3.4.12 SPR 模组跳线说明图

3.5 软件设计

3.5.1 主要功能

本设计的目的是设计一个音乐播放器,结合 61 板上的三个按钮实现开始、暂停、上一曲、下一曲、关闭功能以及均衡器效果,如图 3.5.1 所示。

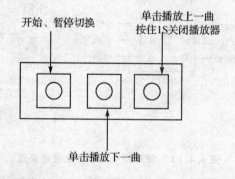

图 3.5.1 键盘效果图

图 3.5.2 所示为均衡器效果图。

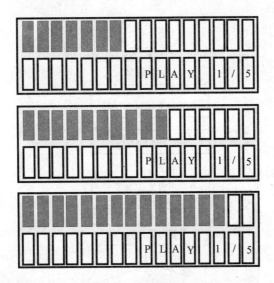

图 3.5.2 均衡器效果图

3.5.2 方案实现

整个软件系统完成的功能在程序中分为如下文件实现：

main.c 文件：整个工程的主文件，负责调用相关函数完成相关功能。

speech.c 文件：该文件是放音函数，负责从 SPR4096 中取出数据，然后播放。

key.asm 文件：此文件中包含有与键盘操作有关的函数，包括键盘初始化、扫描键盘与得到键值程序。函数声明在 key.h 与 key.inc 文件中，分别供 C 语言与汇编语言调用。

LCD1602_Driver.asm：此文件中包含 LCD1602 的初始化操作、读写命令、读写数据操作。

spr4096_driver.asm 文件：与 SPR4096 存储器相关的操作函数，包括初始化、读、写、擦除操作等。函数声明在 spr4096_user.h 文件中，供 C 语言调用。

fiq.asm 文件：所有与中断有关的操作函数都在这个文件中。在 FIQ_TimerA 中断中调用语音播放服务函数，在 IRQ6_TMB1 中断中调用 8 Hz 中断实现均衡器显示，在 IRQ6_TMB2 中断中调用 128 Hz 中断完成键盘扫描功能。

在语音处理方面采用了凌阳科技的 sacmv26e.lib 函数库完成语音播放功能，只需要调用几条函数就可以播放语音。

下面介绍具体函数。

1. 主函数

主函数流程如图 3.5.3 所示。在主函数中完成 SPR4096、键盘、液晶 LCD1602 的初始化，并进行停止状态的界面显示，然后进入循环，根据键值执行相关的操作。

图 3.5.3 中，开始初始化键盘、液晶模组、SIO 等各个模组，之后调用"停止状态"的界面显示，获得键值，即判断系统此时工作状态，即图中四种状态。然后设置音乐播放标志位为 1，即播放音乐，否则停止播放。随后清看门狗，目的就是防止程序陷入死循环或跑飞。之后进入循环。

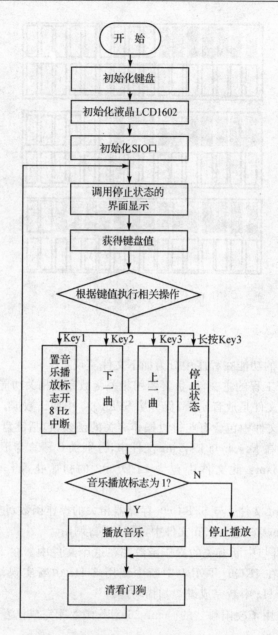

图 3.5.3 主函数流程图

主程序如下：

```
//================================================================
//     文件名称：main.c
//     功能描述：实现音乐盒的功能
//================================================================
# include "spce061a.h"
# include "a2000.h"
# include "key.h"
# include "spr4096_user.h"
```

```c
#include "speech.h"
#include "lcd1602_user.h"
unsigned int g_uiIndex = 0;                         //曲目索引
unsigned int g_uiData[5] = {1,2,3,4,5};             //LCD1602 的字模显示
void Stop_Dis(void);                                //在停止状态时的显示函数
int main(void)
{
    unsigned int uiKey;                             //判断键值
    unsigned int uiStatus;                          //播放盒当前状态
    unsigned int uiInt;
    uiStatus = 0;                                   //初始化,停止状态
    Key_Init();                                     //初始化键盘
    LCD1602_Initial();                              //初始化液晶 LCD1602
    SP_SIOInitial();                                //初始化 SIO
    while(1)
    {
        Stop_Dis();                                 //停止时显示
        uiKey = Key_Get();                          //获得键值
        switch(uiKey)
        {
            case KEY_1:
                uiInt = *P_INT_Ctrl;
                uiInt |= C_IRQ6_TMB1;
                *P_INT_Ctrl = uiInt;
                uiStatus = 1;                       //开始播放音乐
                break;
            case KEY_2:
                g_uiIndex ++ ;                      //下一曲
                if(g_uiIndex == 5)                  //5 首曲目,序号从 0 到 4
                {
                    g_uiIndex = 0;
                }
                break;
            case KEY_3:
                g_uiIndex -- ;                      //上一曲
                if(g_uiIndex == 0xffff)             //无符号数,0 之后是 0xffff
                {
                    g_uiIndex = 4;
                }
                break;
            case KEY_1_THREE:
                break;
            case KEY_2_THREE:
```

```c
            break;
        case KEY_3_THREE:
            SACM_A2000_Stop();                  //停止播放
            g_uiIndex = 0;                      //重新初始化
            uiStatus = 0;                       //重新初始化
            break;
        default:
            break;
    }
    if(uiStatus == 1)
    {
        PlaySnd_A2000();
    }
    else
    {
        SACM_A2000_Stop();
    }
    *P_Watchdog_Clear = 0x0001;
}

    while(1)
    {
        *P_Watchdog_Clear = 0x0001;
    }
}


void Stop_Dis(void)
{
    Write_Command(0x0080);                      //显示菜单
    Write_Data('P');                            //PRESS KEY1 START
    Write_Data('R');
    Write_Data('E');
    Write_Data('S');
    Write_Data('S');
    Write_Data(' ');
    Write_Data('K');
    Write_Data('E');
    Write_Data('Y');
    Write_Data('1');
    Write_Data(' ');
    Write_Data('S');
    Write_Data('T');
    Write_Data('A');
```

```
        Write_Data('R');
        Write_Data('T');
        Write_Command(0x00c0);                              //在下一行显示
        Write_Data('K');                                    //K2 N K3 L
        Write_Data('2');
        Write_Data(' ');
        Write_Data('N');
        Write_Data(' ');
        Write_Data('K');
        Write_Data('3');
        Write_Data(' ');
        Write_Data('L');
        Write_Data(' ');
        Write_Data('N');
        Write_Data('O');
        Write_Data('.');
        Write_Data(g_uiData[g_uiIndex]);                    //显示曲目
        Write_Data('/');
        Write_Data('5');
    }
```

2. 放音程序

放音函数负责从 SPR4096 中取出数据播放。其中包括了音乐函数的调用以及均衡器效果的实现等程序。放音程序应该包含初始化程序、音乐首尾地址调用程序、解码函数以及在液晶 1602 上显示均衡器效果的程序，等等。程序设计思路是：将要播放的音乐转换格式之后烧写到 SPR4096 当中。编写放音程序时，注意确定好首尾地址以及队列。

由于语音资源存储在外扩的存储器 SPR4096 中，要实现语音播放必须采用手动方式。要获得语音资源，关键是解决语音资源的起始地址，然后通过读取函数获得语音资源。手动按键播放函数流程如图 3.5.4 所示。

编写好音乐播放的程序后再考虑均衡器效果的实现程序。这个均衡器只是一个显示效果，它没有改变声音输出，而是根据语音解码后送到 DAC 的数据来显示。在 Timer A 中断中取出数据，这个数据是要送到 DAC 输出的，它表示了声音的强弱。将这个数据以 0xf000，0xe000，xd000，0xc000……分成 16 段，如果这个数大于 0xf000 就在液晶上显示 16 块黑色的条框，如果这个数大于 0xe000 而小于 0xf000 就显示 15 块黑色的条框，以此类推。在 8 Hz 中断中不断地修改这个显示，就得到了均衡器的效果。

总放音程序如下：

```
//================================================================
//文件名称：Speech.c
//功能描述：MusicBox.spj 工程播放语音的文件
//================================================================
#include "spce061a.h"
```

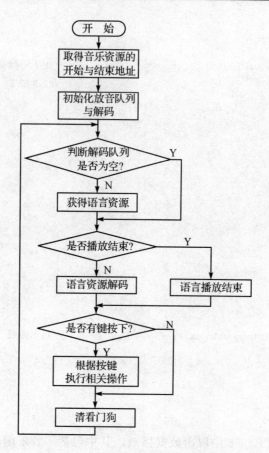

图 3.5.4　手动按键播放函数流程图

```
#include "a2000.h"
#include "spr4096_user.h"
#include "key.h"
#include "LCD1602_User.h"
#define BASE_START_ADDRESS    0x0012
#define BASE_END_ADDRESS      0x0016
unsigned int g_uiDAC;
extern unsigned int g_uiIndex;
extern unsigned int g_uiData[];
void Delay(unsigned int uitime)
{
    while(uitime > 0)
    {
        uitime--;
        *P_Watchdog_Clear = 0x0001;
        *P_Watchdog_Clear = 0x0001;
        *P_Watchdog_Clear = 0x0001;
        *P_Watchdog_Clear = 0x0001;
```

```c
        * P_Watchdog_Clear = 0x0001;
        * P_Watchdog_Clear = 0x0001;
        * P_Watchdog_Clear = 0x0001;
        * P_Watchdog_Clear = 0x0001;
        * P_Watchdog_Clear = 0x0001;
    }
}
void PlaySnd_A2000(void)
{
    unsigned int uiStatus;                              //语音播放状态
    unsigned int uiRet;                                 //存储语音资源
    unsigned int uiKey;                                 //键盘值
    unsigned int uiTemp;
    unsigned long ulCon_AddrHighest;                    //语音资源的最高字节地址
    unsigned long ulCon_AddrHigh;                       //语音资源的高字节地址
    unsigned long ulCon_AddrLow;                        //语音资源的低字节地址
    unsigned long ulCon_AddrLowest;                     //语音资源的最低字节地址
    unsigned long ulCon_EndAddr;                        //语音资源的末地址
    unsigned long ulCon_StartAddr;
L_Addr:
    ulCon_AddrHighest = SP_SIOReadAByte(BASE_START_ADDRESS + g_uiIndex * 12);
    ulCon_AddrHighest = ulCon_AddrHighest << 24;
    ulCon_AddrHigh = SP_SIOReadAByte(BASE_START_ADDRESS + g_uiIndex * 12 + 1);
    ulCon_AddrHigh = ulCon_AddrHigh << 16;
    ulCon_AddrLow = SP_SIOReadAByte(BASE_START_ADDRESS + g_uiIndex * 12 + 2);
    ulCon_AddrLow = ulCon_AddrLow << 8;
    ulCon_AddrLowest = SP_SIOReadAByte(BASE_START_ADDRESS + g_uiIndex * 12 + 3);
    ulCon_StartAddr = ulCon_AddrHighest | ulCon_AddrHigh    //开始地址
                    | ulCon_AddrLow | ulCon_AddrLowest;
    ulCon_AddrHighest = SP_SIOReadAByte(BASE_END_ADDRESS + 4 * 12);
    ulCon_AddrHighest = ulCon_AddrHighest << 24;
    ulCon_AddrHigh = SP_SIOReadAByte(BASE_END_ADDRESS + 4 * 12 + 1);
    ulCon_AddrHigh = ulCon_AddrHigh << 16;
    ulCon_AddrLow = SP_SIOReadAByte(BASE_END_ADDRESS + 4 * 12 + 2);
    ulCon_AddrLow = ulCon_AddrLow << 8;
    ulCon_AddrLowest = SP_SIOReadAByte(BASE_END_ADDRESS + 4 * 12 + 3);
    ulCon_EndAddr = ulCon_AddrHighest | ulCon_AddrHigh      //结束地址
                  | ulCon_AddrLow | ulCon_AddrLowest;
    SACM_A2000_Initial(0);                              //初始化放音
    SACM_A2000_InitQueue();                             //初始化队列
    SACM_A2000_InitDecoder(3);                          //初始化解码
    while(1)
    {
```

```c
uiTemp = * P_DAC1;

while(SACM_A2000_TestQueue() != 1)              //解码队列是否为空
{
    if(ulCon_StartAddr >= ulCon_EndAddr)        //文件是否结束
    {
        break;
    }
    uiRet = SP_SIOReadAWord(ulCon_StartAddr);   //取得语音资源
    SACM_A2000_FillQueue(uiRet);                //填充解码队列
    ulCon_StartAddr ++ ;                        //移动资源指针
    ulCon_StartAddr ++ ;
}
if(SACM_A2000_Status()&0x0001)                  //解码
{
    SACM_A2000_Decoder();
}
else                                            //停止放音
{
    SACM_A2000_Stop();
    g_uiIndex ++ ;
    if(g_uiIndex == 5)
        g_uiIndex = 0;
    break;
}
*(unsigned int *)0x7012 = 0x0001;
uiKey = Key_Get();
switch(uiKey)
{
    case KEY_1:
        while(1)
        {
            SACM_A2000_Pause();                 //暂停
            uiKey = 0;
            uiKey = Key_Get();
            Write_Command(0x00c7);
            Write_Data('P');
            Write_Data('A');
            Write_Data('U');
            Write_Data('S');
            Write_Data('E');
            Write_Data(' ');
            if(uiKey == KEY_1)
```

```c
                {
                    SACM_A2000_Resume();              //继续
                    break;                            //跳出while
                }
                *(unsigned int *)0x7012 = 0x0001;
            }
            break;
        case KEY_2:
            SACM_A2000_Stop();                        //停止播放本首曲目
            g_uiIndex ++ ;                            //曲目跳到下一首
            if(g_uiIndex == 5)
            {
                g_uiIndex = 0;                        //播放到头,跳到第一首
            }
            goto L_Addr;                              //跳到重新计算地址的地方
            break;
        case KEY_3:
            SACM_A2000_Stop();                        //停止
            g_uiIndex -- ;                            //跳到上一首
            if(g_uiIndex == 0xffff)
            {
                g_uiIndex = 4;
            }
            goto L_Addr;
            break;
        case KEY_1_THREE:
            break;
        case KEY_2_THREE:
            break;
        case KEY_3_THREE:
            SACM_A2000_Stop();
            uiStatus = 0;                             //停止播放
            g_uiIndex = 0;
            break;
        default:
            break;
        }
    }
}
//================================================================
//语法格式:void EQ()
//实现功能:在LCD1602上实现均衡器效果
//参数:无
```

```c
//返回值：无
// ================================================================
void EQ()
{
    Write_Command(0x0001);                              //清屏
    if(g_uiDAC > 0xf000)
    {
        Write_Data(0xff);
        Write_Data(0xff);
        Write_Data(0xff);
        Write_Data(0xff);

        Write_Data(0xff);
        Write_Data(0xff);
        Write_Data(0xff);
        Write_Data(0xff);

        Write_Data(0xff);
        Write_Data(0xff);
        Write_Data(0xff);
        Write_Data(0xff);

        Write_Data(0xff);
        Write_Data(0xff);
        Write_Data(0xff);
        Write_Data(0xff);
    }
    else if(g_uiDAC > 0xe000)
    {
        Write_Data(0xff);
        Write_Data(0xff);
        Write_Data(0xff);
        Write_Data(0xff);

        Write_Data(0xff);
        Write_Data(0xff);
        Write_Data(0xff);
        Write_Data(0xff);

        Write_Data(0xff);
        Write_Data(0xff);
        Write_Data(0xff);
        Write_Data(0xff);

        Write_Data(0xff);
        Write_Data(0xff);
        Write_Data(0xff);
```

```
        }
        ......                                              //省略了均衡器设置部分
        else
        {
            Write_Data(0xff);
        }
        Write_Command(0x00c8);                              //选择下行
        Write_Data('P');
        Write_Data('L');
        Write_Data('A');
        Write_Data('Y');
        Write_Data(' ');
        Write_Data(g_uiData[g_uiIndex]);
        Write_Data('/');
        Write_Data('5');
}
```

3. 按键程序

按键程序中包含有与键盘操作有关的函数,包括键盘初始化、扫描键盘和得到键值程序。函数声明在 key.h 与 key.inc 文件中,分别供 C 语言与汇编语言调用。相关流程见图 3.5.4。

```
//================================================================
//文件名称：Key.asm
//实现功能：1*3 按键扫描程序,适用于高电平有效的按键电路,使用 IRQ6_TMB2 中断(128 Hz)
//================================================================
//      按键去抖动时间设定,单位为 1/128 s
//================================================================
.DEFINE Key_Debounce        4             //(4/128) s = 31 ms
//================================================================
//      持续按键时间间隔设定,单位 1/128 s
//================================================================
.DEFINE Key_TimeOut         128           //(64/128) s = 1.0 s
//================================================================
//      按键使用端口设定
//================================================================
.DEFINE Key_IO_Port         0             //若按键使用 IOA 口则采用该行定义
//.DEFINE Key_IO_Port        1             //若按键使用 IOB 口则采用该行定义
.DEFINE Key_IO_HighByte     0             //若按键使用 IO 口低 8 位则采用该行
//.DEFINE Key_IO_HighByte    1             //若按键使用 IO 口高 8 位则采用该行
//-- -- -       不必修改下面的定义       -- -- -//
.IF Key_IO_HighByte == 0
    .DEFINE Key_ALL         0x0007
.ELSE
```

```
        .DEFINE Key_ALL              0x0700
    .ENDIF
//  - - - - -        不必修改下面的定义        - - - - - //
    .IF Key_IO_Port == 0
        .DEFINE P_Key_Data           0x7000
        .DEFINE P_Key_Buf            0x7001
        .DEFINE P_Key_Dir            0x7002
        .DEFINE P_Key_Attrib         0x7003
    .ELSE
        .DEFINE P_Key_Data           0x7005
        .DEFINE P_Key_Buf            0x7006
        .DEFINE P_Key_Dir            0x7007
        .DEFINE P_Key_Attrib         0x7008
    .ENDIF

    .DEFINE P_INT_Mask               0x702d
    .DEFINE P_TimeBase_Setup         0x700e
    .DEFINE C_IRQ6_TMB2              0x0001
    .DEFINE C_TMB2_128Hz             0x0000

    .PUBLIC F_Key_Init
    .PUBLIC _Key_Init
    .PUBLIC F_Key_Scan
    .PUBLIC _Key_Scan
    .PUBLIC F_Key_Get
    .PUBLIC _Key_Get
    .PUBLIC _KeyCode
    .RAM
    .VAR _KeyCode                    //存储获得的键值
    .VAR ScanCnt                     //该变量用来表示按键持续时间
    .VAR KeyUp                       //按键是否处于抬起状态
    .CODE
F_Key_Init:
_Key_Init:
    push r1 to [sp]
    INT Off
    r1 = [P_Key_Dir]                 //初始化 I/O 为下拉输入
    r1 & = ~Key_ALL
    [P_Key_Dir] = r1
    r1 = [P_Key_Attrib]
    r1 & = ~Key_ALL
    [P_Key_Attrib] = r1
    r1 = 0
    [ScanCnt] = r1                   //初始化变量
```

第3章 音乐播放器的设计与应用

```
        [_KeyCode] = r1
        [KeyUp] = r1
        r1 = C_TMB2_128Hz              //开启 IRQ6_TMB2(128 Hz)中断
        [P_TimeBase_Setup] = r1
        r1 = [P_INT_Mask]
        r1 | = C_IRQ6_TMB2
        [P_INT_Mask] = r1
        INT FIQ,IRQ
        pop r1 from [sp]
retf
F_Key_Scan:
_Key_Scan:
        push r1,r2 to [sp]
        r2 = [P_Key_Data]              //获取 I/O 端口状态
        r2 & = Key_ALL
        jnz ? L_ScanKey_Down           //判断当前是否有键按下
? L_ScanKey_Up:
        r1 = 1                         //如果按键处于抬起状态 KeyUp 置 1
        [KeyUp] = r1
        jmp ? L_ScanKey_Exit
? L_ScanKey_Down:
        r1 = 0                         //KeyUp 置 0
        [KeyUp] = r1
.if Key_IO_HighByte
        r2 = r2 lsr 4
        r2 = r2 lsr 4
.endif
        cmp r2,[_KeyCode]              //本次得到的键值与上次得到的键值比较
        je    ? L_ScanKey_Cont
? L_ScanKey_New:                       //如果与上次键值不同则重置键值
        [_KeyCode] = r2
        r1 = 1                         //重新记录键持续按下的时间
        [ScanCnt] = r1
        jmp ? L_ScanKey_Exit
? L_ScanKey_Cont:                      //如果此次键值与上次键值相同
        r1 = [ScanCnt]                 //更新按键持续时间(ScanCnt 加 1)
        r1 + = 1
        [ScanCnt] = r1
? L_ScanKey_Exit:
        pop r1,r2 from [sp]
retf
F_Key_Get:
```

```
_Key_Get:
    INT OFF
    push r2 to [sp]
    r2 = [ScanCnt]
    cmp r2,Key_Debounce          //如果按键持续时间小于 Key_Debounce,
    jb   ? L_GetKey_NoKey        //则认为当前没有键按下
    cmp r2,Key_TimeOut           //如果按键持续时间大于 Key_TimeOut,
    jnb ? L_GetKey_Three         //则认为发生了一次按键
    r2 = [KeyUp]                 //如果按键持续时间在 Key_Debounce 与 Key_TimeOut 之间,
    jnz ? L_GetKey               //按键处于抬起状态,则发生一次按键
? L_GetKey_NoKey:
    r1 = 0                       //没有按键则返回 0
    jmp ? L_GetKey_Exit
? L_GetKey:
    r1 = [_KeyCode]              //有按键则返回键值
    r2 = 0
    [_KeyCode] = r2              //重新初始化变量
    [ScanCnt] = r2
    [KeyUp] = r2
    jmp ? L_GetKey_Exit
? L_GetKey_Three:
    r1 = [_KeyCode]
    r1 = r1 lsl 3
? L_GetKey_Exit:
    INT FIQ,IRQ
    pop r2 from [sp]
retf
```

上述程序包含主函数、音乐调用函数以及键盘控制函数。其中包括了键盘初始化、按键实现音乐的调用、均衡器效果的实现,以及中断的实现,等等。由于篇幅有限,其他函数程序在这里不做过多的介绍。

3.6 系统实现

若要实现该设计方案,首先要考虑的是播放器音乐资源的准备。若要得到音乐资源,可以通过网上或其他途经获得喜欢的音乐文件,要求格式为 mp3 或 wave。如果是 mp3 文件格式,则需要将该文件转换为 wave 文件。关于这方面有很多音频软件支持此功能,这里不再赘述。具体方案实现步骤如下:

① 使用 Windows 自带的录音机程序将 wave 文件打开,如图 3.6.1 所示。
② 选择"文件"→"另存为"菜单项,在弹出的窗口中单击"更改",弹出如图 3.6.2 所示界面。

在属性里选择:8.000 kHz,16 位,立体声,31 KB/s;然后单击"确定"按钮。

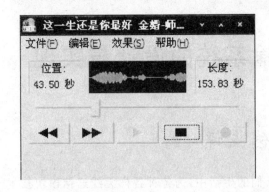
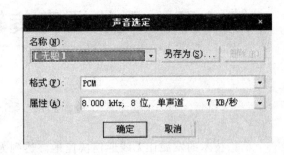

图 3.6.1　使用录音机打开 wave 文件　　　　图 3.6.2　选择文件属性

注意：如果文件不能修改，请将 wave 文件的只读属性去掉。之后使用凌阳公司的音频压缩工具将修改后的 wave 文件压缩成 A2000 格式的文件。

③ 将 SPR 模组与 PC 机通过 EZ‑probe 相连，正确设置 SPR 模组的跳线，使用 3.3 V 对 SPR 模组供电。

④ 将得到的压缩文件烧写到 SPR4096 芯片中。这里使用凌阳科技教育推广中心提供的 ResWriter 工具进行烧写。

⑤ 按照总设计电路的连线方法连接硬件。

注意：必须使用 5 V 电源对 61 板供电，而且 I/O 口跳线选择 5 V 输出，否则液晶 LCD 不能点亮。液晶 LCD1602 对电压要求较高，这里使用 5 V，SPR 模组也可以正常工作。

⑥ 将音乐盒播放器工程文件下载到 61 板上，并运行程序。

到此一个完整的音乐盒播放器就制作完成了。

第4章 无线语音传输系统的设计与实现

4.1 案例点评

信息技术的发展让无线通信快速地渗透到人们的生活中,为各种各样无线通信模块技术的日趋成熟起到了推波助澜的作用,信息传输成为人们生活的重要组成部分。以往设计无线数据传输产品往往需要相当的无线电专业知识和价格高昂的专业设备,传统的电路方案不是电路繁琐就是调试困难,因而影响了用户的使用和新产品的开发。SPCE061A、nRF2401A系列高速芯片为短距离无线数据传输应用提供了较好的解决办法,由于采用了低发射功率和高接收灵敏度的设计,因而可满足无线管制要求,使用无需许可证,是目前低功率无线数数传输的理想选择,可广泛用于遥控装置、工业控制、无线通信、电信终端、车辆安全、自动测试、家庭自动化、报警和安全系统等。

4.2 设计任务

利用无线收发模块 nRF2401A,结合 SPCE061A 开发板,实现语音的单(双)向无线收发。

1. 基本要求

① 通过其中一套61板和无线模块(假定为A套)实现录音功能并将压缩后的语音资源通过无线模块发射;

② 通过另外一套61板和无线模块(假定为B套)接收A套发送的语音资源数据,并对数据进行解码播放;

③ A套和B套均可以实现独立的数据收发和录放音功能;

④ 通过一定的协议实现A套和B套的半双工通信。

2. 技术指标

① 单片机I/O口采用3.3 V供电,否则可能会烧坏无线模块;

② 传输有效距离20 m以上;

③ 录放音采用10 kb/s以上的数据压缩格式。

3. 方案扩展

本方案具有一定的扩展性,通过适当的修改可以实现广播式语音传输功能。

广播式语音传输:一个主机呼叫,多个从机接收,且主机能够接收来自不同从机的应答信号;将通信过程中的声音存储起来并实现回放等。

4.3 设计意义

无线语音传输在许多场合均有应用,如工业控制、无线通信、电信终端、家庭自动化、报警和安全系统等,是一个典型的工程应用题目,实现难度不大,但工作量大,涉及知识点多,是对学生软硬件知识的一个综合锻炼,也使学生对嵌入式应用系统的设计过程及方法有一个全面的了解。

4.4 系统结构和工作原理

4.4.1 系统结构

系统由两套 61 板和 nRF2401A 无线模块构成,为便于描述,命名为 A 套和 B 套。两套的硬件结构和软件设计是完全一致的。本系统可实现单向语音通信,也可以实现双向语音通信。

1. 单向通信结构

A 套系统录音并将资源数据通过无线模块发射,B 套系统接收资源数据并将数据解码播放。单向语音传输示意图如图 4.4.1 所示。

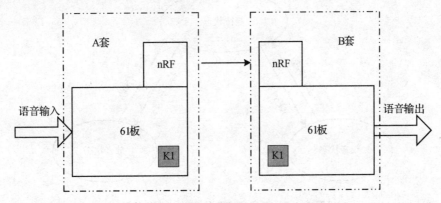

图 4.4.1 单向语音传输示意图

2. 双向单工通信结构

A 套系统同 B 套系统分时进行收发,实现双向的语音传输。双向语音传输示意图如图 4.4.2 所示。

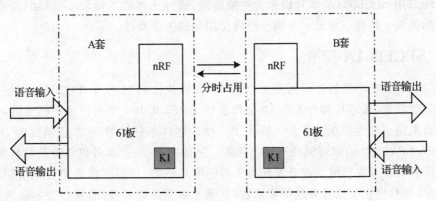

图 4.4.2 双向语音传输示意图

4.4.2 工作原理

1. 硬件部分

采用 SPCE061A 自带的 ADC，通过其 MIC 通道将语音转换为数字量，按照一定的格式编码后通过 nRF 无线模块将编码数据发送出去；另一端通过无线模块接收到来自发射端的编码数据，并对之进行解码，解码后的数据通过 SPCE061A 自带的 DAC 输出，实现声音的还原。

2. 软件部分

为了便于分析，将系统分为 3 种工作状态：等待状态、录音状态和放音状态。程序运行后，A 套和 B 套均处于等待状态，在等待状态下可以通过按键进入录音状态；进入录音状态后进行录音并将压缩后的数据发送；另一端在接收到数据后进入放音状态，解码数据并播放。通过改变按键的状态可退出录音状态，停止录音和数据发送；另一端在一定时间内接收不到数据即退出放音状态。3 种状态的切换关系如图 4.4.3 所示。

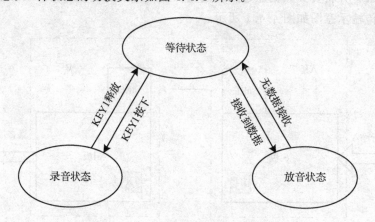

图 4.4.3 无线语音传输系统状态切换图

4.5 硬件电路设计

本系统采用 SPCE061A 单片机作为主控制器，通过无线收发模块 nRF2401A 收发数据，实现语音的采集—传输—播放。下面介绍将会用到的主要器件。

4.5.1 SPCE061A 简介

SPCE061A 是凌阳科技公司研发生产的一款高性价比的 16 位单片机，可以方便灵活地实现语音的录放功能，该芯片拥有 8 路 10 位精度的 ADC，其中一路为音频转换通道，并且内置有自动增益电路。这为实现语音录入提供了方便的硬件条件。两路 10 位精度的 DAC，只需要外接功放（SPY0030A）即可完成语音的播放。另外凌阳 16 位单片机具有易学易用、高效率的指令系统和集成开发环境。该开发环境支持标准 C 语言，可以实现 C 语言与凌阳汇编语言的互相调用，并且提供了语音录放的库函数，只要了解库函数的使用，就会很容易地完成语音录放，这些都为软件开发提供了方便的条件。具体 61 板介绍见第 1、2 章。

4.5.2 nRF2401A 无线收发芯片简介

nRF2401A 是 Nordic 公司生产的无线收发芯片。该芯片需要极少的外围器件即可实现高速的无线数据收发。用它可以开发的无线电子产品有无线遥控器、无线麦克风、无线耳机等。

1. 芯片及引脚功能简介

该芯片采用 QFP24 封装,外形尺寸只有 5 mm×5 mm,其引脚排列分布如图 4.5.1 所示。

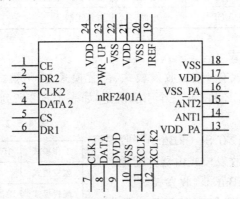

图 4.5.1 nRF2401A 引脚排列分布图

nRF2401A 引脚功能描述如表 4.5.1 所列。

表 4.5.1 nRF2401A 引脚功能说明

引脚号	引脚名称	引脚功能	描 述
1	CE	数字输入	使 nRF2401A 工作于接收或发送状态
2	DR2	数字输出	频道 2 接收数据准备好
3	CLK2	数字 I/O	频道 2 接收数据时钟输入/输出
4	DATA2	数字输出	频道 2 接收数据
5	CS	数字输入	配置模式的片选端
6	DR1	数字输出	频道 1 接收数据准备好
7	CLK1	数字 I/O	频道 1 接收数据时钟输入/输出
8	DATA	数字 I/O	频道 1 接收/发送数据端
9	DVDD	电源	电源的正数字输出
10	VSS	电源	电源地
11	XCLK1	模拟输出	晶振 1
12	XCLK2	模拟输入	晶振 2
13	VDD_PA	电源输出	给功率放大器提供 1.8 V 的电压
14	ANT1	天线	天线接口 1
15	ANT2	天线	天线接口 2
16	VSS_PA	电源	电源地
17	VDD	电源	电源正端
18	VSS	电源	电源地

续表 4.5.1

引脚号	引脚名称	引脚功能	描述
19	IREF	模拟输入	模拟转换的外部参考电压
20	VSS	电源	电源地
21	VDD	电源	电源正端
22	VSS	电源	电源地
23	PWR_UP	数字输入	芯片激活端
24	VDD	电源	电源正端

2. nRF2401A 工作模式

nRF2401A 的工作模式有 4 种：收发模式、配置模式、空闲模式和关机模式。nRF2401A 的工作模式由 PWR_UP、CE 和 CS 三个引脚决定，如表 4.5.2 所列。

（1）收发模式

nRF2401A 的收发模式有 ShockBurst™ 收发模式和直接收发模式两种。收发模式由器件配置字决定，本系统主要使用 ShockBurst™ 收发模式。

在 ShockBurst™ 收发模式下，使用片内的先入先出堆栈区，数据低速从微控制器送入，但高速（1 Mb/s）发射。这样可以尽量节能，因此，使用低

表 4.5.2　nRF2401A 工作模式

工作模式	PWR_UP	CE	CS
收发模式	1	1	0
配置模式	1	0	1
空闲模式	1	0	0
关机模式	0	×	×

速的微控制器也能得到很高的射频数据发射速率。与射频协议相关的所有高速信号处理都在片内进行，这种做法有几大好处：尽量节能，降低系统费用（低速微处理器也能进行高速射频发射），数据在空中停留时间短，抗干扰性增强。nRF2401A 的 ShockBurst™ 技术同时也减小了整个系统的平均工作电流。

在 ShockBurst™ 收发模式下，nRF2401A 自动处理字头和 CRC 校验码。在接收数据时，自动把字头和 CRC 校验码移去；在发送数据时，自动加上字头和 CRC 校验码，当发送完成后，通知微处理器数据发射完毕。

ShockBurst™ 发射流程如下：

其接口引脚为 CE、CLK1、DATA。

① 当微控制器有数据要发送时，其把 CE 置高，使 nRF2401A 工作；
② 把接收机的地址和要发送的数据按时序送入 nRF2401A；
③ 微控制器把 CE 置低，激发 nRF2401A 进行 ShockBurst™ 发射；
④ nRF2401A 的 ShockBurst™ 发射给射频前端供电；
⑤ 射频数据打包（加字头、CRC 校验码）；
⑥ 高速发射数据包；
⑦ 发射完成，nRF2401A 进入空闲状态。

ShockBurst™ 接收流程如下：

其接口引脚为 CE、DR1、CLK1 和 DATA（接收通道 1）。

① 配置本机地址和要接收的数据包大小；
② 进入接收状态，把 CE 置高；

③ 200 μs 后，nRF2401A 进入监视状态，等待数据包的到来；

④ 当接收到正确的数据包(正确的地址和 CRC 校验码)后，nRF2401A 自动把字头、地址和 CRC 校验位移去；

⑤ nRF2401A 通过把 DR1(该引脚一般可以引起微控制器中断)置高通知微控制器；

⑥ 微控制器把数据从 nRF2401A 移出；

⑦ 所有数据移完，nRF2401A 把 DR1 置低，此时，如果 CE 为高，则等待下一个数据包；如果 CE 为低，开始其他工作流程。

(2) 配置模式

在配置模式，15 字节的配置字被送到 nRF2401A，这过程通过 CS、CLK1 和 DATA 三个引脚完成，具体的配置方法请参考本系统的器件配置部分。

(3) 空闲模式

nRF2401A 的空闲模式是为了减小平均工作电流而设计的，其最大的优点是，在实现节能的同时缩短芯片的启动时间。在空闲模式下，部分片内晶振仍在工作，此时的工作电流跟外部晶振的频率有关，如外部晶振为 4 MHz 时工作电流为 12 μA，外部晶振为 16 MHz 时工作电流为 32 μA。在空闲模式下，配置字的内容保持在 nRF2401A 片内。

(4) 关机模式

在关机模式下，一般此时的工作电流小于 1 μA。关机模式下，配置字的内容也会被保持在 nRF2401A 片内，这是该模式与断电状态最大的区别。

3. nRF2401A 内部结构

nRF2401A 内置地址解码器、先入先出堆栈区、解调处理器、时钟处理器、GFSK 滤波器、低噪声放大器、频率合成器和功率放大器等功能模块，只需要很少的外围元件，因此使用起来非常方便。nRF2401A 内部结构如图 4.5.2 所示。

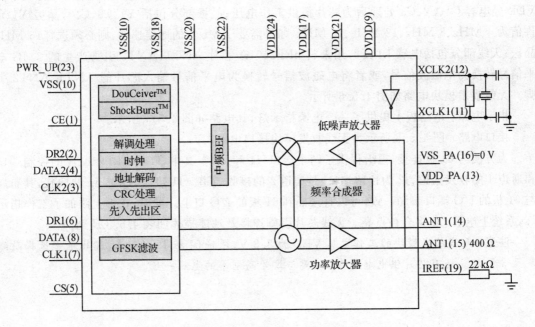

图 4.5.2　nRF2401A 内部结构图

4. nRF2401A 工作特性

① 单芯片无线收发；
② GFSK 调制模式；
③ 收发载波频率：2.4～2.5 GHz；
④ 只需极少的外围器件；
⑤ 125 阶可调收发频率（梯度 1 MHz）；
⑥ 地址比较和 CRC 校验；
⑦ DuoCeiver™ 技术，支持双通道接收；
⑧ ShockBurst™ 技术，低功耗，缓解发送压力；
⑨ 宽电压范围：1.9～3.6 V；
⑩ 超低功耗：发送时 10.5 mA（在 −5 dBm），接收时 18 mA。

说明：该芯片的具体使用说明可以参考 Nordic 公司的 nRF2401A 数据手册。

4.5.3 单元电路设计

1. SPCE061A 板电路

SPCE061A 板最小系统电路如图 4.5.3 所示。

2. 无线收发模块电路

无线收发电路包括 nRF2401A 芯片及其外围电路。其实物图及结构示意图分别如图 4.5.4 和图 4.5.5 所示。

应用时，只需要通过 10 Pin 线将接口 J1 直接和 61 板的 I/O 端口相连接即可。如果需要两个通道接收，可以将预留端口 J2 引出，接到单片机对应的 I/O 口上即可。

nRF2401A 及其外围电路包括 nRF2401A 芯片、稳压部分、晶振部分和天线部分。电压 VDD 经电容 C1、C2、C3 处理后为芯片提供工作电压；晶振部分包括 Y1、C9、C10，晶振 Y1 允许值为 4 MHz、8 MHz、12 MHz、16 MHz，如果需要 1 Mb/s 的通信速率，则必须选择 16 MHz 晶振；天线部分包括电感 L1、L2，用来将 nRF2401A 芯片 ANT1、ANT2 引脚产生的 2.4G 电平信号转换为电磁波信号，或者将电磁波信号转换为电平信号输入芯片的 ANT1、ANT2 引脚。无线收发模块电路如图 4.5.6 所示。

指示电路：电路板上提供了一个电源指示灯，其电路如图 4.5.7 所示。

接口电路：图 4.5.8 所示为无线收发模块接口电路图。

为方便与 61 板连接，模组提供了两个接口（J1 和 J2）。其中，J1 为 nRF2401A 的控制端口和通道 1 的收发通道；J2 为预留端口，是通道 2 的接收通道。J1 接口为 10 Pin 的插孔，其布局与 61 板的 I/O 端口布局一致，可以直接插到 61 板的 I/O 口上。同时，在板上添加了工作指示灯，系统上电后 D1 将会被点亮。无线芯片引脚连接及功能描述如表 4.5.3 所列。

注意：无线收发模块的工作电压 VDD 为 3.3 V，须将 61 板 J5 的输入/输出电平选择跳线跳至 3 V 端。还有芯片供电电源 VDD 要与信号高电平的电压一致。

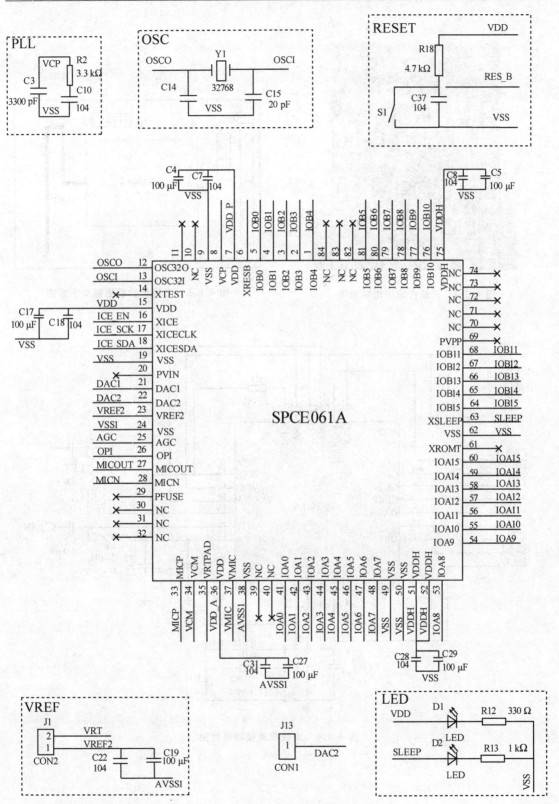

图 4.5.3 SPCE61A 板最小系统电路图

图 4.5.4 无线传输模组实物图

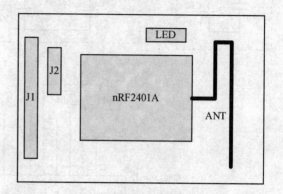

图 4.5.5 无线传输模组结构示意图

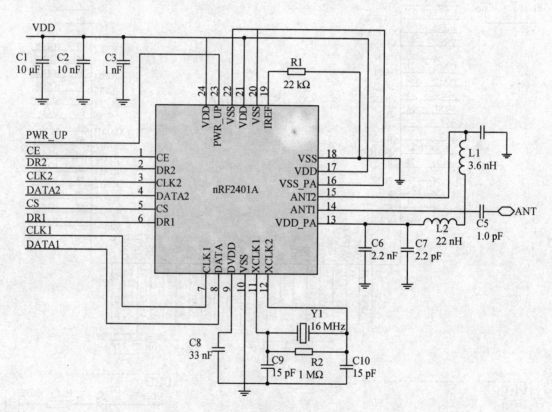

图 4.5.6 无线收发模块电路图

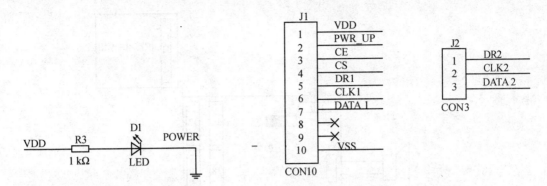

图 4.5.7　无线收发模块指示电路图　　　图 4.5.8　无线收发模块接口电路图

表 4.5.3　无线芯片引脚连接及功能描述

nRF2401A 引脚	功能描述	nRF2401A 引脚	功能描述
PWR_UP	nRF2401A 芯片上电	DATA1	通道 1 数据
CE	nRF2401A 使能	DR2	通道 2 数据请求
CS	nRF2401A 片选	CLK2	通道 2 时钟
DR1	通道 1 数据请求	DATA2	通道 2 数据
CLK1	通道 1 时钟		

4.5.4　总电路框图设计

由上述系统方案可设计出系统硬件连接框图,其中 A 套系统和 B 套系统的结构是相同的,单独一套的结构如图 4.5.9 所示。

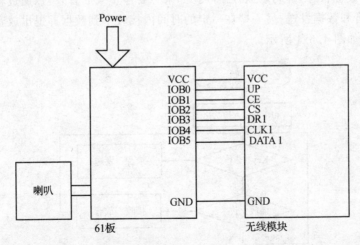

图 4.5.9　无线语音传输系统 A 套(B 套)硬件框图

硬件部分连接比较简单,只需要把 nRF2401A 无线模块插接到 61 板的 J6 上(IOBL),把喇叭连接到 61 板的音频输出 J3 端即可。系统连接如图 4.5.10 所示。

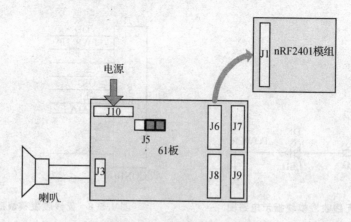

图 4.5.10 系统连接示意图

说明：

① I/O 电平部分选择 3 V，即 61 板 J5 的右侧两针短接；

② 注意 nRF2401A 无线模组接 61 板的 J6(IOBL)，极性要一致，nRF2401A 无线模组 J1 接口的"＋"、"－"分别与 61 板的"＋"、"－"相连接。

4.6　软件设计

4.6.1　主程序设计

程序的思想：系统运行后处于等待状态，在等待状态下不断扫描按键并判断是否接收到数据。如果检测到按键按下，则进入录音状态，进行录音并将压缩后的数据发送；另一端在接收到数据后进入放音状态，解码数据并播放。如果想要停止录放音，可以通过释放按键退出录音状态，停止录音和数据发送；另一端在一定的时间内接收不到数据即退出放音状态。

主程序流程如图 4.6.1 所示。

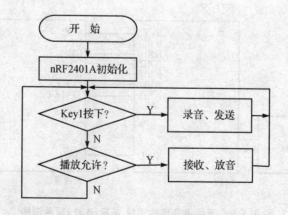

图 4.6.1　主程序流程图

系统首先初始化 nRF2401A 为接收状态，之后进入主循环。在主循环中扫描 KEY1 键和播放允许标志 PlayFlag，如果检测到 KEY1 键按下，则进入录音状态；如果检测到 PlayFlag＝

0xFF,则进入放音状态。如果 KEY1 键释放,则退出录音状态;如果检测到 PlayFlag=0x00,则退出放音状态。

4.6.2 子程序设计

1. 录音子程序

在检测到 KEY1 键按下后进入录音子程序。进入程序后首先禁止 1 kHz 中断,屏蔽来自 nRF2401A 的数据接收,并切换 nRF2401A 工作方式为发送,之后做初始化工作,初始化编码队列,设置编码格式等。

如果按键 KEY1 一直处于闭合状态,程序将会不断地进行编码操作,每产生一帧编码数据后将数据写入 nRF2401A,进行无线发送。一旦 KEY1 键释放,停止录音,并切换 nRF2401A 工作方式为接收,同时允许 1 kHz 中断。录音子程序程序流程如图 4.6.2 所示。

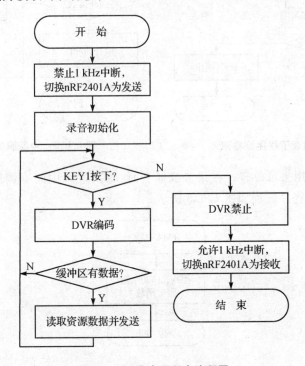

图 4.6.2 录音子程序流程图

2. 放音子程序

在检测到语音播放允许标志 PlayFlag 值变为 0xFF 后,进入放音子程序。初始化编码队列并开始语音播放;如果 PlayFlag 的值一直为 0xFF,程序将会一直进行 DVR 解码操作。一旦 PlayFlag 的值不为 0xFF,则停止放音。放音子程序流程如图 4.6.3 所示。

3. 中断服务程序

中断服务包括 IRQ4_1KHz 中断和 FIQ_TMA 中断。

IRQ4_1KHz 中断用来接收数据,每次进入中断,判断无线模块是否有数据请求(接收到数据)。如果有数据请求,则从 nRF2401A 中读出数据,同时置位语音播放允许标志 PlayFlag。如果连续一段时间内(0.5 s)没有收到数据,则清除语音播放允许标志 PlayFlag。中断服务程序流程如图 4.6.4 所示。

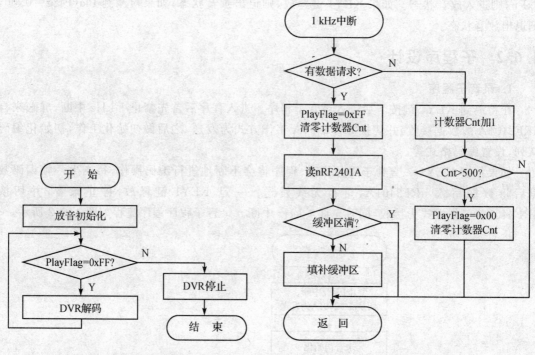

图 4.6.3 放音子程序流程图　　　图 4.6.4 中断服务程序流程图

FIQ_TMA 中断用来录放音。在录音或放音时，每次进入中断则调用 DVR1600 的中断服务函数。FIQ 中断程序流程如图 4.6.5 所示。

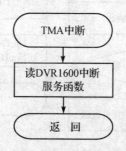

图 4.6.5 FIQ 中断流程图

4.6.3 程序参考

为方便读者更易读懂程序，程序的部分 API 函数及功能描述见表 4.6.1。

表 4.6.1 API 函数及功能描述

API 函数	功能描述
int SACM_DVR_Initial(int Init_Index)	初始化
void SACM_DVR_ServiceLoop(void)	获取数据填入译码队列
void SACM_DVR_Encode(void)	录音
SACM_DVR_StopEncoder()	停止编码

续表 4.6.1

API 函数	功能描述
SACM_DVR_InitEncoder(RecMoniterOn)	初始化解码器
void SACM_DVR_Stop(void)	停止录音
void SACM_DVR_Play(void)	开始录音
unsigned int SACM_DVR_Status(void)	获取 SACM_DVR 模块的状态
void SACM_DVR_InitDecode(void)	开始译码
void SACM_DVR_DVR_Decode (void)	获取语音数据并译码中断播放
SACM_DVR_StopDecoder()	停止解码
unsigned int SACM_DVR_TestQueue (void)	获取语音队列状态
int SACM_DVR_Fetchqueue(void)	获取录音编码数据
void SACM_DVR_FillQueue (unsigned int encoded-data)	填充数据到语音队列等待播放
int GetResource(long Address)(Manual)	从资源文件里获取一个字型语音数据
Call F_FIQ_Service_ SACM_DVR(playing)	调用 FIQ 中断
Call F_IRQ1_Service_ SACM_DVR(recode)	调用 IRQ 中断

1. 主程序

```
//================================================================
// 工程名称：   WirelessCom.spj
// IDE 环境：   SUNPLUS unSPTM  IDE 2.0.0(or later)
// 涉及的库：   CMacro1016.lib
//              SACMv41dx_061A.lib
// 组成文件：   main.c, SACM_DVR1600_User_C.c,nRF2401.c
//              SACM_DVR1600.asm, Queue.asm, ISR.asm
//              SPCE061A.h, DVR1600.h, nRF2401.h,Queue.h
//              SPCE061A.inc, DVR1600.inc
// 硬件连接：   IOA0——Key1(61 板);IOB0——PWR(无线模组);
//              IOB1——CE(无线模组);IOB2——CS(无线模组);
//              IOB3——DR1(无线模组);IOB4——CLK1(无线模组);
//              IOB5——DATA1(无线模组)
//================================================================
//================================================================
//文 件 名：main.c
//功能描述：实现语音的录放和传输
//================================================================
#include "SPCE061A.h"
#include "DVR1600.h"
#include "Queue.h"
#include "nRF2401.h"

unsigned int SourceBuf[14];                    //资源缓冲数组,用于收发
```

```c
unsigned int Address[5] = {0x00,0x00,0x00,0x01};         //目标地址,用于发送
unsigned int PlayFlag = 0;                                //播放标志
unsigned int Cnt = 0;                                     //等待时间
//==============================================================
//语法格式: int main(void)
//功能描述: 主函数
//入口参数: 无
//出口参数: 无
//==============================================================
int main(void)
{
    unsigned int i;
    nRF2401_Initial();                                    //nRF2401 初始化
    nRF2401_SetAddress(Address,4);                        //设置目标 nRF2401 地址
    nRF2401_Mode(0);                                      //nRF2401 工作方式,接收
    *P_INT_Mask |= C_IRQ4_1KHz;                           //打开 1 kHz 中断,接收资源
    __asm("int fiq,irq ");

    while(1)
    {
        *P_Watchdog_Clear = 0x01;

        if((*P_IOA_Data&0x0001) == 1)                     //Key1 按下,录音并发送
        {
            *P_INT_Mask &= ~C_IRQ4_1KHz;                  //关闭 1 kHz 中断,禁止接收语音资源
            nRF2401_Mode(1);                              //nRF2401 工作方式,发送

            Queue_Init();                                 //初始化编解码队列
            SACM_DVR1600_Initial();                       //DVR 初始化
            SACM_DVR1600_Rec(0,1);                        //录音(12k 编码)

            while((*P_IOA_Data&0x0001) != 0)              //Key1 一直按下
            {
                *P_Watchdog_Clear = 0x01;
                SACM_DVR1600_ServiceLoop();               //编码
                if(Queue_Test() != 0xffff)                //是否有数据
                {
                    for(i = 0; i<L_Fram; i++)
                    {
                        SourceBuf[i] = Queue_Read();      //读取编码数据
                    }
                    nRF2401_SendBuffer_Word(SourceBuf,L_Fram);   //发送数据
                }
            }

            SACM_DVR1600_Stop();                          //Key1 释放,停止录音
```

```c
            nRF2401_Mode(0);                              //nRF2401 工作方式,接收
            * P_INT_Mask |= C_IRQ4_1KHz;                  //打开 1 kHz 中断,接收语音资源
        }
        if(PlayFlag == 0xff)                              //接收到数据
        {
            Queue_Init();                                 //初始化编解码队列
            SACM_DVR1600_Initial();                       //DVR 初始化
            SACM_DVR1600_Play(0, DAC_1 + DAC_2, RAMP_UP_DN);    //放音,双声道,单入单出
            while(PlayFlag == 0xff)
            {
                SACM_DVR1600_ServiceLoop();               //解码
                * P_Watchdog_Clear = 0x01;
            }
            SACM_DVR1600_Stop();                          //DVR 停止
        }
    }
}
//============================================================
//语法格式:void IRQ4() __attribute((ISR))
//功能描述:1 kHz 中断,用于接收语音资源数据
//入口参数:无
//出口参数:无
//============================================================
void IRQ4() __attribute((ISR));
void IRQ4()
{
    int i;
    if((nRF2401_RxStatus()) == 1)                         //有数据请求
    {
        PlayFlag = 0xff;                                  //置位语音播放标志
        Cnt = 0;
        nRF2401_ReceiveWord(SourceBuf);                   //读取资源
        {
            if(Queue_Test() >= L_Fram)                    //资源缓冲不满
            {
                for(i = 0; i< L_Fram; i++)
                {
                    Queue_Write(SourceBuf[i]);            //填补缓冲
                }
            }
        }
    }
```

```
        else
        {
            Cnt ++ ;
            if(Cnt >= 500)                              //0.5 s 没有数据,结束语音播放
            {
                PlayFlag = 0x00;
                Cnt = 0;
            }
        }
        * P_INT_Clear = C_IRQ4_1KHz;
}
```

2. SACM_DVR1600 的录放音程序

```
//===============================================================
//文件名称:SACM_DVR1600_User_C.c
//功能描述:DVR1600 用户函数(C 语言版),用于保存或获取语音资源数据。包括:
//          void USER_DVR1600_GetResource_Init(unsigned int SoundIndex);
//          void USER_DVR1600_GetResource(unsigned int * p_Buf, unsigned int Words);
//          void USER_DVR1600_SaveResource_Init(unsigned int UserParam);
//          void USER_DVR1600_SaveResource(unsigned int * p_Buf, unsigned int Words);
//          void USER_DVR1600_SaveResource_End(void);
//这些函数被语音库自动调用,可根据需要自行修改这些函数的内容
//===============================================================
#include "SPCE061A.h"
#include "Queue.h"
//===============================================================
//外部函数和变量声明
//===============================================================
extern void SACM_A1600_Stop(void);
extern unsigned int PlayFlag;
//===============================================================
//全局变量定义
//===============================================================
unsigned int ResAddr;
//===============================================================
//语法格式:void USER_DVR1600_GetResource_Init(unsigned int SoundIndex);
//实现功能:(被 DVR1600 函数库自动调用)获取语音资源数据,初始化操作
//参数:SoundIndex——语音资源序号
//返回值:无
//===============================================================
void USER_DVR1600_GetResource_Init(unsigned int SoundIndex)
{
    Queue_Write(0xffff);
```

```c
    Queue_Write(0xffff);
    Queue_Write(0x8005);
}
//================================================================
//语法格式：void USER_DVR1600_GetResource(unsigned int * p_Buf, unsigned int Words);
//实现功能：(被 DVR1600 函数库自动调用)获取语音资源数据，并填充到解码队列中
//参数：     p_Buf——待填充解码队列的起始地址(该参数由函数库自动产生)
//           Words——待填充数据的数量，单位为 Word(该参数由函数库自动产生)
//返回值：   无
//================================================================
void USER_DVR1600_GetResource(unsigned int * p_Buf, unsigned int Words)
{
    unsigned int i;
    while(Words -- >0)
    {
        while(Queue_Test() == 0xffff)
        {
            * P_Watchdog_Clear = 0x01;
            if(PlayFlag == 0x00)
                break;
        }
        i = Queue_Read();
        * p_Buf ++ = i;
    }
}
//================================================================
//语法格式：void USER_DVR1600_SaveResource_Init(unsigned int UserParam);
//实现功能：(被 DVR1600 函数库自动调用)保存录制的语音资源编码，初始化操作
//参数：UserParam——由 SACM_DVR1600_Play 函数传递的用户自定义参数
//返回值：无
//================================================================
void USER_DVR1600_SaveResource_Init(unsigned int UserParam)
{
//    Queue_Write(0x8004);
}
//================================================================
//语法格式：void USER_DVR1600_SaveResource(unsigned int * p_Buf, unsigned int Words)
//实现功能：(被 DVR1600 函数库自动调用)获取已编码数据，并保存
//参数：     p_Buf——待获取的已编码数据的起始地址(该参数由函数库自动产生)
//           Words——已编码数据的数量，单位为 Word(该参数由函数库自动产生)
//返回值：无
//================================================================
void USER_DVR1600_SaveResource(unsigned int * p_Buf, unsigned int Words)
```

```
{
    if(Words == (L_Fram + 1))
    {
        p_Buf ++ ;                          //跳过第一个
        Words -- ;                          //跳过第一个
    }
    while(Words -- )
    {
        Queue_Write( * p_Buf ++ );
    }
}
//================================================================
//语法格式：void USER_DVR1600_SaveResource_End(unsigned int UserParam)
//实现功能：（被 DVR1600 函数库自动调用）录音结束后，将录制资源的长度
//         （单位为 Byte）保存到该资源的前两个 word
//参数：无
//返回值：无
//================================================================
void USER_DVR1600_SaveResource_End(void)
{
}
```

4.7 系统实现

4.7.1 系统调试

系统调试具体步骤如下：

① 下载并安装 unSP IDE 2.0.0 开发软件。

② 新建工程。打开 unSP IDE 2.0.0 软件，选择 File→New 菜单项，在弹出的对话框中选择 Project 并输入要建立的工程名以及选择保存路径，如图 4.7.1 所示。

③ 编辑程序。选择 File→New 菜单项，在弹出的对话框中选择 File，选择要编辑的程序类型，并输入要建立的程序文件名及保存路径。之后就能在弹出的空白文档中编辑程序了。编辑好之后保存文档，如图 4.7.2 所示。

重复上述步骤③，但在选择要编辑程序文件类型时注意选择，逐步编辑好所需要编辑的程序。如 nRF2401 驱动程序、编码队列程序、录放音库函数，等等。

④ 单击左侧 WilrelessCom Files 前的"+"号，在 Source Files 上点击鼠标右键（简称右击），选择 Add Files to Project 添加工程所需要的程序（即步骤③所编辑的程序）。重复步骤④，直到将所有需要的程序添加至工程，如图 4.7.3 所示。

第 4 章　无线语音传输系统的设计与实现

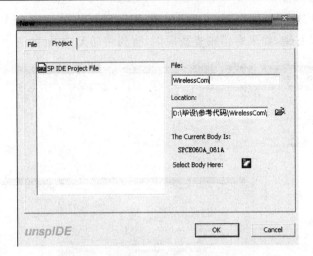

图 4.7.1　新建工程

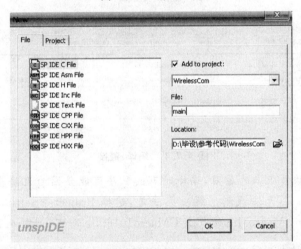

图 4.7.2　编辑程序

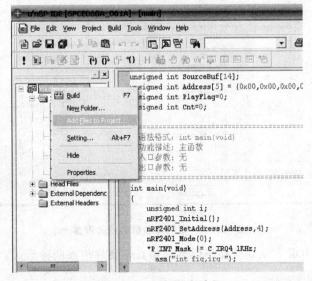

图 4.7.3　添加程序过程

⑤ 编译、链接。选择 Build→Rebuild All 菜单项,编译所有的文件。编译结束后,在界面下方查看所编写程序是否有错,如果有错则查找原因,直到编译无错误,如图 4.7.4 所示。

图 4.7.4 编译、链接

注意:由于开发软件版本的原因,编译时有的程序可能会因为无法查找到相关数据库而出错,如 CMacro1016.lib 无法找到。解决办法是,选择 Project→Settings→Link 菜单项,将 Library Modules 中的 CMacro.lib 修改成 CMacro1016.lib 即可,如图 4.7.5 所示。

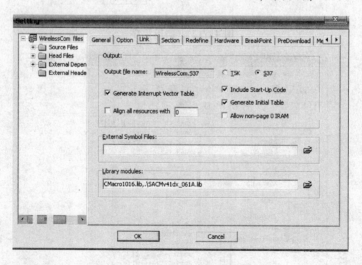

图 4.7.5 调用库函数的相关设置

⑥ 调试。unSP IDE 2.0.0 软件提供软件仿真与硬件仿真两种形式。软件仿真按钮为如

图 4.7.4 右上角右数第三个按钮 ![btn]，单击此按钮可选择软件仿真;右数第二个按钮 ![btn] 则为选择硬件仿真;右数第一个按钮为 Body 按钮 ![btn]，用于选择输出方式。按 F8 键下载程序,之后单击 Debug 中的运行按钮,工程开始运行。这时即可在各个观察窗口中看到运行过程及结果。当然也可以实现设置断点、单步运行等操作。程序运行无误后,即可进行硬件仿真。

4.7.2 系统硬件实现

正确连接完硬件以后,通过 probe 将 61 板与 PC 机连接起来,然后运行参考代码中的 WirelessCom.spj 工程文件,编译、链接无误后将代码下载到 SPCE061A 单片机。两套 61 板（A 套和 B 套）均需要下载同一个程序。

1. 单向语音传输

以 A 套发送 B 套接收为例,如图 4.4.1 所示,其操作步骤如下:
① 运行 A、B 两套程序;
② 按下 A 套中 61 板的 KEY1 键;
③ 在 A 端播放音乐或喊话,B 端将会播放来自 A 端的声音。

2. 双向语音传输

如图 4.4.2 所示,其操作步骤如下:
① 运行 A、B 两套程序;
② 按下 A 套中 61 板的 KEY1 键;B 端将会播放来自 A 端的声音;
③ 释放 A 套 61 板的 KEY1 键,按下 B 套 61 板的 KEY1 键,A 端将会播放来自 B 端的声音;
④ 循环②、③步操作,实现语音的双向传输。

4.7.3 注意事项

① 要提供足够的电源,建议使用两个电源供电;
② 采用多电源供电时,请注意共地,否则几个模块之间没有共同的参考电平,将无法协同工作;
③ 单片机 I/O 部分采用 3.3 V 供电,否则可能会烧坏无线模块;
④ nRF2401A 无线模组接 61 板的 J6(IOBL),注意极性要一致,nRF2401A 无线模组 J1 接口的"＋"、"－"分别与 61 板的"＋"、"－"相连接。

4.7.4 常见问题及解决办法

① 不能正常传输语音怎么办?
答:确认硬件连接是否正确。
② 放音端只有一些很低的噪声怎么办?
答:检查发送端的麦克是否损坏。
③ 声音传输时断时续怎么办?
答:A、B 相距距离超过了 nRF2401A 模组的有效传输距离或者电池电量不足。

第 5 章 语音控制小车的设计与实现

5.1 案例点评

语音处理技术是一门新兴的技术,它不仅包括语音的录制和播放,还涉及语音的压缩编码和解码、语音的识别等各种处理技术。以往做这方面的设计,一般有两种途径:一种是单片机扩展设计,另一种就是借助于专门的语音处理芯片。普通的单片机往往不能实现这么复杂的过程和算法,即使勉强实现也要加很多的外围器件。专门的语音处理芯片也比较多,像 ISD 系列、PM50 系列等,但是专门的语音处理芯片功能比较单一,想在语音之外的其他方面应用基本是不可能的。

本方案借助于 SPCE061A 的语音特色,开发出了这款语音控制小车。小车不仅具有前进、后退、左转、右转、停车等基本功能,同时配合 SPCE061A 的语音特色,可以实现语音控制功能。

5.2 设计任务

语音控制小车是凌阳大学计划推出的基于 SPCE061A 的代表性产品,它配合 61 板推出,综合应用了 SPCE061A 的众多资源,打破了传统教学中单片机学习枯燥和低效的现状。小车采用语音识别技术,可通过语音命令对其行驶状态进行控制。

1. 语音控制小车的主要功能

① 可以通过简单的 I/O 操作实现小车的前进、后退、左转、右转功能;
② 配合 SPCE061A 的语音特色,利用系统的语音播放和语音识别资源,实现语音控制的功能;
③ 可以在行走过程中声控改变小车运动状态;
④ 在超出语音控制范围时能够自动停车。

2. 参数说明

① 车体:双电机两轮驱动;
② 供电:电池(4 节 AA;1.2 V×4 或 1.5 V×4);
③ 工作电压:DC 4~6 V;
④ 工作电流:运动时约 200 mA;

3. 扩展功能

① 添加跳舞功能,小车可以根据播放音乐的节奏跳舞;
② 可以自行安装各类传感器,配合程序实现小车的循迹、避障等功能;
③ 添加遥控功能,实现声控和无线遥控的双控功能。

5.3 设计意义

语音控制技术是目前广泛应用和研究的重要技术，对人机交互的智能系统具有重要价值。本文介绍了一种智能小车控制系统的设计方案，该方案以 SPCE061A 单片机为基础，实现对智能小车的语音控制。经反复试验，其结果表明语音识别准确率高，控制效果好，是一个典型的语音识别应用方案。

本设计方案结构简单，以单芯片实现了语音播放与识别以及电机控制功能，相当于"语音识别芯片＋普通单片机"，但是又比"语音识别芯片＋普通单片机"方案实现起来更简单，而且成本也降低很多。

语音控制是最为直接的人机对话方式，而小车以其生动、典型的学习形式被人们喜闻乐见、涉及知识面广等特点，是电子类专业同学们学习、实践的良好载体。

5.4 系统结构和工作原理

5.4.1 系统结构

系统主要包括两部分：SPCE061A 精简开发板和语音小车控制电路板。

系统以 SPCE061A 为核心，包括 MIC 输入、按键输入、语音输入和电机驱动等部分，其系统硬件框图如图 5.4.1 所示。

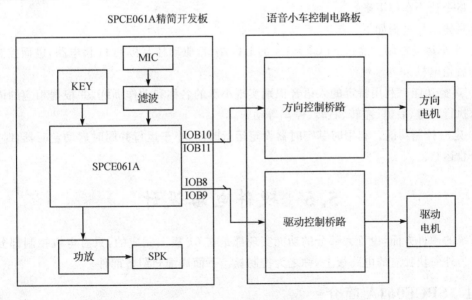

图 5.4.1 系统硬件框图

图 5.4.1 中的语音输入部分（MIC_IN）、按键输入（KEY）、声音输出部分的功率放大环节等已经做到了 SPCE061A 精简开发板上，使用起来非常方便。在电机的驱动方面，采用全桥驱动技术，即将 4 个 I/O 端口分为两组，分别控制两个电机的正转、反转和停止三态运行。

5.4.2 工作原理

系统工作原理如图 5.4.2 所示。

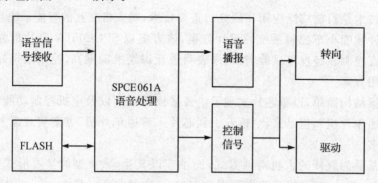

图 5.4.2 系统工作原理图

系统以 SPCE061A 单片机为核心,实时接收来自控制人的语音命令,提取其特征码,与预先存储在 FLASH 中的特征码比较,若相符则进行如下操作:

① 通过语音播报电路重复当前命令。
② 根据命令控制驱动电路及转向电路执行相应操作。

小车的运动控制采用语音控制和中断定时控制相结合的方式,通过语音触发小车动作,小车动作之后,随时可以通过语音指令改变小车的运动状态。在每一次动作触发的同时启动定时器,如果小车由于某些原因不能正常地接收语音指令,则只要定时时间到,中断服务程序就会发出指令让小车停下来。

其具体工作过程如下:

① 小车运动控制。通过 SPCE061A 的 I/O 端口,驱动控制板的 H 桥电路,进而控制前轮电机和后轮电机。
② 声控功能。利用特定的人语音识别实现小车的名称和动作训练,并根据相应的语音指令输入执行前进、后退、左转、右转、停车等动作。
③ 定时控制功能。利用时基定时器设定运行时间,小车运行并同时启动定时器,时间到,小车停止运行。

5.5 硬件电路设计

系统的硬件方面,由于大部分的功能实现都是在 61 板上完成的,只有电机控制部分电路设计在另外一块独立的电路板上,称之为控制板。下面详细介绍各部件。

5.5.1 SPCE061A 简介

SPCE061A 是凌阳科技研发生产的一款高性价比的 16 位单片机,可以非常方便灵活地实现语音的录放功能,该芯片拥有 8 路 10 位精度的 ADC,其中一路为音频转换通道,并且内置有自动增益电路。这为实现语音录入提供了方便的硬件条件。两路 10 精度的 DAC,只需要外接功放(SPY0030A)即可完成语音的播放。另外,凌阳 16 位单片机具有易学易用、高效率的指令系统和集成开发环境。该开发环境支持标准 C 语言,可以实现 C 语言与凌阳汇编语言的互相调用,并且提供了语音录放的库函数,只要了解库函数的使用,就会很容易地完成语音录放,这些都为软件开发提供了方便的条件。

61 板是 SPCE061A EMU BOARD 的简称,是以凌阳 16 位单片机 SPCE061A 为核心的精简开发一仿真一实验板,大小相当于一张扑克牌。61 板除了具备单片机最小系统电路外,还包括电源电路、复位电路、ICE 电路、音频电路(含 MIC 输入部分和 DAC 音频输出部分)等,61 板可以采用电池供电。具体的 61 芯片及 61 板介绍见第 1、2 章节。

5.5.2　车体介绍

语音控制小车为四轮结构,其侧视图如 5.5.1 所示。

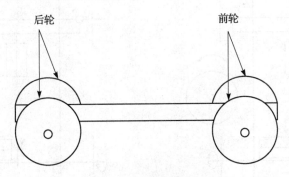

图 5.5.1　车体侧视图

其中前面两个车轮由前轮电机控制,在连杆和支点作用下控制前轮左右摆动,来调节小车的前进方向。在自然状态下,前轮在弹簧作用下保持中间位置;后面两个车轮由后轮电机驱动,为整个小车提供动力。因此,称前面的轮子为方向轮,后面的两个轮子为驱动轮,其俯视图如图 5.5.2 所示。

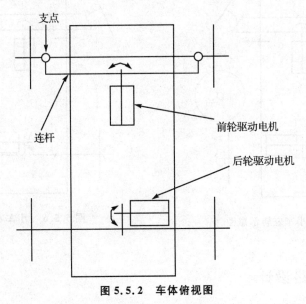

图 5.5.2　车体俯视图

小车运行原理

前进：由小车的结构分析，在自然状态下，前轮在弹簧作用下保持中间状态，这时只要后轮电机正转（顺时针旋转）小车就会前进，如图 5.5.3 所示。

倒车：倒车动作和前进动作刚好相反，前轮电机仍然保持中间状态，后轮电机反转，小车就会向后运动，如图 5.5.4 所示。

左转：前轮电机逆时针旋转（规定为正转），后轮电机正转，这时小车就会在前后轮共同作用下朝左侧前进，如图 5.5.5 所示。

右转：前轮电机反转，后轮电机正转，这时小车就会在前后轮共同作用下朝右侧前进，如图 5.5.6 所示。

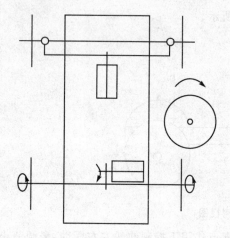

图 5.5.3 小车前进示意图

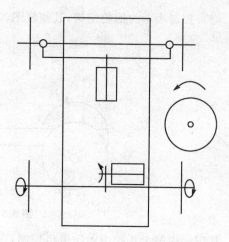

图 5.5.4 小车倒车示意图

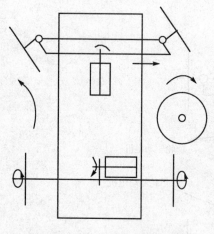

图 5.5.5 小车左转示意图

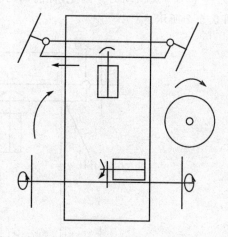

图 5.5.6 小车右转示意图

5.5.3 单元电路设计

在介绍单元电路之前先介绍一下系统的硬件连接图，如图 5.5.7 所示。

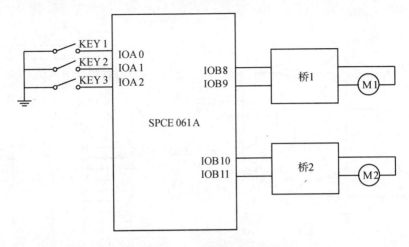

图 5.5.7 系统硬件连接图

电源部分连接：电池电源直接接控制板电源接口 J1，J2 接 61 板的电源，连接时注意电源极性。

61 板和控制板的 I/O 连接有两种情况：

① 采用 I/O 排针向下的 61 板，直接将 61 板和控制板扣接在一起即可，61 板的 IOBH 通过 J6 与控制电路连通；

② 采用 I/O 排针向上的 61 板，直接用排线将 61 板的 IOBH 和 J5 相连接即可。

1. 控制板电路及原理

控制板主要包括接口电路、电源电路和两路电机的驱动电路，控制板电路如图 5.5.8 所示。

接口电路：接口电路负责将 61 板的 I/O 接口信号传送给控制电路板，I/O 信号主要为控制电机需要的 IOB8～IOB11 这四路信号，同时为了方便后续的开发和完善，预留了 IOB12～IOB15 以及 IOA8～IOA15 接口，可以在这些接口上添加一些传感器。

电源部分：整个小车有 4 个电源信号，分别是电池电源、控制板工作电源、61 板工作电源和 61 板的 I/O 输出电源。系统供电由电池提供，控制板直接采用电池供电(VCC)，然后经二极管 D1 后产生 61 板电源(VCC_61)，通过 61 板的 Vio 跳线产生 61 板的端口电源(V1)。

二极管 D1 的作用：

① 降压，4 节电池提供的电压 VCC 最大可达到 6 V，D1 可有效降压。

② 保护，D1 可以防止电源接反烧坏 61 板。

电机驱动电路：IOB8 和 IOB9 控制一个 H 桥，H 桥输出端口 J3 接后轮电机，所以 IOB8 和 IOB9 控制小车的前进和后退；IOB10 和 IOB11 控制另外一个 H 桥，该 H 桥输出端口 J4 接前轮电机，所以 IOB10 和 IOB11 控制小车的方向，实现小车的左转和右转。

2. 全桥驱动电路及原理

全桥驱动又称 H 桥驱动，下面介绍 H 桥的工作原理：

H 桥一共有四个臂，分别为 B1、B2、B3、B4，每个臂由一个开关控制，示例中为三极管 Q1～Q4。如果让 Q1、Q2 导通，Q3、Q4 关断，如图 5.5.9 所示，则此时电流将会流经 Q1、负载、Q2 组成的回路，电机正转。

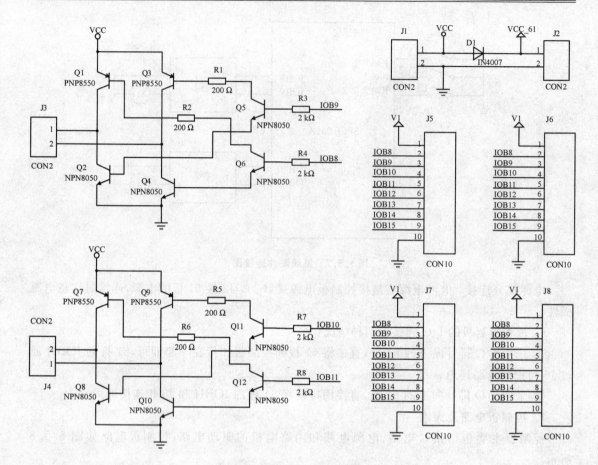

图 5.5.8　控制板电路图

如果让 Q1、Q2 关断，Q3、Q4 导通，如图 5.5.10 所示，此时电流将会流经 Q3、负载、Q4 组成的回路，电机反转。

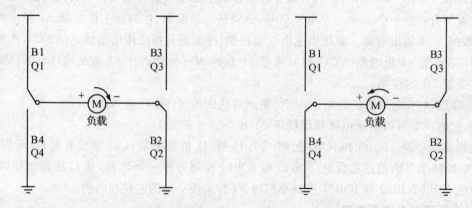

图 5.5.9　B1、B2 工作时的 H 桥路电路简图　　图 5.5.10　B3、B4 工作时的 H 桥路电路简图

如果让 Q1、Q2 关断，Q3、Q4 也关断，负载两端悬空，如图 5.5.11 所示，那么此时电机停转。这样就实现了电机的正转、反转、停止三态控制。

如果让 Q1、Q2 导通，Q3、Q4 也导通，那么电流将会流经 Q1、Q4 组成的回路以及 Q2 和

Q3 组成的回路,如图 5.5.12 所示。这时桥臂上会出现很大的短路电流。在实际应用时注意避免出现桥臂短路的情况,这会给电路带来很大的危害,严重时会烧毁电路。

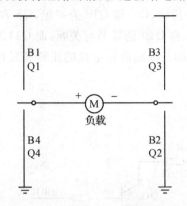
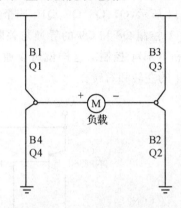

图 5.5.11　B0~B4 全部停止工作时的 H 桥路电路简图

图 5.5.12　B1~B4 全部工作时的 H 桥路电路简图

3. 动力驱动电路

动力驱动由后轮驱动电机实现,负责小车的直线方向运动,包括前进和后退,后轮驱动电路是一个全桥驱动电路。如图 5.5.13 所示,Q1、Q2、Q3、Q4 四个三极管组成四个桥臂,Q1 和 Q4 为一组,Q2 和 Q3 为一组,Q5 控制 Q2、Q3 的导通与关断,Q6 控制 Q1、Q4 的导通与关断,而 Q5、Q6 由 IOB9 和 IOB8 控制。这样就可以通过 IOB8 和 IOB9 控制四个桥臂的导通与关断,继而控制后轮电机的运行状态,使之正转、反转或者停转,由此控制小车的前进和后退。

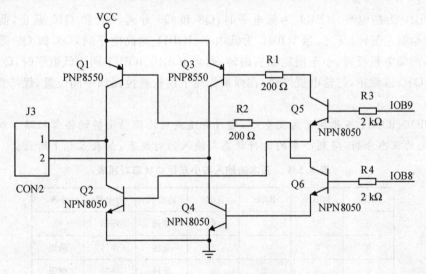

图 5.5.13　后轮驱动电路图

当 IOB8 为高电平、IOB9 为低电平时,Q1 和 Q4 导通,Q2 和 Q3 截止,后轮电机正转,小车前进;反之,当 IOB8 为低电平、IOB9 为高电平时,Q1 和 Q4 截止,Q2 和 Q3 导通,后轮电机反转,小车倒退;而当 IOB8、IOB9 同为低电平时,Q1、Q2、Q3 和 Q4 都截止,后轮电机停转,小车停止运动。

注意:IOB8 和 IOB9 不能同时置高电平,这样会造成后轮驱动全桥短路现象。

4. 方向电机控制电路

方向控制由前轮驱动电机实现,包括左转和右转,前轮驱动电路也是一个全桥驱动电路,如 5.5.14 所示,Q7、Q8、Q9、Q10 四个三极管组成四个桥臂,Q7 和 Q10 为一组,Q8 和 Q9 为一组,Q11 控制 Q8 和 Q9 的导通与关断,Q12 控制 Q7 和 Q10 的导通与关断,而 Q11、Q12 由 IOB10 和 IOB11 控制。这样就可以通过 IOB10 和 IOB11 控制前轮电机的正转和反转,进而控制小车的左转和右转。

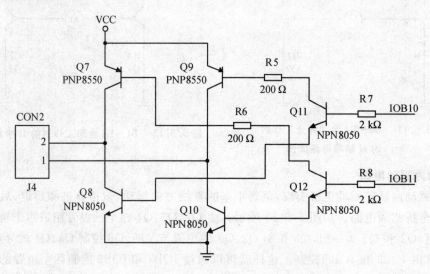

图 5.5.14 前轮驱动电路图

当 IOB10 为高电平、IOB11 为低电平时,Q8 和 Q9 导通,Q7 和 Q10 截止,前轮电机正转,小车前轮朝左偏转;反之,当 IOB10 为低电平、IOB11 为高电平时,Q8 和 Q9 截止,Q7 和 Q10 导通,前轮电机反转,小车前轮朝右偏转;而当 IOB10、IOB11 同为低电平时,Q8 和 Q9 截止,Q7 和 Q10 也截止,前轮电机停转,在弹簧作用下前轮被拉回到中间位置,保持直向。

注意:

① IOB10、IOB11 不能同时为高电平,这样会造成前轮驱动全桥的桥臂短路。结合以上对前轮和后轮的状态分析,得到小车的运行状态与输入的对照表,如表 5.5.1 所列。

表 5.5.1 基本的输入与小车运动状态对照表

IOB11	IOB10	IOB9	IOB8	后电机	前电机	小车
0	0	0	0	停转	停转	停
0	0	0	1	正转	停转	前进
0	0	1	0	反转	停转	倒退
0	1	0	1	正转	正转	左前转
1	0	0	1	正转	反转	右前转

② 还有一些不常用的运行状态,比如右后转、左后转等,结合以上对前轮和后轮的状态分析,其端口对照如表 5.5.2 所列。

表 5.5.2 输入与小车的运动状态对照表

IOB11	IOB10	IOB9	IOB8	后电机	前电机	小车
0	1	1	0	正转	正转	右后转
1	0	1	0	正转	反转	左后转

③ 为了小车的安全请不要出现以下两种组合情况,见表 5.5.3。

表 5.5.3 禁止的输入状态列表

IOB11	IOB10	IOB9	IOB8	后电机	前电机	小车
*	*	1	1	停转	*	停
1	1	*	*	*	停转	停

5.5.4 总电路图设计

小车控制板及 61 板实物图如图 5.5.15 所示。

图 5.5.15 小车控制及 61 板实物图

5.6 软件设计

5.6.1 主程序设计

语音识别小车的主程序流程如图 5.6.1 所示,主要分为四大部分:初始化部分、训练部分、识别部分和重训操作。

初始化部分:初始化操作将 IOB8~IOB11 设置为输出端,用于控制电机。必要时还要有对应的输入端设置和 PWM 端口设置等。

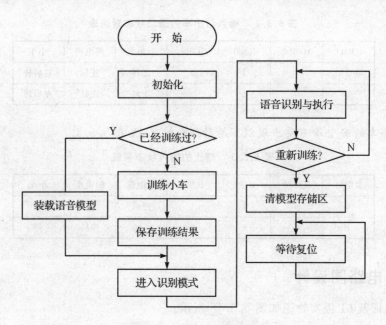

图 5.6.1 系统主程序流程图

训练部分：训练部分完成的工作就是建立语音模型。程序一开始判断小车是否被训练过，如果没有训练过则要求对其进行训练，并且会在训练成功之后将训练的模型存储到 FLASH，在以后使用时不需要重新训练；如果已经训练过，那么会把存储在 FLASH 中的模型调出来装载到辨识器中。

识别部分：在识别环节当中，如果辨识结果是名字，则停止当前的动作并进入待命状态，然后等待动作命令。如果辨识结果为动作，则指令小车会语音告知相应动作并执行该动作，在运动过程中可以通过呼叫小车的名字使小车停下来。

重训操作：考虑到有重新训练的需求，设置了重新训练的按键（61 板的 KEY3），循环扫描该按键，一旦检测到此键按下，则将擦除训练标志位（0xe000 单元），并等待复位。复位后，程序重新执行，当检测到训练标志位为 0xffff 时会要求重新对其进行训练。

在介绍子程序之前，首先介绍一下语音识别模块及语音识别原理。

1. 语音识别模块

语音识别模块大致有以下几种类型：由多带通滤波器及线性匹配电路构成的专用 IC、由人工神经网络构成的语音识别专用芯片、语音识别系统级芯片 SOC 等。这里选用凌阳公司的 SPCE061A 16 位单片机，它是近几年出现的较先进的语言识别芯片，其性价比较高，扩展方便。

语音识别模块包括语音输入采样（话筒）、处理器、音频输出提示（喇叭）及其他功能模块。由于 SPCE061A 将 DSP、A/D、D/A、RAM、ROM 以及预放、功放等电路集成在一个芯片上，只要加上极少的电源供电等单元，就可以实现语音识别、语音合成以及语音回放等功能，使得语音识别模块硬件电路要外接的器件达到最小。此外，SPCE061A 还具有以下特点：

① 内存存储器容量大。32K 字的 FLASH 程序存储器、2K 字的 SRAM 数据存储器，满足语音识别的一般需要。

② 内置在线仿真接口，提供免费集成开发环境（unSP IDE）、程序开发包（包括语音识别函数和范例），方便开发。

2. 语音识别原理

语音识别分为特定发音人识别（Speaker Dependent）和非特定发音人识别（Speaker Independent）两种方式。特定发音人识别是指语音样板由单个人训练，对训练人的语言命令识别准确率较高，而其他人的语音命令识别准确率较低或不识别；非特定发音人识别是指语音样板由不同年龄、不同性别、不同口音的人进行训练，可以识别一群人的命令。语音样板的提取非常重要，下面介绍特定发音人语音识别方式。

通常将标准模式的存储空间称为"词库"，而把标准模式称为"词条"或"样板"。所谓建立词库，是将待识别的命令进行频谱分析，提取特征参数作为识别的"标准模式"。

语音识别过程如图5.6.2所示，首先要滤掉输入语音信号的噪声和进行预加重处理，提升高频分量，然后用线性预测系数等方法进行频谱分析，找出语音的特征参数作为未知模式，与预先存储的标准模式进行比较，当输入的未知模式与标准模式的特征一致时，计算机便识别输入的语音信号并输出结果。

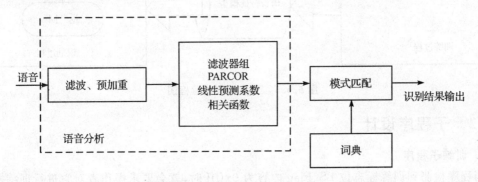

图 5.6.2　语音识别功能框图

输入的语音与标准模式的特征完全一致固然好，但是，语音含有不确定因素，完全一致的情况几乎不存在，事实上没有人能以绝对相同的语调把一个词说两遍。因此，要预先制定好计算输入语音的特征模式与标准模式类似程度（或距离度）的算法规则，把距离最小（即最类似）的模式作为识别相应语音的方法。当然，影响识别率的因素还有很多，此处不再一一介绍。

本方案采用特定发音人识别方式，每次上电复位后要进行训练，比较麻烦，将训练的标准样板存于FLASH中，就不用每次训练。

语音识别主要分为"训练"和"识别"两个阶段。在训练阶段，单片机对采集到的语音样本进行分析处理，从中提取出语音特征信息，建立一个特征模型；在识别阶段，单片机对采集到的语音样本也进行类似分析处理，提取出语音的特征信息，然后将这个特征信息模型与已有的特征模型进行对比。如果二者达到了一定的匹配度，则输入的语音被识别。

语音识别的具体流程如图5.6.3所示。

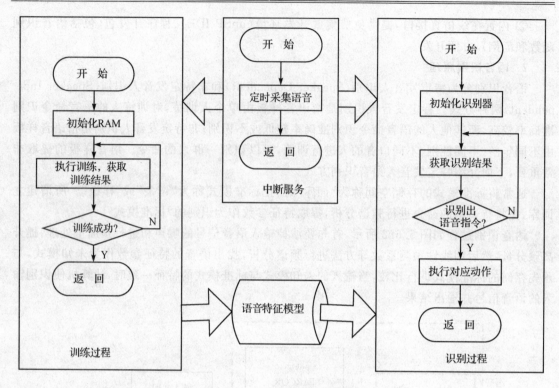

图 5.6.3　语音识别流程框图

5.6.2　子程序设计

1. 训练子程序

当程序检测到训练标志位 BS_Flag 内容为 0xffff 时,就会要求操作者对它进行训练操作。小车训练操作的流程如图 5.6.4 所示。采用两次训练获取结果的方式,以训练名字为例,小车首先会提示:给我取个名字吧。这时你可以告诉它一个名字(比如 Michael),然后它会提示:请再说一遍。这时再告诉它一遍 Michael。如果两次的声音差别不大,那么小车就能够成功地建立模型,名称训练成功。如果不能够成功地建立模型,那么小车会告知失败的原因并要求重新训练。成功训练名称后会给出下一条待训练指令提示音:前进。参照名称训练方式训练前进指令。依次训练小车的名称—前进指令—倒车指令—左转指令—右转指令,全部训练成功则子程序返回,训练结束。

下面是训练部分的子程序,在训练时如果训练不成功,则 TrainWord() 返回值不为 0,并且要求重复训练;只有当训练成功时,TrainWord() 才返回 0,进行下一条指令训练。

```
void TrainSD()
{
    while(TrainWord(NAME_ID,S_NAME) != 0);              //训练名称
    while(TrainWord(COMMAND_GO_ID,S_ACT1) != 0);        //训练第 1 个动作
    while(TrainWord(COMMAND_BACK_ID,S_ACT2) != 0);      //训练第 2 个动作
    while(TrainWord(COMMAND_LEFT_ID,S_ACT3) != 0);      //训练第 3 个动作
    while(TrainWord(COMMAND_RIGHT_ID,S_ACT4) != 0);     //训练第 4 个动作
}
```

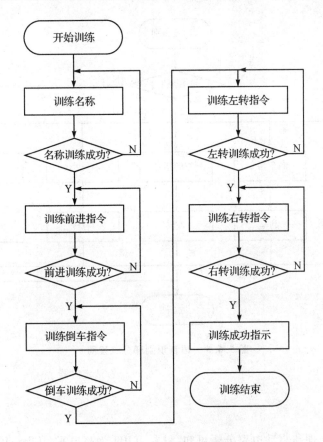

图 5.6.4 小车训练流程图

2. 语音识别子程序

语音识别部分流程如图 5.6.5 所示。首先获取辨识器的辨识结果,判断是否有语音触发。如果有语音触发,则会返回识别结果的 ID 号,ID 号对应名称或者对应不同的动作。如果 ID 号为名称,则结束运动(如果当前在运动状态),进入待命状态,等待下一次的指令触发;如果 ID 号为动作,则语音告知将要执行的动作,并执行该动作。

3. 动作子程序

动作子程序包括前进、倒车、左拐、右拐和停车子程序。

(1) 前进子程序

由小车的结构原理和驱动电路分析可知,只要 IOB8 为高电平,IOB9、IOB10 和 IOB11 全部为低电平即可实现小车的前进。前进子程序包括语音提示、置端口数据、启动定时器操作,其部分程序如下:

```
void GoAhead()                          //前进
{
    PlaySnd(S_ACT1,3);                  //提示
    * P_IOB_Data = 0x0100;              //前进
    * P_INT_Mask | = 0x0004;            //打开 2 Hz 中断
    __asm("int fiq,irq");               //允许总中断
```

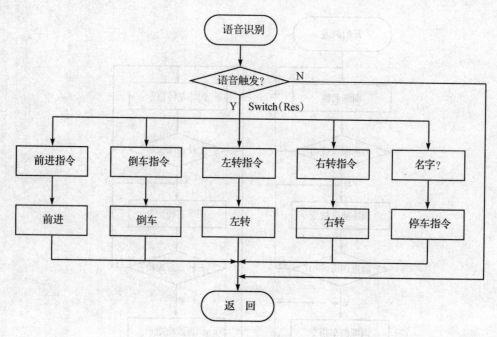

图 5.6.5　语音识别部分流程图

```
    uiTimecont = 0;                          //清定时器
}
```

(2) 倒车子程序

由小车的结构原理和驱动电路分析可知,只要 IOB9 为高电平,IOB8、IOB10 和 IOB11 全部为低电平即可实现小车的倒退。倒车子程序包括语音提示、置端口数据、启动定时器操作,其程序如下:

```
void BackUp()                                //倒退
{
    PlaySnd(S_DCZY,3);                       //提示
    *P_IOB_Data = 0x0200;                    //倒退
    *P_INT_Mask |= 0x0004;                   //打开 2 Hz 中断
    __asm("int fiq,irq");                    //允许总中断
    uiTimecont = 0;                          //清定时器
}
```

(3) 左转子程序

由小车的结构原理和驱动电路分析可知,小车左转需要两个条件:前轮左偏和后轮前进。这时对应的 I/O 口状态:IOB8、IOB10 为高电平,IOB9、IOB11 为低电平。左转子程序包括语音提示、置端口数据、启动定时器操作,其部分程序如下:

```
void TurnLeft()                              //左转
{
    PlaySnd(S_GJG,3);                        //播放提示音
    *P_IOB_Data = 0x0900;                    //前轮右偏
```

```
        Delay();                        //延时
        *P_IOB_Data = 0x0500;           //前轮左偏
        *P_INT_Mask |= 0x0004;          //打开 2 Hz 中断
        __asm("int fiq,irq");           //允许总中断
        uiTimecont = 0;                 //清定时器
    }
```

说明：在左转之前首先让前轮右偏，然后再让前轮朝左偏，这样前轮的摆动范围更大，惯性更大，摆幅也最大，能更好地实现转弯。

(4) 右转子程序

由小车的结构原理和驱动电路分析可知，小车右转需要两个条件：前轮右偏和后轮前进。这时对应的 I/O 状态：IOB8、IOB11 为高电平，IOB9、IOB10 为低电平。右转子程序包括语音提示、置端口数据、启动定时器操作，其部分程序如下：

```
    void TurnRight()                    //右转
    {
        PlaySnd(S_GJG,3);               //播放提示音
        *P_IOB_Data = 0x0500;           //左转
        Delay();                        //延时
        *P_IOB_Data = 0x0900;           //右转
        *P_INT_Mask |= 0x0004;          //以下为中断定时操作
        __asm("int fiq,irq");           //允许总中断
        uiTimecont = 0;                 //清定时器
    }
```

说明：在右转之前首先让前轮左偏，然后再让前轮朝右偏，这样前轮的摆动范围更大，惯性更大，摆幅也最大，能更好地实现转弯。

4. 中断子程序

虽然已经有了前进、后退和停车等语音控制指令，但是考虑到环境的干扰因素（如小车运行时的噪声影响）和有效距离的限制，小车运行后可能接收不到语音指令而一直运行。为了防止出现这种情况，加入了时间控制，在启动小车运行的同时启动定时器，定时器时间到停止小车的运行，该定时器借助于 2 Hz 时基中断完成，图 5.6.6 为 2 Hz 定时中断程序的流程图。可以在程序中修改 uiTimeset 参数来控制运行时间，当 uiTimeset = 2 时，运行时间为 1 s，以此类推。

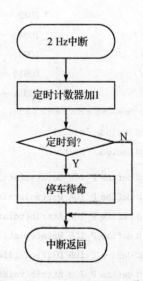

图 5.6.6　2 Hz 定时中断流程图

5.6.3　程序参考

API 函数及功能参考见表 5.6.1。

表 5.6.1　API 函数及功能参考

API 函数	功能描述
int BSR_DeleteSDGroup()	SRAM 初始化
int BSR_Train(int CommandID, int TrainMode)	训练函数
int BSR_InitRecognizer(int AudioSource)	初始化识别器
int BSR_GetResult()	辨识中获取数据
void BSR_StopRecognizer(void)	停止识别器
SACM_S480_Initial()	初始化自动播放
SACM_S480_Play(SndIndex, DAC_Channel)	开始播放语音
SACM_S480_ServiceLoop()	解码并填充队列

主程序如下：

```
//================================================================
//   工程名称：     Car_Demo
//   功能描述：     实现小车的语音控制
//   涉及的库：     CMacro1016.lib, bsrv222SDL.lib, sacmv26e.lib
//   组成文件：     main.c
//                  Flash.asm, hardware.asm, ISR.asm,
//                  hardware.h, s480.h, hardware.inc
//   硬件连接：     IOA0——KEY1
//                  IOA1——KEY2
//                  IOA2——KEY3
//                  IOB8——前进
//                  IOB9——倒车
//                  IOB10——左拐
//                  IOB11——右拐
//================================================================
#include "s480.h"
#include "bsrsd.h"

#define P_IOA_Data(volatile unsigned int *)       0x7000
#define P_IOA_Dir(volatile unsigned int *)        0x7002
#define P_IOA_Attrib(volatile unsigned int *)     0x7003
#define P_IOB_Data(volatile unsigned int *)       0x7005
#define P_IOB_Dir(volatile unsigned int *)        0x7007
#define P_IOB_Attrib(volatile unsigned int *)     0x7008
#define P_TimerA_Data(volatile unsigned int *)    0x700A
#define P_TimerA_Ctrl(volatile unsigned int *)    0x700B
#define P_TimerB_Data(volatile unsigned int *)    0x700C
#define P_TimerB_Ctrl(volatile unsigned int *)    0x700D
#define P_Watchdog_Clear(volatile unsigned int *) 0x7012
```

```c
#define P_INT_Mask(volatile unsigned int *)    0x702D
#define P_INT_Clear(volatile unsigned int *)   0x7011

#define NAME_ID              0x100
#define COMMAND_GO_ID        0x101
#define COMMAND_BACK_ID      0x102
#define COMMAND_LEFT_ID      0x103
#define COMMAND_RIGHT_ID     0x104
#define S_NAME      0        //给我取个名字吧
#define S_ACT1      1        //前进
#define S_ACT2      2        //倒车,请注意
#define S_ACT3      3        //左拐
#define S_ACT4      4        //右拐
#define S_RDY       5        //Yeah
#define S_AGAIN     6        //请再说一遍
#define S_NOVOICE   7        //没有听到任何声音
#define S_CMDDIFF   8        //说什么暗语呀
#define S_NOISY     8        //说什么暗语呀
#define S_START     9        //准备就绪,开始辨识
#define S_GJG       10       //拐就拐
#define S_DCZY      11       //倒车,请注意
extern   unsigned int BSR_SDModel[100];
extern void F_FlashWrite1Word(unsigned int addr,unsigned int Value);
extern void F_FlashErase(unsigned int sector);
unsigned int uiTimeset = 3;                //运行时间定时,调整该参数控制运行时间
unsigned int uiTimecont;                   //运行时间计时
//================================================================
//语法格式:void Delay();
//实现功能:延时
//参数:无
//返回值:无
//================================================================
void Delay()
{
    unsigned int i;
    for(i = 0;i<0x3Fff;i ++)
    {
        *P_Watchdog_Clear = 0x0001;
    }
}
//================================================================
//语法格式:void PlaySnd(unsigned SndIndex,unsigned DAC_Channel);
//实现功能:语音播放函数
```

```c
//参数：SndIndex——播放语音资源索引号
//      DAC_Channel——播放声道选择
//返回值：无
//================================================================
void PlaySnd(unsigned SndIndex,unsigned DAC_Channel)
{
    BSR_StopRecognizer();                          //停止识别器
    SACM_S480_Initial(1);                          //初始化为自动播放
    SACM_S480_Play(SndIndex, DAC_Channel, 3);      //开始播放一段语音
    while((SACM_S480_Status()&0x0001)!= 0)         //是否播放完毕？
    {
        SACM_S480_ServiceLoop();                   //解码并填充队列
        * P_Watchdog_Clear = 0x0001;               //清看门狗
    }
    SACM_S480_Stop();                              //停止播放
    BSR_InitRecognizer(BSR_MIC);                   //初始化识别器
}
//================================================================
//语法格式：int TrainWord(int WordID,int SndID);
//实现功能：训练一条指令
//参数：WordID——指令编码
//      SndID——指令提示音索引号
//返回值：无
//================================================================
int TrainWord(unsigned int WordID,unsigned int SndID)
{
    int Result;
    PlaySnd(SndID,3);                              //引导训练，播放指令对应动作
    while(1)
    {
        Result = BSR_Train(WordID,BSR_TRAIN_TWICE);//训练两次，获得训练结果
        if(Result == 0)break;
        switch(Result)
        {
        case -1:                                   //没有检测出声音
            PlaySnd(S_NOVOICE,3);
            return -1;
        case -2:                                   //需要训练第二次
            PlaySnd(S_AGAIN,3);
            break;
        case -3:                                   //环境太吵
            PlaySnd(S_NOISY,3);
```

```c
                return -3;
            case -4:                                        //数据库满
                return -4;
            case -5:                                        //检测出声音不同
                PlaySnd(S_CMDDIFF,3);
                return -5;
            case -6:                                        //序号错误
                return -6;
            default:
                break;
        }
    }
    return 0;
}
//================================================================
//语法格式: void TrainSD();
//实现功能: 训练函数
//参数: 无
//返回值: 无
//================================================================
void TrainSD()
{
    while(TrainWord(NAME_ID,S_NAME) != 0);              //训练名称
    while(TrainWord(COMMAND_GO_ID,S_ACT1) != 0);        //训练第1个动作
    while(TrainWord(COMMAND_BACK_ID,S_ACT2) != 0);      //训练第2个动作
    while(TrainWord(COMMAND_LEFT_ID,S_ACT3) != 0);      //训练第3个动作
    while(TrainWord(COMMAND_RIGHT_ID,S_ACT4) != 0);     //训练第4个动作
}
//================================================================
//语法格式: void StoreSD();
//实现功能: 存储语音模型函数
//参数: 无
//返回值: 无
//================================================================
void StoreSD()
{   unsigned int ulAddr,i,commandID,g_Ret;
    F_FlashWrite1Word(0xef00,0xaaaa);
    F_FlashErase(0xe000);
    F_FlashErase(0xe100);
    F_FlashErase(0xe200);
    ulAddr = 0xe000;
    for(commandID = 0x100;commandID<0x105;commandID ++ )
    {
```

```c
        g_Ret = BSR_ExportSDWord(commandID);
        while(g_Ret!= 0)                              //模型导出成功?
        g_Ret = BSR_ExportSDWord(commandID);
        for(i = 0;i<100;i ++ )                        //保存语音模型 SD1(0xe000 - - - 0xe063)
        {
            F_FlashWrite1Word(ulAddr,BSR_SDModel[i]);
            ulAddr += 1;
        }
    }
}
//================================================================
//语法格式: void StoreSD();
//实现功能: 装载语音模型函数
//参数: 无
//返回值: 无
//================================================================
void LoadSD()
{   unsigned int * p,k,jk,Ret,g_Ret;
    p = (int * )0xe000;
    for(jk = 0;jk<5;jk ++ )
    {
        for(k = 0;k<100;k ++ )
        {
            Ret = * p;
            BSR_SDModel[k] = Ret;                     //装载语音模型
            p += 1;
        }
        g_Ret = BSR_ImportSDWord();
        while(g_Ret!= 0)                              //模型装载成功?
        g_Ret = BSR_ImportSDWord();
    }
}
//================================================================
//语法格式: void GoAhead();
//实现功能: 前进子函数
//参数: 无
//返回值: 无
//================================================================
void GoAhead()                                        //前进
{
    PlaySnd(S_ACT1,3);                                //提示
    * P_IOB_Data = 0x0100;                            //前进
    * P_INT_Mask | = 0x0004;                          //以下为中断定时操作
```

```c
    __asm("int fiq,irq");                              //允许总中断
    uiTimecont = 0;                                    //清定时器
}
//================================================================
//语法格式:void BackUp();
//实现功能:后退子函数
//参数:无
//返回值:无
//================================================================
void BackUp()                                          //倒退
{
    PlaySnd(S_DCZY,3);                                 //提示
    *P_IOB_Data = 0x0200;                              //倒退
    *P_INT_Mask |= 0x0004;                             //以下为中断定时操作
    __asm("int fiq,irq");                              //允许总中断
    uiTimecont = 0;                                    //清定时器
}


//================================================================
//语法格式:void TurnLeft();
//实现功能:左转子函数
//参数:无
//返回值:无
//================================================================
void TurnLeft()                                        //左转
{
    PlaySnd(S_GJG,3);                                  //播放提示音
    *P_IOB_Data = 0x0900;                              //右转
    Delay();                                           //延时
    *P_IOB_Data = 0x0500;                              //左转
    *P_INT_Mask |= 0x0004;                             //以下为中断定时操作
    __asm("int fiq,irq");                              //允许总中断
    uiTimecont = 0;                                    //清定时器
}
//================================================================
//语法格式:void TurnRight();
//实现功能:右转子函数
//参数:无
//返回值:无
//================================================================
void TurnRight()                                       //右转
{
    PlaySnd(S_GJG,3);                                  //播放提示音
```

```c
    * P_IOB_Data = 0x0500;                          //左转
    Delay();                                        //延时
    * P_IOB_Data = 0x0900;                          //右转
    * P_INT_Mask | = 0x0004;                        //以下为中断定时操作
    __asm("int fiq,irq");                           //允许总中断
    uiTimecont = 0;                                 //清定时器
}
//================================================================
//语法格式：void Stop();
//实现功能：停车子函数
//参数：无
//返回值：无
//================================================================
void Stop()                                         //停车
{
    * P_IOB_Data = 0x0000;                          //停车
    PlaySnd(S_RDY,3);                               //语音提示
}
//================================================================
//语法格式：void BSR(void);
//实现功能：辨识子函数
//参数：无
//返回值：无
//================================================================
void BSR(void)
{
    int Result;                                     //辨识结果寄存
    Result = BSR_GetResult();                       //获得识别结果

    if(Result>0)                                    //有语音触发？
    {
        * P_IOB_Data = 0x0000;                      //临时停车
        switch(Result)
        {
        case NAME_ID:                               //识别出名称命令
            Stop();                                 //停车待命
            break;
        case COMMAND_GO_ID:                         //识别出第一条命令
            GoAhead();                              //执行动作一：直走
            break;
        case COMMAND_BACK_ID:                       //识别出第二条命令
            BackUp();                               //执行动作二：倒车
            break;
```

```
            case COMMAND_LEFT_ID:                     //识别出第三条命令
                TurnLeft();                           //执行动作三:左转
                break;
            case COMMAND_RIGHT_ID:                    //识别出第四条命令
                TurnRight();                          //执行动作四:右转
                break;
            default:
                break;
        }
    }
}
//================================================================
//语法格式: void IRQ5(void);
//实现功能: 中断服务子函数
//参数:无
//返回值:无
//================================================================
void IRQ5(void)__attribute__((ISR));                  //运动定时控制
void IRQ5(void)
{
    if(uiTimecont ++ == uiTimeset)
    {
        * P_IOB_Data = 0x0000;
    }
    * P_INT_Clear = 0x0004;
}
//================================================================
//语法格式: int main(void);
//实现功能: 主函数
//参数:无
//返回值:无
//================================================================
int main(void)
{   unsigned int BS_Flag;                             //Train 标志位

    * P_IOA_Dir = 0xff00;                             //初始化 IOA,IOA0~7 下拉输入
    * P_IOA_Attrib = 0xff00;
    * P_IOA_Data = 0x0000;

    * P_IOB_Dir = 0x0f00;                             //初始化 IOB,IOB8~11 同向输出
    * P_IOB_Attrib = 0x0f00;
    * P_IOB_Data = 0x0000;

    BSR_DeleteSDGroup(0);                             //初始化存储器 RAM
    BS_Flag = * (unsigned int * )0xe000;              //读存储单元 0xe000
```

```
    if(BS_Flag == 0xffff)                          //没有经过训练(0xe000内容为0xffff)
    {
        TrainSD();                                 //训练
        StoreSD();                                 //存储训练结果(语音模型)
    }
    else                                           //经过训练(0xe000内容为0x0055)
    {
        LoadSD();                                  //语音模型载入识别器
    }
    PlaySnd(S_START,3);                            //开始识别提示
    BSR_InitRecognizer(BSR_MIC);                   //初始化识别器
    while(1)
    {
        BSR();
        if((*P_IOA_Data)&0x0004)                   //是否重新训练
        {
            F_FlashErase(0xe000);
            while(1);
        }
    }
}
```

5.7 系统实现

5.7.1 系统调试

本题目设计采用 unSP IDE 2.0.0 开发软件进行相关设计。其具体调试步骤如下：

① 下载并安装 unSP IDE 2.0.0 开发软件。

② 新建工程，打开 unSP IDE 2.0.0 软件，选择 File→New 菜单项，在弹出的对话框中选择 Project 并输入要建立的工程名以及选择保存路径，如图 5.7.1 所示。

③ 编辑程序。选择 File→New 菜单项，在弹出的对话框中选择 File，选择要编辑的程序类型，并输入要建立的程序文件名及保存路径。在弹出的空白文档中编辑程序，编辑好之后保存文档，如图 5.7.2 所示。

④ 复制语音识别、语音播放需要的支持文件到项目所在文件夹。

- 语音识别函数库 bsrv222SDL.lib，语音识别头文件 bsrSD.inc 和 bsrSD.h。在 IDE 安装目录的 Example → IntExa → ex07_Recognise 文件夹下可以找到函数库 bsrv222SDL.lib，语音识别头文件 bsrSD.inc、bsrSD.h，将这三个文件复制到 CarDemo 项目文件夹里。

- 语音播放支持文件 Sacmv26e.lib、Hardware.asm、Hardware.inc。在"IDE 安装目录→Example→61_Exa→Record"文件夹下可以找到语音播放支持文件 sacmv26e.lib、

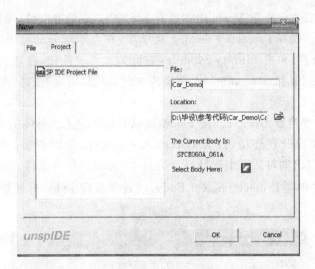

图 5.7.1　新建工程

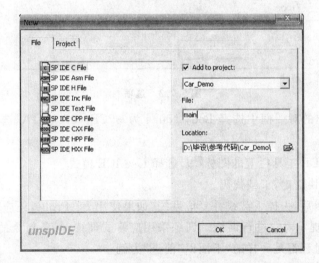

图 5.7.2　新建程序

hardware.inc 和 hardware.asm,将这三个文件复制到 CarDemo 项目文件夹里。
- 由于本设计采用的是 SACM_S480 语音压缩算法,所以还需要 SACM_S480 头文件 S480.h。

⑤ 用 PC 录制提示语音及小车应答音,每一条语音不能太长,1.3 s 为宜。注意保存文件名不要包含中文。

⑥ 利用凌阳语音压缩工具 Compress Tool 将录好的语音压缩成 S480 格式。在 CarDemo 项目文件夹里新建一个 Voice 文件夹,然后把压缩后的语音资源文件复制到 Voice 文件夹里。

⑦ 将上述文件所有的文件添加到项目中:
- 添加支持文件。选择 Project→Add to Project→Files 菜单项,然后在弹出的对话框中选择 robot 项目文件夹中的 bsrSD.inc、bsrSD.h、Hardware.asm、Hardware.inc、S480.h、S480.inc 6 个文件,单击"确定"按钮。
- 添加资源文件。选择 Project→Add to Project →Resource 菜单项,然后在弹出的对话框中选择项目文件夹下 Voice 中的所有 S480 格式的语音文件,单击"确定"按钮。
- 添加库文件。选择 Project→Setting 菜单项,在左半部分的目录树中点选根目录,然后选择 Link 栏,单击 Library Modules 右面的文件夹按钮,在项目所在文件夹中选择 bsrv222SDL.lib 和 Sacmv26e.lib 两个库文件,单击"确定"按钮。

⑧ 代码下载:

硬件连接完成,并检查无误之后,接下来就可以下载程序了。具体的步骤如下:

第一步:打开集成开发环境,打开 CarDemo.spj 文件,编译链接。(注意:如果看不到 CarDemo.spj,请在弹出的对话框中选择打开类型为 spj 或者所有文件。)

第二步:选择菜单项 Project→Select Body,或者单击 图标,打开如图 5.7.3 所示的对话框。

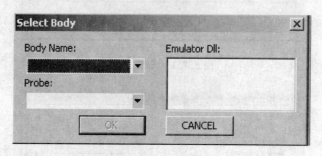

图 5.7.3 选项

第三步:在弹出的对话框中选择 Body Name 为 SPCE060A_061A,选择 Probe 为 Auto,单击 OK 按钮确定。

第四步:单击 IDE 工具栏上的图标 ,选择 Use ICE 模式。

第五步:按 F8 快捷键,下载代码。

成功下载程序以后,去掉下载线并复位系统(如果使用 EZ-Probe,还应将 Probe 选择跳线 S5 拔去),小车就会提示对它进行训练。训练采用应答式训练,每条指令的训练次数为两次,每一条命令的训练过程都是一样的,下面以"前进"为例。

步骤一:小车提示"前进";

步骤二:告诉小车"前进";

步骤三:小车提示"请再说一遍"(重复训练提示音);

步骤四:再次告诉小车"前进"(重复训练一次)。

5.7.2 系统硬件实现

1. 训练小车

这是一个完整的训练过程,如果训练成功,那么小车会自动进入下一条指令的训练,并会提示下一条指令对应的动作;如果没有训练成功,那么小车会提示"说什么暗语呀"或者"没有听到任何声音"等信息,这样的话就要重复刚才所说的四个步骤,直到成功为止。

整个的训练过程共有 5 次这样的训练,依次为:名称—前进—后退—左拐—右拐。

训练完小车之后,怎样进行声控操作,让小车运动或者停下来呢?

可以直接对小车说前进,或者倒车、左拐、右拐等,小车如果识别出指令会有一个回应信号,告知它要执行的动作,然后执行该动作。如果想要小车执行其他动作,直接告诉小车将要执行动作对应的指令即可。比如,在前进时告诉小车"倒车",小车识别出之后就会直接倒车。

如果在小车运动的过程中想要小车停下来,可以直接呼叫小车的名字,小车准确识别之后就会停下来。

2. 重新训练

在实际使用过程当中,可能会对训练的结果不满意,或者其他人也想对它进行训练、控制。这样就要求小车可以被重新训练。为此,我们把61板的KEY3键定义为重新训练按钮,系统运行之后就会不断地扫描61板的KEY3键。如果检测到KEY3键按下,那么程序首先会把训练标志位(0xe000)单元擦除,并会进入一个死循环等待复位的到来。复位到来之后,程序检测到训练标志单元内容为0xffff,认为小车没有经过训练,就会要求对它进行训练。

5.7.3 注意事项

① 一定要注意电池的正负极性,切勿装反;
② 长期不使用时请将电池取出电池盒;
③ 由于语音信号的不确定性,所以语音识别的过程会出现一定的误差和不准确性;
④ 由于小车行动比较灵活,速度比较快,因此,在使用时一定要注意保证场地足够大,并且不会对周围的物体造成伤害;
⑤ 不要让小车长时间运行在堵转状态(由于小车所受阻力过大,造成小车电机加电但并不转动的现象),这样会造成很大的堵转电流,有可能会损坏小车的控制电路。

5.7.4 常见问题及解决办法

在程序中有几个地方不易理解,需要特别说明一下。

第一,小车有没有被训练过是怎么知道的?

小车程序中利用了一个特殊的FLASH单元,即语音模型存储区首单元(该示例程序中为0xe000单元)。当FLASH在初始化以后或者在擦除后,存储区单元的值为0xffff;成功训练并存储后则为0x0055(该值由辨识器自动生成)。这样就可以根据这个单元的值来判断是否经过训练。

第二,为什么已经训练过的系统在重新运行时还要进行模型装载?

在首次训练完成之后,辨识器中保存着训练的模型,但是系统一旦复位,辨识器中的模型就会丢失,所以在重新运行时必须把存储在FLASH中的语音模型装载到辨识器(RAM)中去。

第三,转弯时,为什么前轮要先做一个反方向的摆动?

这是为了克服车体的限制,由于前轮电机的驱动能力有限,有时会出现前轮偏转不到位的情况,所以在转弯前首先让前轮朝反方向摆动,然后再朝目标方向摆动。这样前轮的摆动范围更大,惯性更大,摆幅也最大,能更好实现转弯。

关于语音的一些具体问题请参看SPCE061A单片机相关书籍中关于语音部分的介绍。

第 6 章 超声波倒车雷达的设计与应用

6.1 案例点评

近年来,随着汽车产业的迅速发展和人们生活水平的不断提高,我国的汽车数量正逐年增加;同时,非职业汽车驾驶人员的比例也逐年增加。在公路、街道、停车场、车库等拥挤、狭窄的地方倒车时,驾驶员既要前瞻,又要后顾,稍微不小心就会发生追尾事故。因此,增加汽车的后视能力,研制汽车后部探测障碍物的倒车雷达便成为近些年来的研究热点。

倒车雷达又称泊车辅助系统,一般由超声波传感器(俗称探头)、控制器和显示器等部分组成,现在市场上的倒车雷达大多采用超声波测距原理,驾驶者在倒车时,启动倒车雷达,在控制器的控制下,由装置于车尾保险杠上的探头发送超声波,遇到障碍物,产生回波信号,传感器接收到回波信号后经控制器进行数据处理,判断出障碍物的位置,由显示器显示距离并发出警示信号,得到及时警示,从而使驾驶者倒车时做到心中有数,使倒车变得更轻松。

倒车雷达的提示方式可分为液晶、语言和声音三种;接收方式有无线传输和有线传输等。本方案采用语音提示的方式,利用 SPCE061A 单片机所具备的单芯片语音功能,外接三个超声波测距模组,组成一个示例的倒车雷达系统,语音提示报警(0.35~1.5 m)范围内的障碍物。

6.2 设计任务

利用 SPCE061A 单片机、三个 V2.0 版本的超声波测距模组实现超声波倒车雷达,要求具有下述功能:

① 可以语音提示模组范围内(0.35~1.5 m)的障碍物;
② 语音提示可指明哪一个方向(或区域)有障碍物在探测范围内;
③ 利用三个 LED 发光二极管表示三个传感器探测范围内是否有障碍物,当在探测范围内有障碍物时,发光二极管以一定频率闪烁,闪烁的频率以距离定,距离越近,频率越高。

本方案要求所有的语音资源、程序代码都存放在 SPCE061A 片内 FLASH 中。当语音播报时,如果检测到左后方有障碍物,则语音播放:"左后方";如果右后方有障碍物,则语音播放:"右后方";当检查到中间传感器的探测范围内有障碍物时,语音播放:"后方"。而连续播放提示的间隔,要大于或等于 3 s,以免过于频繁地播报语音。

6.3 方案选择

方案一:倒车视线不良一直是困扰驾驶员的难题,能在倒车时知道车后状况的装备应运而生,它就是倒车雷达。最早出现的"倒车请注意,倒车请注意"的语音提示,只能起到警示附近行人的目的,对驾驶者掌握车后状况毫无帮助。

方案二：较早出现的蜂鸣器提示，在倒车时，喇叭发出"滴滴滴"的响声，这是倒车雷达系统的真正开始，倒车时在车后一定距离内有障碍物，蜂鸣器就会开始工作，鸣声越急，表示车辆离障碍物越近。进化到现在的倒车后视系统，在车尾安装摄像头，并把摄像头的图像传送到驾驶室的显示屏。

前者比较简单，而后者价格比较昂贵。本系统综合二者的优点，利用超声波测距原理测量车后障碍物到车尾的距离，并根据距离的远近来给驾驶者提示不同级别的发光灯预警和声音预警，发光灯预警仅仅采用发光二极管的闪烁频率来表示障碍物距离汽车的距离，并不用摄像头，声音预警采用喇叭进行语音提示。利用超声波测距原理的倒车雷达预警系统具有迅速、方便、易于做到实时控制等特点，使系统的测量精度完全能够达到实用的目的。

6.4 系统结构与工作原理

6.4.1 系统结构

本系统以 SPCE061A 为核心，使用凌阳科技教育推广中心的 61 板，三个超声波测距模组 V2.0 依次排布，组成线阵的传感器阵列；另外，还接有转接板、发光二极管显示模块。系统组成如图 6.4.1 所示。

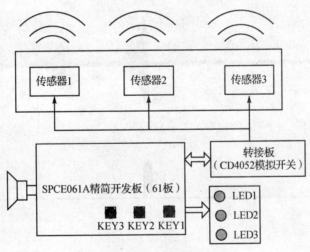

图 6.4.1　系统整体框图

SPCE061A 单片机作为主控芯片，通过 I/O 端口来控制 CD4052，以选择不同的传感器通道，本方案采用单片机的 IOB0 和 IOB1 控制 CD4052 的 A0 和 A1，而 IOB2 作为检测超声波模组返回的信号，IOB9 为 SPCE061A 的 Timer B 复用，产生 40 kHz 的脉冲信号，作为控制超声波模组发射超声波信号的端口。这样通过 CD4052 的通道切换，就可以利用较少的端口来完成多个模组的切换使用了。

另外，超声波测距模组采用的是脉冲测量法，其实是测量发射超声波的时刻与接收到反射回波信号的时刻之间的时差，把超声波在空气中传播速度作为已知的条件，计算出被测目标与传感器之间的距离。为了保证测量的可靠，检测回波信号时，采用 SPCE061A 的外部中断 EXT1 对回波的上升沿进行检测，而且利用 Timer B 进行计时。

在显示控制方面,系统分别利用 IOA8、IOA9、IOA10 三个端口控制三个发光二极管。在探测范围内有障碍物时,发光二极管以一定频率闪烁,闪烁的频率以距离定,距离越近频率越高。

6.4.2 超声波测距原理

超声波脉冲法测距原理:声波在其传播介质中被认为是纵波,当声波受到尺寸大于其波长的目标物体阻挡时就会发生反射,反射波称为回声。假如声波在介质中传播的速度已知,并且声波从声源到达目标然后返回声源的时间可以通过测量得到,那么就可以计算出从声源到目标的距离。这就是本系统的测距原理。这里声波传播的介质为空气,采用的是不可见的超声波。

假设室温下声波在空气中的传播速度是 335.5 m/s,测量得到的声波从声源到达目标然后返回声源的时间是 t(单位 s),那么声波经过的距离 d 可以由下式计算:

$$d = 33550 \text{ cm/s} \times t$$

因为声波经过的距离 d 是声源与目标之间距离的两倍,所以声源与目标之间的距离应该为 $d/2$。

(1) 超声波测距模组信号

图 6.4.2 所示为超声波模组上 NE5532 的 7 引脚处和模组的 J4 的 40KHz_SEND 引脚上测量的波形图,而传感器距目标表面的距离为 2 m。

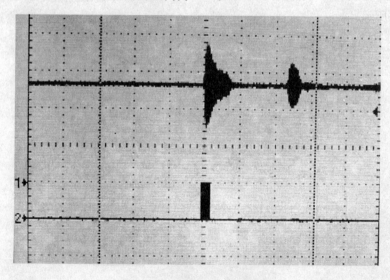

图 6.4.2 超声波信号测量图

图 6.4.2 中的波形为示波器抓拍图,通道 1 为 NE5532 的引脚 7 处测得的波形,即上方的波形;通道 2 为 J4 的 40KHz_SEND 引脚上测得的波形。由图可见,接收回路中测得的超声波信号共有两个波束。第一个波束为余波信号,即超声波接收头在发射头发射信号(一组 40 kHz 的脉冲)后,马上就接收到了超声波信号,并持续一段时间;另一个波束为有效信号,即经过被测物表面反射的回波信号。超声波测距时,需要测的是开始发射到接收到信号的时间差,在图 6.4.2 中就可看出,需要检测的有效信号为反射物反射的回波信号,故要尽量避免检测到余波信号,这也是超声波检测中存在最小测量盲区的主要原因。

(2) 软件控制脉冲发射、检测回波信号

模组配套的 DEMO 程序采用的是脉冲测量法,由 SPCE061A 控制模组发生 40 kHz 的脉冲信号，每次测量发射的脉冲数至少要 12 个完整的 40 kHz 脉冲。在发射信号的同时要打开计数器，进行计时，等计时到达一定值后再开启检测回波信号，以避免余波信号的干扰。

采用外部中断对回波信号(回波信号送到单片机的唯一序列方波脉冲)进行检测。接收到回波信号后，马上读取计数器中的数值，此数据即为需要测量的时间差数据。为避免测量数据的误差，DEMO 程序中对测距数据的处理方法是：每进行一次测距都要测量多次，即取得多组数据，经过处理后得到这一次测距值。

6.5 系统硬件设计

6.5.1 放音模块

语音提示：放音利用的是 SPCE061A 内部的 DAC，电路如图 3.4.7 所示。图中的 SPY0030 是凌阳公司的产品。和 LM386 相比，SPY0030 还是比较有优势的，比如 LM386 工作电压需高于 4 V，而 SPY0030 仅需 2.4 V(2 节电池)即可工作；LM386 的输出功率在 100 mW 以下，而 SPY0030 约 700 mW。其他特性请参考 SPY0030 的数据手册。

6.5.2 超声波测距模块 V2.0

1. 超声波测距原理框图

超声波测距模块主要包括两大部分，即超声波发射部分和超声波接收部分，主要是利用超声波的发送和回波接收时差测量目标距离，结构如图 6.5.1 所示。

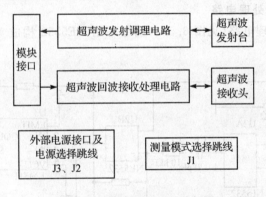

图 6.5.1 超声波测距结构框图

一般应用时，只需要用两条 10 Pin 排线把 J5 与 SPCE061A 的 IOB 口低 8 位相连接，J4 与 IOB 口高 8 位连接，同时设置好 J1、J2 跳线就完成硬件的连接了。不同测距模式的选择只需改变测距模式跳线 J1 的连接方法即可。

模组提供了两种电源输入方式，一种是用 61 板(或其他开发板)通过 10 Pin 排线为模组供电(61 板上 J5 选择 5 V，最好不要低于 4.5 V)，此时要把 J2 跳接到 5 V 的一端；另一种是直接供电，通过模组上的电源输入口 J3 引入，此时需要把 J2 跳线调到 IN 的一端。外接电源只是为了给模组提高超声波发射功率与后级运放的功能，最高不超过 12 V。本次实验采用的是 61 板供电。

2. 超声波谐振频率调理电路

由单片机产生 40 kHz 的方波，并通过模组接口 J4 送到模组的 CD4049，而后面的 CD4049 则对 40 kHz 频率信号进行调理，以使超声波传感器产生谐振。超声波谐振频率调理电路如图 6.5.2 所示。

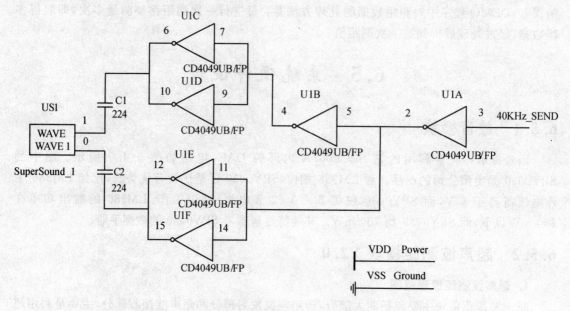

图 6.5.2　超声波谐振频率调理电路图

3. 超声波回波接收处理电路

超声波回波接收处理电路（见图 6.5.3）前级采用 NE5532 构成 10 000 倍放大器，对接收

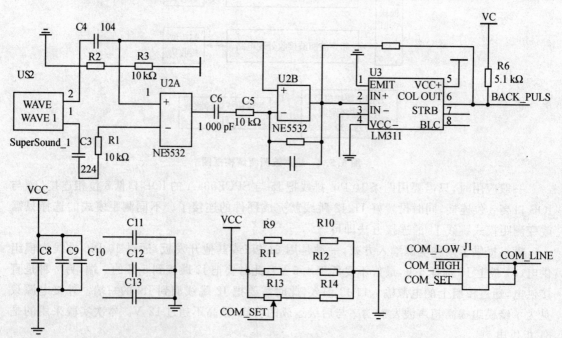

图 6.5.3　超声波回波接收处理电路图

信号进行放大；后级采用 LM311 比较器，对接收信号进行调整。LM311 的引脚 3 为比较电压，可由 J1 跳线选择不同的比较电压以选择不同的测距模式。

6.5.3 转接板电路

因为使用了多组超声波模组，所以本方案需要使用一块 CD4052 模拟开关制作的转接板。

本方案设计，会涉及到多路传感器选通控制，所以为了可靠地实现硬件的连接，需要制作一个利用模拟开关设计的转接板。超声波测距模组在使用时，只需要两个端口就可完成测距，一个用于控制超声波的发射，另一个用于检测超声波信号的接收信号。而在超声波测距模组中，这两个信号都为数字信号，对模拟开关的要求并不严格，所以选用 CD4052 作为模拟开关器件。

CD4052 相当于一个双刀四掷开关，开关接通哪一通道，由输入的两位地址码 A0 和 A1 来决定。其内部结构如图 6.5.4 所示。

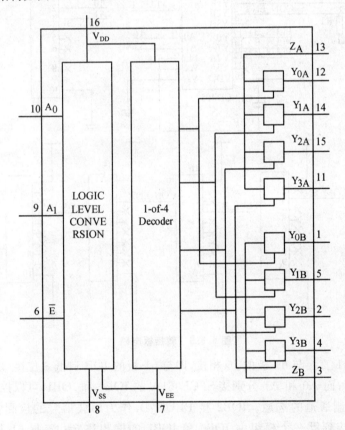

图 6.5.4　CD4052 内部结构图

$\overline{E}$ 是禁止端，当 $\overline{E}=1$ 时，各通道均不接通。此外，CD4052 还设有另外一个电源端 V_{EE}，以作为电平位移时使用，从而使得通常在单组电源供电条件下工作的 CMOS 电路所提供的数字信号能直接控制这种多路开关，并使这种多路开关可传输峰-峰值达 15 V 的交流信号。例如，若模拟开关的供电电源 $V_{DD}=+5$ V，$V_{SS}=0$ V，当 $V_{EE}=-5$ V 时，只要对此模拟开关施加 0~5 V 的数字控制信号，就可控制幅度范围为 -5~+5 V 的模拟信号。

CD4052 地址选择真值表见表 6.5.1。

表 6.5.1 CD4052 地址选择真值表

输入			通道 ON	输入			通道 ON
$\overline{E}$	A1	A0		$\overline{E}$	A1	A0	
L	L	L	$Y_{0A}—Z_A;Y_{0B}—Z_B$	L	H	H	$Y_{3A}—Z_A;Y_{3B}—Z_B$
L	L	H	$Y_{1A}—Z_A;Y_{1B}—Z_B$	H	X	X	无
L	H	L	$Y_{2A}—Z_A;Y_{2B}—Z_B$				

转接板电路主要使用 CD4052 选择超声波模组,如图 6.5.5 所示。

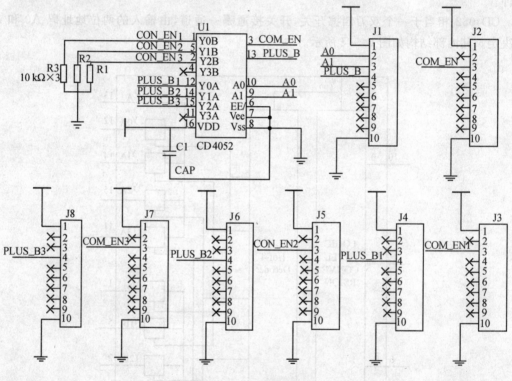

图 6.5.5 转接板电路

图 6.5.5 中 J1 直接与 61 板的 J6 相接,即与 61 板的 IOB 口低 8 位接口相连接,VDD 为 61 板供电,即 5 V;而 A0 和 A1 分别接 SPCE061A 的 IOB0 和 IOB1,可以控制 CD4052 的两个地址位,以便控制通道的选通。IOB2 接 PLUS_B,作为回波信号的检测输入,不过,经过 CD4052 的选通,接到哪一个模组由 IOB0 和 IOB1 的输出决定;J2 与 61 板的 J7 相连,即 COM_EN 接入 IOB9,将会由 SPCE061A 的 Timer B 产生 40 kHz 的信号,为超声波测距模组提供超声波信号。

CD4052 的另外一端,COM_EN1/2/3 分别接三个模组的发射使能,另外还用三个 10 kΩ 的下拉电阻接地,以保证没有选通的模组不会发射出超声波信号。

J3 和 J4 为一组,接一个超声波测距模组 V2.0 板上的 J4 和 J5 接口;而转接板上的 J5、J6、J7、J8 分别对应另外两个模组。

6.5.4 显示电路

显示电路较为简单,直接使用三个 I/O 口控制三个发光二极管,如图 6.5.6 所示。

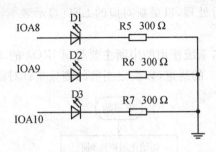

图 6.5.6 显示电路

6.6 系统软件设计

6.6.1 软件构成

本方案软件系统主要包含超声波测距程序、语音播放程序、中断程序、系统程序和主程序五大模块。

超声波测距程序:负责超声波测距的控制、结果计算等;另外,有部分代码在中断服务程序中,主要代码在 ultrasonic_App.c 以及 IRQ.c 文件中。

语音播放程序:语音播放控制,主要代码在 Speech.h 中;而语音中断服务程序在 isr.asm 文件中,但为了使语音播放程序在初始化时不影响用户的其他中断,在 isr.asm 当中还有一个中断初始化程序。

中断程序:主要指 IRQ.c 文件,包括超声波测距的中断服务代码及用于显示刷新的 IRQ4 中断服务程序。

系统程序:主要指 system.c 文件,包含系统端口初始化、测量结果处理以及显示刷新程序。

主程序:主控程序负责控制整个系统的工作流程。

软件系统使用的主要函数文件及其功能见表 6.6.1。

表 6.6.1 主要函数文件列表

主函数 main.c	控制整个系统流程
超声波测距程序 ultrasonic_App.c 和 IRQ.c	超声波测距的控制用于结果计算
语音播放程序 Speech.c 和 isr.asm	语音播放控制
系统程序 system.c	系统初始化设置
语音支持文件 hardware.asm	支持语音的播放
头文件 ultrasonic_App.h	包含外部函数的声明

6.6.2 主程序设计

主程序主要是对其他子程序的调用,系统是在不断地对三组超声波测距模组进行测距操作,并将每次测距的结果进行处理,以更新对应的 LED 显示频率设置,以及在符合要求的条件下进行语音提示播放。

主程序流程图 6.6.1 中,系统使用的中断主要是指 IRQ4 的 1 kHz 中断,而测量通道选择即通过 I/O 端口选通 CD4052 的通道,以决定当前的测量是针对哪一个超声波测距模组。

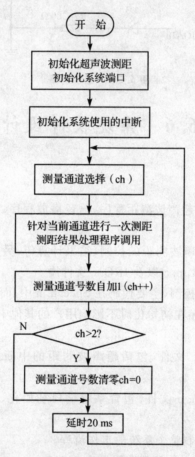

图 6.6.1 主程序流程图

主程序如下:

```
#include "SPCE061A.h"
#include "ultrasonic_App.h"
extern void Initial_IO(void);
extern void Channel_Sel(unsigned int ch);            //通道选择
extern void Result_Check(unsigned int ch,unsigned int Result[3]);  //Result_Check 函数用于测量
                                                     //结果,处理程序包括显示更新、语音播报
unsigned int Counter_1KHz = 0;                       //用于 1 kHz 中断处理,作为后台计数器用,用于延时
void Delay_1ms(unsigned int Timers)
```

```c
{
    Counter_1KHz = 0;                               //清零
    while(Counter_1KHz<Timers)                      //循环等待该计数器 1 kHz
    {                                               //中断当中计数达到预定值
        * P_Watchdog_Clear = 0x0001;
    }
}
int main(void)
{
    unsigned int Back_Data[3];
    unsigned int ch_Sel = 0;
    Initial_ult();                                  //测距初始化
    Initial_IO();                                   //初始化系统所使用的端口
    * P_INT_Ctrl = * P_INT_Ctrl_New|0x0020;         //打开 IRQ4 的 1 kHz 中断
    while(1)
    {
        Channel_Sel(ch_Sel);                        //选择通道
        Back_Data[ch_Sel] = measure_ult(0);         //进行一次测距
        __asm("irq on");                            //测距结束后要重打开 IRQ 中断
        Result_Check(ch_Sel,Back_Data);             //对每一通道测量结果进行处理

        ch_Sel ++ ;                                 //通道号数自动加 1
        if(ch_Sel>2) ch_Sel = 0;                    //如果通道数超过了预设的,则归零
        Delay_1ms(20);                              //延时 20 ms 后再进行下一通道的测量
        * P_Watchdog_Clear = 0x0001;
    }
}
```

在测距结果处理程序当中,系统会针对每一个通道的测距结果进行判断、处理,当某一通道的测距结果大于 1.5 m 时,则让对应的 LED 保持灭的状态,并将该通道的显示频率设置数据设为 0;当测距结果小于 1.5 m 时,则设置对应的显示频率设置数据,数据的大小与测量的结果按一定比例成正比即可。

此外,由于超声波测距模组 V2.0 版本的接口程序定义,当测量超时时,返回值为 0,即当超声波模组测量的目标超出最大测量范围时,测量结果为 0,所以程序里面可以对这个结果处理一下,当测量值为 0 时当作大于 1.5 m 处理。

测距结果处理程序会对当前的三组超声波测距模组所探测到的障碍物的距离进行判断,当有某一组或者一组以上的模组探测到障碍物在 0.35~1.5 m 范围内时,会进行语音提示的播放。

图 6.6.2 为测距结果处理流程图。图中,后方、左后方以及右后方,表示的是三个不同通道的超声波测距模组所测量的区域。

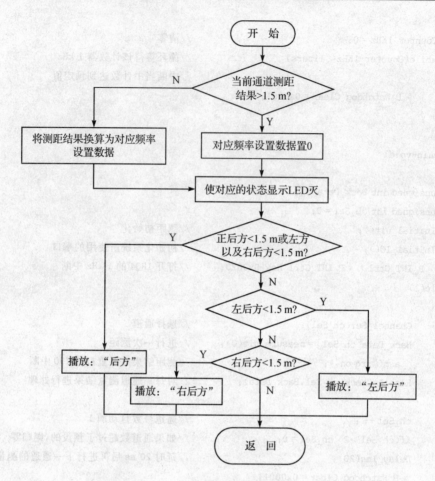

图 6.6.2 测距结果处理流程图

6.6.3 超声波测距程序

1. 单次测距控制程序

超声波测距的子函数流程见图 6.6.3。用户需要先调用模组接口初始化函数 void Initial_ult(void),再调用该函数 unsigned int measure_ult(unsigned int type),即可进行一次测距操作,函数返回值为测量结果。在单次测距函数当中,进入该函数进行测距,都会利用 Timer B 生成近似 40 kHz 的波形,通过 IOB9 口输出,而这样的波形输出仅会持续 0.5 ms 左右(实际上保证发送出去的 40 kHz 脉冲信号超过 20 个以上,具体的时长或个数由测距模式定),然后将 Timer B 设置为计数器模式,用来计量超声波从发射到接收的时间间隔长度,并启动 Timer B 的计时;当 Timer B 计时达到一定值时(具体的时间值由测距模式定)打开 EXT1 外部中断,等待回波反射的接收。当 EXT1 外部中断检测到回波信号的脉冲时,会在中断服务程序当中读取 Timer B 的计数值,并通过全局变量通知单次测距函数已接收到回波信号,以及所读取的当次计数值。每次测量接收到回波信号后,都会对测量的结果进行处理、换算,用户可以根据不同的应用对数据处理部分的程序作适当的调整。其中等待一定时间才开启 EXT1 外部中断的原因是:压电式的电声传感器存在余波干扰,而有部分声波会沿电路板直接传到接收头,经接收电路放大后,系统就有可能把它误认为是反射回来的回波信号。

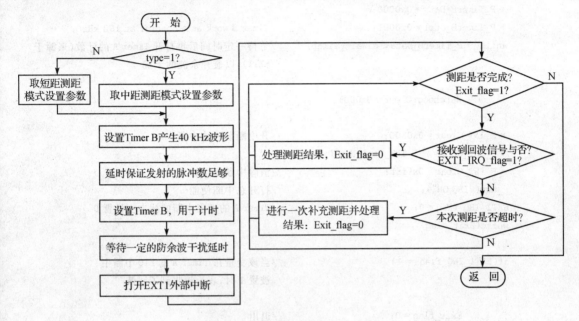

图 6.6.3　超声波测距子函数流程图

单次测量程序如下:

```
unsigned int measure_ult(unsigned int type)
{
    unsigned int Exit_flag = 1;
    unsigned int uiTemp;
    unsigned int uiResoult;
    unsigned int uiSend_Timer,uiWait_Timer,uiRes_Add;
    unsigned int uiSystem_Clock;
    uiSystem_Clock = * P_SystemClock;        //将当前的系统时钟设置暂时保存起来
    * P_SystemClock = 0x0088;                //将系统时钟设置为 49 MHz,分频比为 1,强振模式
    if(type)                                 //根据 type(即测距类型)选择不同的测距参数
    {
        uiSend_Timer = LONG_SEND_TIMER;
        uiWait_Timer = LONG_WAIT_DELAY;
        uiRes_Add = LONG_RES_ADD;
    }
    else
    {
        uiSend_Timer = LOW_SEND_TIMER;
        uiWait_Timer = LOW_WAIT_DELAY;
        uiRes_Add = LOW_RES_ADD;
    }
    * P_TimerB_Data = 0xfed2;
    * P_TimerB_Ctrl = 0x03c0;                //enable 40 kHz out
    Delay_ult(uiSend_Timer);                 //delay for send the signal
```

```c
    *P_TimerB_Ctrl = 0x0006;                    //stop 40 kHz out
    *P_TimerB_Data = 0x0000;
    *P_TimerB_Ctrl = 0x0001;                    //Timer B work as a counter at 192 kHz
    while(*P_TimerB_Data<uiWait_Timer)          //等待一定时间后再打开 Timer A 的计数(来源于
                                                //EXT1),以避开余波的干扰
    {
        *P_Watchdog_Clear = 0x0001;
    }
    *P_INT_Clear = 0x0100;                      //开中断前先清中断
    *P_INT_Ctrl = *P_INT_Ctrl_New|0x0100;
    *P_INT_Clear = 0xffff;                      //清除中断发生标志
    __asm("IRQ ON");                            //打开总中断使能
    EXT1_IRQ_flag = 0;                          //Timer A 的溢出中断的标志变量置 0
    while(Exit_flag)
    {
        if(EXT1_IRQ_flag == 1)                  //当该变量在 Timer A 的 FIQ 中断中
                                                //被置 1 时,表示接收到了回波
        {
            Exit_flag = 0;                      //退出
            Counter_buf = Counter_buf + uiRes_Add;  //计数值加上一定的调整数据
            uiResoult = Resoult_ult(Counter_buf);   //对计数值进行处理得出距离值
        }
        if(*P_TimerB_Data>10000)                //如计数值大于 10000,表示超时
        {
            Exit_flag = 0;                      //退出
            uiResoult = measure2_ult(type);
                                                //再进行一次补充的测距,将会
                                                //加长 40 kHz 信号发射的量
            *P_TimerB_Ctrl = 0x0006;            //stop Timer B
        }
        uiTemp = *P_TimerB_Data;
        *P_Watchdog_Clear = 0x0001;
    }
    *P_INT_Ctrl = *P_INT_Ctrl_New&(~0x0100);    //关掉外部中断
    __asm("IRQ OFF");                           //关掉总中断

    *P_SystemClock = uiSystem_Clock;            //恢复系统时钟的设置
    return uiResoult;
}
```

2. EXT1 外部中断程序

中断服务流程见图 6.6.4。当回波触发控制器的外部中断后,程序会转到 EXT1 外部中断服务子程序中,读取测量结果,并对数据做初步处理。

6.6.4 语音播放程序

全方案采用 A2000 的语音压缩算法,播放 A2000 格式的语音资源,作为语音提示的功能。为了让系统在语音播放期间其他的中断能照常工作,因此在每一次语音播放前,进行中断的初始化操作,实际上是利用了 SACM 语音库当中一个中断设置变量 R_InterruptStatus。该变量在语音库支持文件 hardware.asm 当中定义。每次进行语音播放的初始化操作时,语音库当中会从该变量读取之前用户设置的中断,并以此为基础设置语音库进行语音播放所需要打开的中断。因此,中断的初始化操作,也就是将当前用户的中断设置情况写入变量 R_InterruptStatus 中。

图 6.6.4 中断服务流程图

另外,为了防止语音播报过于频繁,本方案采用 2 Hz 时基进行计数,每次播放语音提示前,先判断距离上一次语音提示的播放是否超过 3 s(即 2 Hz 中断当中计数 6 次以上)。如果超过,则可以进行这次的播放;如果不符合要求,则退出。

图 6.6.5 为语音播放程序流程图。

语音播放的源程序如下:

```
#include "SPCE061A.h"
#include "A2000.h"
extern void Save_INTSetting(void);            //定义在 isr.asm 中
unsigned int Counter_2Hz = 7;                 //2 Hz 中断用的计数器,用于语音播放控制
    void PlaySnd_Auto(unsigned int uiSndIndex,unsigned int uiDAC_Channel)
{
    if(Counter_2Hz>6)                         //如果此数大于6,则表示距上次语音播
                                              //报超过了 3 s 了
    {
        Counter_2Hz = 0;                      //计数器清零
        *P_INT_Ctrl = *P_INT_Ctrl_New|0x0008; //重新打开 IRQ5 的 2 Hz 中断

        Save_INTSetting();                    //保存当前中断设置,并通知语
                                              //音库当前开放的中断

        SACM_A2000_Initial(1);                //初始化语音播放,自动方式
        SACM_A2000_Play(uiSndIndex,uiDAC_Channel,3); //播放语音
        while((SACM_A2000_Status() & 0x0001) != 0)   //判断当前是否在播放,
                                              //返回最低位为1则表示当前在播放
        {
            SACM_A2000_ServiceLoop();         //服务程序
            *P_Watchdog_Clear = 0x0001;
        }
```

```
        SACM_A2000_Stop();                           //停止
    }
}
```

　　IRQ5 的 2 Hz 中断服务程序当中,对一个用于计数(时)的变量进行累加,以配合语音播放程序当中对两次播放的时间间隔的判断。为了避免出现不断累加而溢出清零,在中断服务程序当中加入了限制,即当计数的变量计数值大于6(即超过了3 s),则关闭 IRQ5 的 2 Hz 中断,等待下次播放语音时再打开 2 Hz 中断。

　　IRQ5 的 2 Hz 中断服务程序的流程如图 6.6.6 所示。

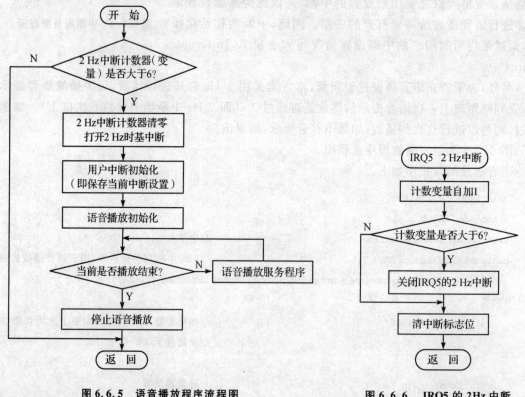

图 6.6.5　语音播放程序流程图　　　　　　图 6.6.6　IRQ5 的 2Hz 中断服务程序流程图

　　另外,语音播放程序还需要在 FIQ 的 Timer A 中断中调用语音播放的中断服务程序。由于比较简单,这里就不多作介绍,用户可以查看相关的实验指导书,原理上都是一样的。

6.6.5　显示刷新程序

　　本方案使用 IOA8、IOA9 和 IOA10 三个端口控制三个发光二极管(LED)的显示,每一个 LED 对应一个超声波测距模组,当探测到 0.35～1.5 m 范围内没有障碍物时,对应的 LED 是常灭的;当探测到 0.35～1.5 m 范围内有障碍物时,对应的 LED 则以一定频率闪烁,而且距离越近闪烁的频率越高。

　　系统以 IRQ4 的 1 kHz 中断对显示进行扫描,并设置有三个变量来保存对应传感器模组的频率设置数据,即 Show_Freq_Set[0]、Show_Freq_Set[1]和 Show_Freq_Set[2]。当频率设置数据的值为 0 时,系统而不对对应的 LED 也进行显示翻转,则对应的 LED 也不会闪烁。此外,系统还定义有三个变量(Show_Counter_1KHz[x],x=0~2)作为 1 kHz 的计数器以对应三个 LED,而当频率设置数据不为 0 时,计数器会不断地计数(以 1 kHz);当计数器的计数值累加到与频率设置数据一样时,则会使对应的 LED 显示状态进行输出翻转,并对计数器进行清零,周而复始。由此可知,当频率设置数据非零时,该数据越小,则对应 LED 的闪烁频率越高。

图 6.6.7 为在 IRQ4 的 1 kHz 中断程序当中调用的显示刷新程序流程图。

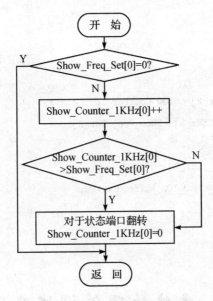

图 6.6.7 显示刷新程序流程图

说明:图 6.6.7 当中仅给出了针对一路传感器模组状态显示的流程图,即 Show_Freq_Set[0]的,其他两个 LED 显示刷新程序流程图也类似。

显示刷新程序代码如下:

```
void Show_Flag(void)
{
    if(Show_Freq_Set[0]!= 0)                        //第一组传感器(左)
                                                    //该显示频率设置的变量非零,表示要进行状态显示
    {
        Show_Counter_1KHz[0] = Show_Counter_1KHz[0]+1;//计数器加 1
        if(Show_Counter_1KHz[0]>Show_Freq_Set[0])   //如果计数达到了显示频率设置的值,
                                                    //表示需要对端口输出进行翻转
        {
            Show_Counter_1KHz[0] = 0;               //计数器清零
            *P_IOA_Data = *P_IOA_Buffer^0x0100;     //与 1 进行异或,相当于对该位
                                                    //进行取反
        }
    }
```

```
        if(Show_Freq_Set[1]!= 0)                        //第二组传感器(中)
        {
            Show_Counter_1KHz[1] = Show_Counter_1KHz[1] + 1;
            if(Show_Counter_1KHz[1]>Show_Freq_Set[1])
            {
                Show_Counter_1KHz[1] = 0;
                *P_IOA_Data = *P_IOA_Buffer^0x0200;
            }
        }
        if(Show_Freq_Set[2]!= 0)                        //第三组传感器(右)
        {
            Show_Counter_1KHz[2] = Show_Counter_1KHz[2] + 1;
            if(Show_Counter_1KHz[2]>Show_Freq_Set[2])
            {
                Show_Counter_1KHz[2] = 0;
                *P_IOA_Data = *P_IOA_Buffer^0x0400;
            }
        }
    }
```

6.7 系统软硬件调试及研究

6.7.1 软件调试

本题目设计采用 unSP IDE 2.0.0 开发软件进行相关设计。具体步骤如下：

① 新建项目文件，项目文件名为 Car_radar。

② 新建 C 文件，文件名称为 main，并编写主函数代码，添加到工程中。

③ 与②步的操作相同，依次建立 ultrasonic_App.c、system.c、Speech.c、IRQ.C、isr.asm 和 hardware.asm 共七个文件并添加到工程 Source Files 中。新建 ultrasonic_App.h 头文件，编写代码并添加到 Head Files 中。

④ 添加语音资源文件。

⑤ 添加相关的库文件和头文件。包括 A2000.h、A2000.inc、SPCE061A.h、SPCE061A.inc、hardware.asm 和 hardware.inc。将这些文件复制到项目文件中。另外，代码中用到库文件 CMacro1016.lib 和 sacmv26e.lib。

链接库文件的方法：选择 Project→setting→link 菜单项，添加库文件即可。

本次编译会出现如图 6.7.1 所示的缺少 A2000SPEECH 表的错误。

添加 SPEECH 表的方法：双击 resource.asm 文件，会弹出该文件窗口。在 end table 后添加如下代码：

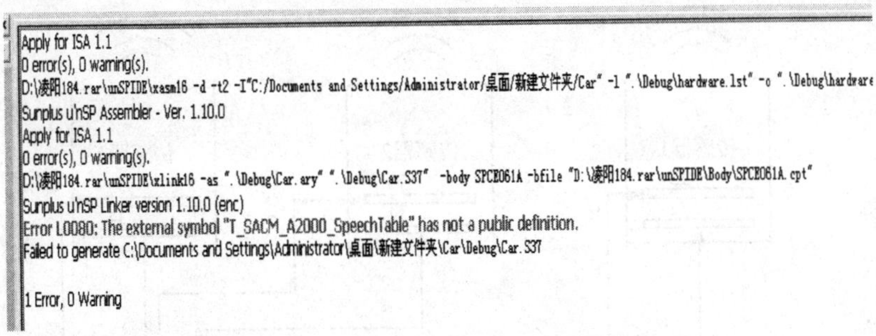

Apply for ISA 1.1
0 error(s), 0 warning(s).
D:\凌阳184.rar\unSPIDE\xasm16 -d -t2 -I"C:/Documents and Settings/Administrator/桌面/新建文件夹/Car" -l ".\Debug\hardware.lst" -o ".\Debug\hardware
Sunplus u'nSP Assembler - Ver. 1.10.0
Apply for ISA 1.1
0 error(s), 0 warning(s).
D:\凌阳184.rar\unSPIDE\xlink16 -as ".\Debug\Car.ary" ".\Debug\Car.S37" -body SPCE061A -bfile "D:\凌阳184.rar\unSPIDE\Body\SPCE061A.cpt"
Sunplus u'nSP Linker version 1.10.0 (enc)
Error L0080: The external symbol "T_SACM_A2000_SpeechTable" has not a public definition.
Failed to generate C:\Documents and Settings\Administrator\桌面\新建文件夹\Car\Debug\Car.S37
1 Error, 0 Warning

图 6.7.1 编译运行结果图

```
.PUBLIC T_SACM_A2000_SpeechTable
T_SACM_A2000_SpeechTable:
    .DW _RES_LEFT_24K_SA            //左后方
    .DW _RES_BACK_24K_SA            //后方
    .DW _RES_RIGHT_24K_SA           //右后方
```

再次编译运行，连接好硬件，下载程序。

6.7.2 硬件连接及功能实现

由于本系统对电源有一定的要求，所以在制作时，需要给 61 板接入 5 V 的电源(并非使用电源盒)，并将 61 板上的端口电平选择跳线 J5 跳到 5 V 一端，使端口的高电平为 5 V，并通过 61 板的 I/O 接口(J6)给转接板、超声波测距模组进行供电。

本方案当中，转接板的设计如图 6.7.2 所示。图中，J1 接 61 板的 J6，J2 接 61 板上的 J7，作为 CD4052 选通的控制端口以及超声波测距的接口；J3～J8 分别接三组 V2.0 版本的超声波测距模组。

CD4052
J1
J2
J3
J4
J5
J6
J7
J8

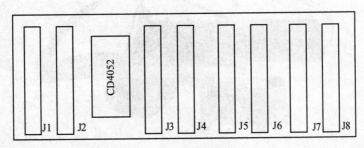

图 6.7.2 转接板示意图

整个系统的硬件连线示意图如图 6.7.3 所示。

在使用超声波测距模组时，J1 测距模式选择在短距测距模式选项。另外，还需要将 J2 跳线设置在 5 V 一端。

系统硬件连接好以后，硬件连接如图 6.7.4 所示，便可以将程序下载到 61 板当中。可以利用实物对超声波测距模块进行检测，可以听到语音报警，并可以看到发光二极管随着距离的靠近，闪烁频率变快。

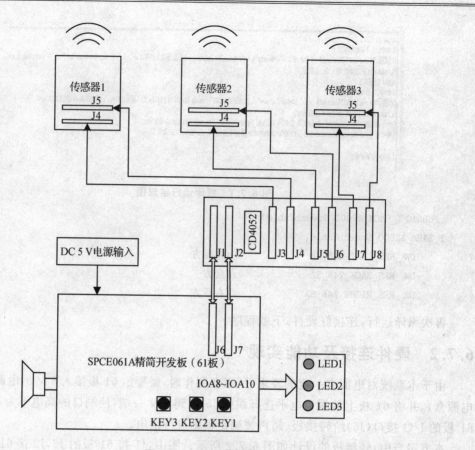

图 6.7.3　硬件连接图

图 6.7.4　单个测距模组硬件实物图

第 7 章　环境测试仪系统的设计与应用

7.1　案例点评

随着人们物质生活水平的提高,人们对生活质量的要求越来越高,而基于单片机的环境测试仪正好满足了这一需求,因此,本设计具有一定的实用性,发展空间很大。从实现角度来看,这是一个典型的软硬件结合的题目,在硬件方面,要求学生对单片机、温度传感器和光传感器等有比较深入的了解,能画出原理图并焊接硬件板,而且能搭建和调试简单的硬件环境;在软件方面,要求学生能用汇编语言或 C 语言编写单片机程序。虽然难度不大,但涉及的内容和知识点很多,工作量大,是对学生计算机软硬件知识的一个综合锻炼。通过这个题目,学生可以系统地理解嵌入式系统的整体构架。这是一个综合性很强的应用型题目。

7.2　设计任务

利用 61 板作为控制板,通过传感器模组进行温度和光线的测量,并能实现温度值和光线状况的播放功能:

① 监测环境光线状况,并根据光线强弱进行温馨提示:如果光线太弱,则系统播报"光线太弱,请注意保护眼睛";如果光线太强,则系统播报"光线太强,请注意保护眼睛"。
② 通过 61 板的 KEY3 键启动温度测量,并播放当前环境的温度值和光线状态。
③ 测量温度最小单位为 1 ℃。
④ 光线检测分为三个等级:光线太强、光线太弱和光线柔和。

扩展方案:
① 扩展时钟功能,使得环境测试仪功能更具综合性;
② 扩展 SPLC501A 液晶显示模组显示时间、温度及光线状况;
③ 扩展 SPR4096 存储器/SD 卡存储温度及光线状态记录;
④ 利用 SPLC501A 液晶显示模组显示中文菜单,以方便查看历史记录;
⑤ 详细记录每日的平均温度值和光线状态;
⑥ 利用键盘控制历史记录的查看,当翻到自己要找的日期的温度时,可查看详细记录;
⑦ 扩展 UART 模组,实现远距离监测。

7.3　设计意义

基于 SPCE061A 单片机的环境测试仪系统设计是一个综合性很强的应用型题目,实现难度不大,但是涉及的知识很多,工作量大,是对学生软硬件知识的一次综合锻炼,也有助于理解温度传感器和光传感器的工作原理,对嵌入式应用系统的过程及方法也可以有一个全面的了解。

7.4 系统结构和工作原理

本系统设计以 SPCE061A 单片机为主控制器,通过传感器模组测量温度和光线,并通过 61 板自带的扬声器播放测量结果。环境测试仪系统拓扑结构如图 7.4.1 所示。

图 7.4.1 环境测试仪系统拓扑结构图

本设计通过传感器模组中热敏电阻和光敏电阻的电压值来测量环境的温度和光线状况,这些电压值是通过 SPCE061A 自带的 ADC 模块进行采集的。61 板上的按键 KEY3 主要是用来启动温度的测量,测量的结果都通过 61 板自带的扬声器播放出来。环境测试仪系统框图如图 7.4.2 所示。

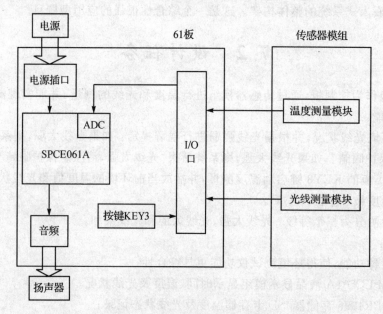

图 7.4.2 环境测试仪系统框图

环境测试仪系统工作过程为:光线测量模块测量光线状况,测量结果通过 SPCE061A 自带的 ADC 模块转换成数字信息,送入 SPCE061A 单片机进行处理,并通过扬声器播报当前光线状况,继而再扫描 KEY3 键是否被按下。如果 KEY3 键按下,则将温度测量模块的测量结果通过 SPCE061A 单片机自带的 ADC 模块转换后送入单片机处理,并通过扬声器播报当前温度状况;如果光线柔和,还会播报"光线柔和"。需要说明的是,系统一直监测环境光线状况,而只有 KEY3 键按下了,系统才监测温度状况,且每按一次 KEY3 键,单片机播报一次温度状况和温馨提示,而且只有光线柔和时,才会在播报完温度状况及温馨提示之后播报光线状况,即播报"光线柔和"。

7.5 硬件电路设计

7.5.1 器件选型

1. 单片机

单片机的种类很多,可供选择的也有很多,而本系统设计的要求是:要测量环境中的温度和光线,并将温度和光线测量模块测得的模拟信号转换成数字信号送给单片机处理,而单片机既要能处理送来的数字信号,又要实现语音播报功能。凌阳公司推出的SPCE061A单片机配有传感器模组(其中包含温度测量模块和光线测量模块),自带ADC模块,拥有数字信号处理(DSP)功能,拥有语音播报功能,满足全部要求,且该单片机集成度高并采用模块化设计,可以根据不同的需求添加不同的模块,使用起来很方便。因此,选用凌阳SPCE061A单片机作为本系统设计的单片机。有关这款单片机的介绍见第1章。

2. 温度测量模块

本系统设计中使用凌阳SPCE061A单片机自带的传感器模组中的温度测量模块。温度测量模块其实就是一个含有负温度系数热敏电阻的电路,通过测量电路中热敏电阻的输出电压TO的值来定性地反映出当前环境中的温度。

热敏电阻是由具有很高电阻温度系数的固体半导体材料构成的热敏类型的温度检测元件,按照温度系数不同分为正温度系数热敏电阻器(PTC)和负温度系数热敏电阻器(NTC)。正温度系数热敏电阻器(PTC)表现为在温度越高时电阻值越大;负温度系数热敏电阻器(NTC)表现为在温度越高时电阻值越低。本系统设计中选用的是负温度系数的热敏电阻。

负温度系数热敏电阻的工作特性:当温度低于某一温度T_0时,随着温度的变化,热敏电阻的阻值基本不变化;但是,当温度超过温度T_0时,随着温度的增加,热敏电阻的阻值急剧降低,表现为热敏电阻的阻值呈指数关系减小。

温度测量模块的工作原理:通过测量温度测量电路中热敏电阻的电压得到一个电压值,再去查存储器中存储的电压-温度表,就可以得出当前环境中的实际温度值。请注意:在用温度测量模块测量温度时,测量到的是与热敏电阻直接接触物体(包含空气)的温度,并且热敏电阻有一定的反应时间。

3. 光线测量模块

本系统设计中使用凌阳SPCE061A单片机自带的传感器模组中的光线测量模块。光线测量模块其实就是一个含有光敏电阻的电路,通过测量电路中光敏电阻的输出电压LO的值来定性地反映出当前环境的光线状况。

光敏电阻是利用半导体的光电效应制成的一种电阻值随入射光的强弱而改变的电阻器。根据光敏电阻的光谱特性,可分为三种光敏电阻器:紫外光敏电阻器、红外光敏电阻器和可见光光敏电阻器。紫外光敏电阻器对紫外线较灵敏,包括硫化镉、硒化镉光敏电阻器等,用于探测紫外线;红外光敏电阻器对红外线较灵敏,主要有硫化铅、碲化铅、硒化铅、锑化铟等光敏电阻器,广泛用于导弹制导、天文探测、非接触测量、人体病变探测、红外光谱和红外通信等国防、科学研究和工农业生产中;可见光光敏电阻器对可见光较灵敏,包括硒、硫化镉、硒化镉、碲化镉、砷化镓、硅、锗、硫化锌光敏电阻器等,主要用于各种光电控制系统,如光电自动开关门户,航标灯、路灯和其他照明系统的自动亮灭,自动给水和自动停水装置,机械上的自动保护装置和"位置检测器",极薄零件的厚度检测器,照相机自动曝光装置,光电计数器,烟雾报警器,光电跟踪系统等方面。因为可见光光敏电阻器对光的敏感性(即光谱特性)与人眼对可见光($0.4\sim0.76~\mu m$)的响应很接近,只要人眼可感受的光,都会引起它的阻值变化,所以本系统设计选用的是可见光光敏电阻。

可见光光敏电阻的工作特性:入射可见光光线增强,光敏电阻阻值减小;入射可见光光线减弱,光敏电阻阻值增大。

光线测量模块的工作原理:通过测量光线测量电路中的光敏电阻的电压得到一个电压值,再将这个电压值和设定的两个电压界限(V_{LH}和V_{LL})进行比较。若所得电压值大于电压上限值(V_{LH}),则说明环境中光线太弱,此时系统该提示"光线太弱,请注意保护眼睛";若所得电压值小于电压下限值(V_{LL}),则说明环境中光线太强,此时系统该提示"光线太强,请注意保护眼睛";若所得电压值介于电压上限值(V_{LH})和电压下限值(V_{LL})之间,则说明环境中光线柔和,此时系统该提示"光线柔和"。

请注意:测量光线时,最好把整个光敏电阻暴露于测量环境下;当想用手遮住光线来检测光敏电阻是否正常工作时,最好用手掌而不要用手指,因为手指两侧会漏一些光线。

4. 扬声器

本系统设计中选用凌阳SPCE061A单片机自带的扬声器。

7.5.2 单元电路设计

1. 电源电路

因为传感器模组(包含温度测量模块和光线测量模块)和扬声器都是通过SPCE061A单片机进行供电,不需要额外的电源,所以只需选用一个电源用来给SPCE061A单片机供电即可。而我们选择的单片机和传感器模组(包含温度测量模块和光线测量模块)的工作电压都是3.0~5.5 V。而1节干电池的电压是1.5 V,如果选用2节就是3.0 V,刚好满足要求,但考虑到现实因素,可能不能使系统正常工作,如果选用4节干电池就是6.0 V,显然超过了器件的工作电压范围,所以选用3节干电池来给系统供电,也就是4.5 V,正好处在器件工作电压范围内,可以正常为系统供电,保证系统正常工作。其工作电路图参见第3章相关内容。

2. 单片机电路

本系统设计中使用了61板上的SPCE061A单片机的最小系统。61板包括SPCE061A芯片及其外围的基本模块,外围基本模块主要包括晶振输入模块(OSC)、锁相环外围电路(PLL)、复位电路(RESET)、指示灯(LED)等。更多的关于SPCE061A单片机的介绍见第1章。

3. 传感器模组

凌阳提供的传感器模组包括了温度/光线检测模块、红外发射接收模块和红外接收头模块,其结构如图7.5.1所示。用传感器模组可以实现的功能如下:

① 可以测量温度;
② 可以测量光线状况;
③ 可以进行障碍检测;
④ 可以接收来自遥控器的信号;

⑤ 可以模拟简易遥控器。

图 7.5.1　传感器模组结构示意图

由于在本设计中只需测量当前环境中的温度和光线状况，所以在本系统设计中只采用了其温度/光线检测模块，以此实现测量环境中的温度及光线状况。传感器模组实物图如图 7.5.2 所示。

图 7.5.2　传感器模组实物图

温度/光线检测模块电路如图 7.5.3 所示。电源电压经稳压管 TL431 稳压到 2.5 V，提供给由电阻 R8 和热敏电阻 R9 组成的分压电路以及 R10 和光敏电阻 R11 组成的分压电路，热敏电阻 R9 分得的电压通过 TO 输出，光敏电阻 R11 分得的电压通过 LO 输出。可以直接把 SPCE061A 单片机 ADC 的任一通道与 TO 或 LO 连接，利用单片机自带的 ADC 模块进行 A/D 转换，并计算出对应的温度和光线强度。

传感器模组不需要额外的电源对它进行供电，而是用 61 板的 I/O 口通过 10 Pin 线为模

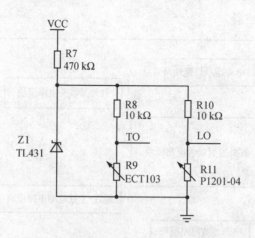

图 7.5.3　温度/光线检测模块电路图

组供电。其供电方式实物图和框图分别如图 7.5.4 和图 7.5.5 所示。传感器模组的应用接口列表见表 7.5.1。

图 7.5.4　供电方式实物图

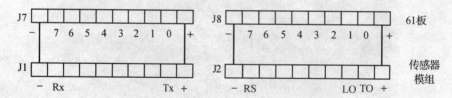

图 7.5.5　供电方式框图

表 7.5.1　传感器模组应用接口列表

标号	功能	使用说明
J1	红外对管（发射、接收）接口	可以直接用 10 Pin 排线与 61 板的 J7 连接，也可以用单根导线对应连接"＋"与"＋"，IOB8 与 Tx，IOB15 与 Rx，"－"与"－"
J2	红外接收头信号、热敏电阻、光敏电阻信号接口	可以直接用 10 Pin 排线与 61 板的 J8 连接，也可以用单根导线对应连接"＋"与"＋"，IOA0 与 TO，IOA1 与 LO，IOA7 与 RS，"－"与"－"

由于本系统设计只用到了温度/光线检测模块,所以只需要将 J2 口与单片机连接即可实现全部功能。可以直接用 10 Pin 排线连接 61 板的 J8 口(IOA 低 8 位)与传感器模组的 J2 口。61 板的 I/O 端口与传感器模组 J2 接口连接如表 7.5.2 所列。

表 7.5.2　61 板与传感器模组接线对照表

61 板 J8	传感器模组 J2	61 板 J8	传感器模组 J2
+	+	IOA1	LO
IOA0	T0	—	—

4. 扬声器

SPCE061A 单片机自带的扬声器其实是一个永磁喇叭,采用了凌阳功放芯片 SPY0030A,该芯片功能很强大,有很好的声音效果。SPY0030A 芯片是一个音频驱动,它的增益可以通过外部电阻进行调整,最大增益值是 20。SPY0030A 芯片的框图如图 7.5.6 所示。SPY0030A 芯片的引脚分布及各引脚描述分别如图 7.5.7 所示和表 7.5.3 所列。

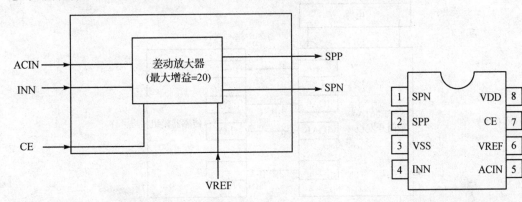

图 7.5.6　SPY0030A 芯片框图　　　　图 7.5.7　SPY0030A 芯片引脚分布图

SPY0030A 芯片的特性如下:
① 电压适应范围广,为 2.4～6.8 V;
② 双端输出模式;
③ 低失真:THD+N=0.55%(Typ)(当 V_{DD}=5.0 V,R=8.0 Ω,P_{out}=500 mW 时);
④ 高输出功率:P_{out}=825 mW(当 V_{DD}=5.0 V,THD+N=10%,f=1.0 kHz,RL=8.0 Ω时);
⑤ 低待机电流,为 1.0 μA。

表 7.5.3　SPY0030A 芯片引脚描述

引脚名称	引脚号	类型	描述	电压
VDD	8	输入	电源 VDD	2.4～6.8 V
VSS	3	输入	电源 VSS	—
SPP	2	输出	音频输出正极	—
SPN	1	输出	音频输出负极	—

续表 7.5.3

引脚名称	引脚号	类型	描述	电压
ACIN	5	输入	信号输入正极	—
INN	4	输入	信号输入负极	—
CE	7	输入	芯片选通	—
VREF	6	输出	参考电压	$V_{DD}/2$

7.5.3 最终的电路

由上面所选的器件结合各单元电路可以设计出最终的总电路,即最终的硬件连接图。其中,传感器模组与单片机的连接已在前面详细讲述过,这里不再赘述。单片机自带了电池槽,只须把电池放入即可。最后将扬声器上带的 2 Pin 线插入单片机上选中的 DAC 通道输出口,至此,电路就连好了,可以进行试验了。环境测试仪系统硬件连接图如图 7.5.8 所示。

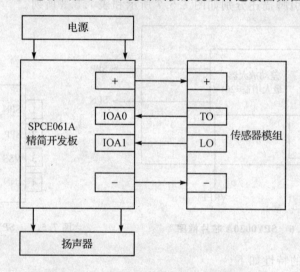

图 7.5.8 环境测试仪系统硬件连接图

7.6 软件设计

本系统软件中包括主程序、按键扫描程序、语音播放程序、温度测量程序和光线检测程序模块。

主程序:调用光线测量程序,检测光线状况,并根据检测状态调用语音播放程序进行相应的语音提示;调用按键扫描程序,扫描按键,判断 KEY3 键是否按下,如果按下,则调用温度测量程序,测量温度值,调用语音播报程序播报当前温度值。

按键扫描程序:扫描按键是否按下,返回扫描结果。

语音播放程序:语音播放程序包括两部分,分别是播放指定段的语音播放程序和播放指定三位数据的语音播放程序。

温度测量程序:测量环境中的温度,返回测得的环境温度值。

光线检测程序：测量环境中的光线状况,返回测得的环境光线状况。

7.6.1 主程序

主程序流程如图 7.6.1 所示。主程序的功能是：程序运行后检测光线状况,并根据检测状态进行相应语音提示,如果检测到 KEY3 键按下,测量温度,并播放当前温度值以及光线状态。

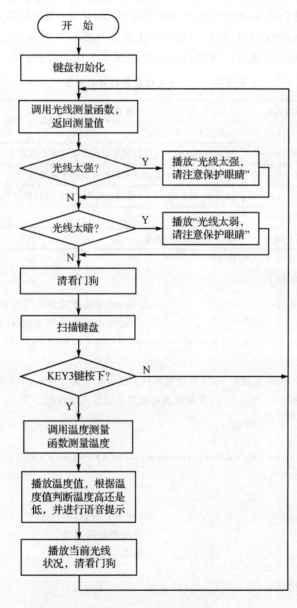

图 7.6.1 主程序流程图

主程序执行思想是：程序首先对键盘进行初始化,接下来调用光线测量程序测量当前环境中的光线状况,并返回测得的环境光线状况,主程序根据返回的环境光线状况进行判断,判断当前环境中的光线是太强、太弱还是柔和。如果是光线太强或者光线太弱就调用指定段的语音播放程序进行相应的语音提示;如果是光线柔和,则清看门狗,使看门狗能够正常地监视下一段执行的程序。再下来调用键盘扫描程序扫描键盘的 KEY3 键是否按下,并返回扫描值,主程序根据返回的扫描值判断 KEY3 键是否按下。只有当 KEY3 键按下,主程序才会调用温度测量程序测量当前环境中的温度,并返回测得的环境温度值。主程序调用指定段的语音播放程序和指定三位数据的语音播放程序播放当前温度值,并判断测得的环境温度值是太高、太低还是合适。如果是太高或者太低,则调用指定段的语音播放程序进行相应的语音提示。接下来判断前面测得的环境光线状况是否是柔和,如果是,则调用指定段的语音播放程序播放"光线柔和"。最后清看门狗,使看门狗能够去监视其他程序的执行。

主程序中将要用到的函数名称及其功能对照表如表 7.6.1 所列。

表 7.6.1 函数名称及其功能对照表

函数名称	函数功能
Key_Init	使键盘初始化
Light_Measure	测量当前环境中光线状况并返回测得环境光线状况
Temp_Measure	测量当前环境中温度并返回测得的环境温度值
KeyScan	扫描 61 板上的 KEY3 键是否按下并返回扫描值
PlaySnd	播放指定段
PlayData	播放指定的三位数据

主程序的部分代码如下:

```
unsigned int SFlag = 0;                    //SFlag 作为温度或者光线测量标志,测量温度
                                           //时,此标志置为 1;测量光线时,此标志置为 2
//==================================================================
//语法格式:int main(void)
//功能描述:主函数,检测光线状况,并根据检测状态进行相应语音提示,如果检测到
//         KEY3 键按下,测量温度,并播放当前温度值以及光线状态。
//入口参数:无
//出口参数:无
//==================================================================
int main(void)
{
unsigned int Key,Temp,Result;              //Key 保存键值,Temp 和 Result 分别保存温度和
                                           //光线测量返回值
    Key_Init();                            //键盘初始化
    while(1)
    {
        SFlag = 2;
        Result = Light_Measure();          //测量并播放光线状况,这个函数在光线测量
                                           //程序中定义
        if(Result == 1)                    //光敏电阻为>15 kΩ,太暗
        {
```

```c
        PlaySnd(20);                //播放"光线"
        PlaySnd(23);                //播放"太弱"
        PlaySnd(24);                //播放"请"
        PlaySnd(25);                //播放"注意保护眼睛"
    }
    if(Result == 2)                 //光敏电阻为<2 kΩ,光线太刺眼
    {
        PlaySnd(20);                //播放"光线"
        PlaySnd(22);                //播放"太强"
        PlaySnd(24);                //播放"请"
        PlaySnd(25);                //播放"注意保护眼睛"
    }
    if(Result == 0)                 //光敏电阻为 2 kΩ<R<15 kΩ,光线柔和
    {
        *P_Watchdog_Clear = 0x0001; //清看门狗
    }
    Key = KeyScan();                //键盘扫描,取键值
    if(Key == 0x0004)               //如果是 KEY3 键按下
    {
        SFlag = 1;
        Temp = Temp_Measure();      //测量并播放温度
        PlaySnd(20);                //播放"现在"
        PlaySnd(13);                //播放"温度"
        PlayData(Temp);             //播放温度值,PlayData()函数在语音播放程序中定义
        PlaySnd(12);                //播放"摄氏度"
        if(Temp>32)
        {
            PlaySnd(13);            //播放"温度"
            PlaySnd(14);            //播放"太高"
            PlaySnd(16);            //播放"请"
            PlaySnd(17);            //播放"调大"
            PlaySnd(19);            //播放"空调"
        }
        if(Temp<15)
        {
            PlaySnd(13);            //播放"温度"
            PlaySnd(15);            //播放"太低"
            PlaySnd(16);            //播放"请"
            PlaySnd(18);            //播放"调小"
            PlaySnd(19);            //播放"空调"
        }
        if(Result == 0)
        {
```

```
                PlaySnd(20);              //播放"光线"
                PlaySnd(21);              //播放"柔和"
            }
        }
        * P_IOA_Data & = 0xfffb;          //IOA2 口回低电平
        * P_Watchdog_Clear = 0x0001;      //清看门狗
    }
}
```

说明：凌阳 SPCE061A 单片机有专用的开发软件，即凌阳开发的 μ'nSP™ IDE 软件。基于 SPCE061A 单片机设计的程序都只能在 μ'nSP™ IDE 软件上编辑和编译。上面的主程序调用的语音播放程序应用了 μ'nSP™ IDE 软件包含的库函数 s480.h 中的 T_SACM_S480_SpeechTable。T_SACM_S480_SpeechTable 的具体内容如下：

```
T_SACM_S480_SpeechTable:
    .DW _RES_0_48K_SA          //0    "零"
    .DW _RES_1_48K_SA          //1    "一"
    .DW _RES_2_48K_SA          //2    "二"
    .DW _RES_3_48K_SA          //3    "三"
    .DW _RES_4_48K_SA          //4    "四"
    .DW _RES_5_48K_SA          //5    "五"
    .DW _RES_6_48K_SA          //6    "六"
    .DW _RES_7_48K_SA          //7    "七"
    .DW _RES_8_48K_SA          //8    "八"
    .DW _RES_9_48K_SA          //9    "九"
    .DW _RES_10_48K_SA         //10   "十"
    .DW _RES_BAI_48K_SA        //11   "百"
    .DW _RES_SHD_48K_SA        //12   "摄氏度"
    .DW _RES_WD_48K_SA         //13   "温度"
    .DW _RES_TGO_48K_SA        //14   "太高"
    .DW _RES_TAD_48K_SA        //15   "太低"
    .DW _RES_Q_48K_SA          //16   "请"
    .DW _RES_TD_48K_SA         //17   "调大"
    .DW _RES_TX_48K_SA         //18   "调小"
    .DW _RES_KT_48K_SA         //19   "空调"
    .DW _RES_XZ_48K_SA         //20   "现在"
    .DW _RES_GX_48K_SA         //20   "光线"
    .DW _RES_RUH_48K_SA        //21   "柔和"
    .DW _RES_TQ_48K_SA         //22   "太强"
    .DW _RES_TR_48K_SA         //23   "太弱"
    .DW _RES_Q_48K_SA          //24   "请"
    .DW _RES_ZYYJ_48K_SA       //25   "注意保护眼睛"
```

7.6.2 按键扫描程序

按键扫描程序的流程如图 7.6.2 所示。按键扫描程序的功能是：扫描按键是否按下，返回扫描结果。

本系统中只用到了一个按键——61 板上的 KEY3 键，这个键和 IOA2 连接。利用延时去抖的方法，先取一次端口数据，延时一段时间（一般延时几十毫秒即可），再取一次端口数据，如果二者相同，说明取到了正确的键值。

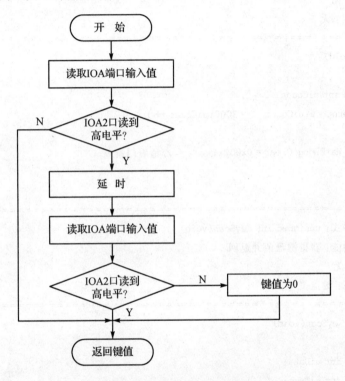

图 7.6.2 按键扫描程序流程图

按键扫描程序的执行思想是：读取 IOA 端口的输入值，判断 IOA2 口是否读到高电平，如果没有，则返回；如果读到了高电平，则延时再读取 IOA 端口的输入值，判断 IOA2 口是否读到高电平；如果没有，则返回键值 0；如果读到了高电平，则返回相应的键值，即 0x0004，表示 KEY3 键按下。

按键扫描程序的部分代码如下：

```
//========================================================
//     语法格式：void Key_Init(void)
//     实现功能：键盘初始化
//     参数：无
//     返回值：无
//========================================================
void Key_Init(void)
{
```

```c
    *P_IOA_Dir &= 0xfffb;              //初始化IOA2为带下拉电阻输入口
    *P_IOA_Attrib &= 0xfffb;
    *P_IOA_Data &= 0xfffb;
}
//================================================================
//      语法格式：void Delay(void)
//      实现功能：延时
//      参数：无
//      返回值：无
//================================================================
void delay(void)
{
    unsigned int uiCount;
    for(uiCount = 0;uiCount <= 3000;uiCount++)
    {
        *P_Watchdog_Clear = 0x0001;    //清看门狗
    }
}
//================================================================
//      语法格式：unsigned int KeyScan(void)
//      实现功能：获得键盘值并返回
//      参数：无
//      返回值：键盘值
//================================================================
unsigned int KeyScan(void)
{
    unsigned int uiData;
    unsigned int uiTemp;
    uiData = *P_IOA_Data;              //读取IOA端口输入
    uiData = uiData&0x0004;            //仅取低8位有效值
    if(uiData != 0)                    //非零则表示有键按下
    {
        delay();                       //延时消抖
        uiTemp = *P_IOA_Data;
        uiTemp = uiTemp&0x0004;        //仅取低8位有效值
        if(uiData != uiTemp)
            uiData = 0;                //两次读数不相等，则置返回值为0
    }
    return uiData;                     //返回键值
}
```

7.6.3 语音播放程序

语音播放程序包括两部分,分别是播放指定段的语音播放程序和播放指定3位数据的语音播放程序。指定段语音播放程序的功能是播放指定的字段,它的入口参数是要播放语音的索引号,通过索引号去库函数中找到相应的字段并播放。指定3位数据语音播放程序的功能是播放指定的3位数,它的入口参数是任意的3位数据。

1. 指定段语音播放程序

指定段语音播放程序的流程图如图7.6.3所示。

指定段语音播放程序执行思想是:输入语音索引号,程序获得语音索引号后用语音索引号去库函数中找出对应的字段,播放该字段,判断是否播放完,如果没有播放完则填充语音队列继续播放,如果播放完了则停止播放。

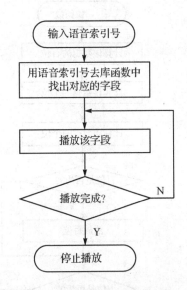

图7.6.3 指定段语音播放程序流程图

指定段语音播放程序代码如下:

```
//================================================================
//语法格式:void PlaySnd(unsigned int SndIndex)
//功能描述:指定段的语音播放函数
//入口参数:SndIndex:播放的语音索引号,索引顺序在Resource.asm中定义
//出口参数:无
//================================================================
void PlaySnd(unsigned int SndIndex)
{
    SACM_S480_Initial(1);                      //初始化为自动播放
    SACM_S480_Play(SndIndex,1,3);              //选择播放的段为第SndIndex
                                               //段,DAC1通道,声音可单入单出
    while((SACM_S480_Status()&0x0001)!= 0)     //判断是否播放完成
    {
        SACM_S480_ServiceLoop();               //没有播放完成,填充语音队列
        * P_Watchdog_Clear = 0x0001;           //清看门狗
    }
    SACM_S480_Stop();                          //语音播放停止
}
```

2. 指定3位数据语音播放程序

指定3位数据语音播放程序的流程图如图7.6.4所示。

指定3位数据语音播放程序执行思想是:输入一个3位的数,计算该数的个位、十位和百位。接下来首先对百位进行判断,如果百位不为0则播放百位,如果百位为0则不播放百位;之后对十位进行判断,如果十位不为0则播放十位,如果十位为0则还要判断百位是否为0,

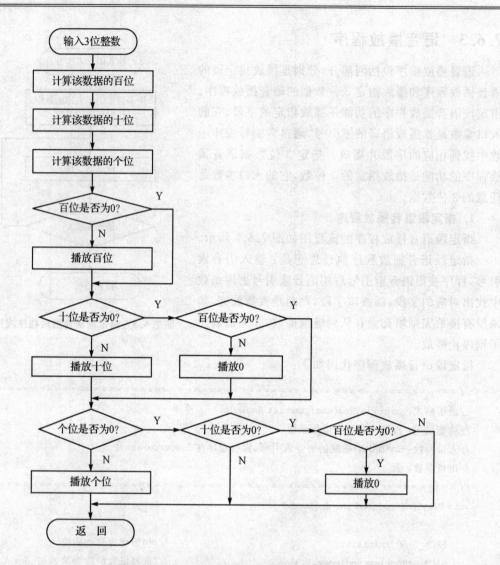

图 7.6.4 指定 3 位数据语音播放程序流程图

如果百位不为 0 则十位播放 0，如果百位为 0 则不播放十位。最后对个位进行判断，如果个位不为 0 则播放个位，如果个位为 0 则还要判断十位是否为 0，如果十位不为 0 则不播放个位，如果十位也为 0 则还要继续判断百位是否为 0，如果百位为 0 则个位播放 0，如果百位不为 0 则 0 不播放个位。

指定 3 位数据语音播放程序代码如下：

```
//================================================================
//语法格式：void PlaySnd(unsigned int SndIndex)
//功能描述：指定 3 位数据的语音播放函数
//入口参数：iData    任意 3 位数据
//出口参数：无
//================================================================
void PlayData(unsigned int iData)
```

```c
{
    unsigned bai,shi;                    //分别存放百位和十位的语音索引号
    unsigned int Bw,Sw,Gw;               //分别存放百位、十位和个位数据
    bai = 11;                            //初始化百位和十位的语音索引号
    shi = 10;
    Bw = iData/100;                      //计算百位
    Sw = (iData % 100)/10;               //计算十位
    Gw = iData % 10;                     //计算个位
    if(Bw!= 0)
    {
        PlaySnd(Bw);                     //播放百位,百位为 0 时,不播放
        PlaySnd(bai);                    //播放百位
    }
    if(Sw!= 0)
    {
        PlaySnd(Sw);                     //如果十位不为 0,则播放十位
        PlaySnd(shi);                    //播放十位
    }
    else
        if((Bw!= 0))                     //如果百位不为 0,十位为 0,则播放 0
            PlaySnd(Sw);
    if(Gw!= 0)                           //如果个位不为 0,则播放个位
        PlaySnd(Gw);
    else
        if((Bw == 0)&&(Sw == 0))         //如果百位、十位、个位都为 0,则播放 0
            PlaySnd(Gw);
    * P_Watchdog_Clear = 0x0001;
}
```

7.6.4 温度测量程序

温度测量程序的功能是:当主程序调用温度测量程序时,测量当前环境中的温度,并返回测得的环境温度值。温度测量程序包括测量温度程序、A/D 转换程序和中断服务程序。

测量温度程序的功能:测量环境中的温度,返回测得的温度值。但为了确保测量结果的准确,在 10 ms 内测量 10 次,并取其平均值,开 1 kHz 中断就是为了完成这一功能。

A/D 转换程序的功能:将测量温度程序测得的温度值进行 A/D 转换,转换成数字数据,再进行处理。

中断服务程序是为 IRQ4_1KHz 中断服务的,其功能是调用 A/D 转换程序转换数据,记录测量次数,并对转换后的数据进行 10 次累加。

1. 测量温度程序

测量温度程序的流程如图 7.6.5 所示。

测量温度程序执行思想是:初始化测温端口,开 IRQ4_1KHz 中断,判断是否完成了10 次

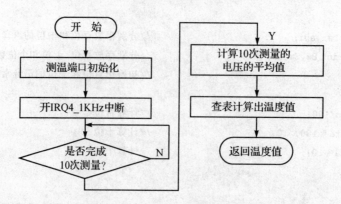

图 7.6.5 测量温度程序流程图

测量,如果没有则继续测量,而完成了 10 次测量,则计算 10 次测量的电压的平均值,再通过查表算出温度值,最后返回温度值。

测量温度程序的部分代码如下:

```
//================================================================
//语法格式:void Temp_Init(void)
//功能描述:温度测量初始化
//入口参数:无
//出口参数:无
//================================================================
void Temp_Init(void)
{
    * P_IOA_Dir & = 0xfffe;              //初始化 IOA0(LINE1)为悬浮输入口
    * P_IOA_Attrib | = 0x0001;
    * P_IOA_Data & = 0xfffe;
}
//================================================================
//语法格式:unsigned int Temp_Measure(void)
//功能描述:温度测量,测量得到的数据存放在 iTemp 中,返回测得的温度值给主程序
//入口参数:无
//出口参数:温度值
//================================================================
unsigned int Temp_Measure(void)
{
    unsigned int x,iTemp,Flag;           //ADData用来存放 A/D 转换的数据,x用
                                         //来循环,iTemp用来存放温度值
    float iADData;                       //iADData 用来存放转换后的电压数据
    iADData = 0.0000;                    //初始化为 0
    Flag = 1;
    Temp_Init();                         //端口初始化
    * P_INT_Ctrl = 0x0010;
```

```
    __asm("int irq");
    while(Flag)
    {
        if(TCounter == 10)
        {
            __asm("int off");
            TADData = TADData/10;                    //取 10 次测量数据的平均值
            iADData = iADData + TADData * 3.3/0x03ff;  //把 A/D 转换后数据计算成电
                                                     //压,并进行累加
            for(x = 0;x<125;x ++ )                   //查表,根据测量到的电压计算
                                                     //温度值
            {
                if(iADData<V[x]&&iADData>V[x + 1])
                    iTemp = x;                       //保存温度值
                * P_Watchdog_Clear = 0x0001;
            }
            TCounter = 0;
            TADData = 0;
            Flag = 0;
        }
        * P_Watchdog_Clear = 0x0001;                 //清看门狗
    }
    return iTemp;                                    //返回温度值
}
//================================================================
//语法格式:void Delay(unsigned int i)
//功能描述:延时函数
//入口参数:延时时间
//出口参数:无
//================================================================
void Delay(unsigned int i)
{
    int m,n;
    for(m = 0;m<i;m ++ )
        for(n = 0;n<0x03ff;n ++ )
            * P_Watchdog_Clear = 0x0001;
}
```

2. A/D 转换程序

A/D 转换程序的流程如图 7.6.6 所示。

A/D 转换程序执行思想是:选择 ADC 通道 0,使能 ADC 并启动 ADC,接下来进行转换,判断转换是否完成,如果没完成,则继续转换,如果转换完成了,则取出转换数据,将转换结果右移 6 位,最后返回转换值。

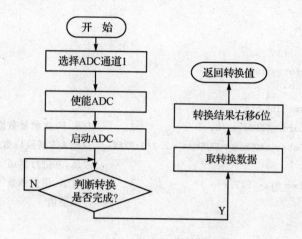

图 7.6.6　A/D 转换程序流程图

A/D 转换程序的部分代码如下：

```
//================================================================
//汇编语言格式：_ADGet
//C 语言格式：unsigned int ADGet(void)
//功能描述：通道 1 的 A/D 转换函数
//入口参数：无
//出口参数：无
//================================================================
.PUBLIC      _ADGet
_ADGet:
    r1 = 0x0000
    [P_DAC_Ctrl] = r1
    r1 = 0x0001                    //选择 ADC 通道 1
    [P_ADC_MUX_Ctrl] = r1
    r1 = 0x0001                    //使能 ADC
    [P_ADC_Ctrl] = r1
    r1 = [P_ADC_MUX_Data]          //启动 ADC
? Loop:
    r1 = [P_ADC_MUX_Ctrl]
    test r1,0x8000                 //判断转换是否完成？
    jz ? Loop                      //没有则继续转换
    r1 = [P_ADC_MUX_Data]          //取转换数据
    r1 = r1 lsr 4
    r1 = r1 lsr 2                  //右移 6 位，只取 8 位数据进行显示
    r2 = 0x0001
    [P_Watchdog_Clear] = r2        //清看门狗
    Retf
```

3. 中断服务程序

中断服务程序的流程如图 7.6.7 所示。

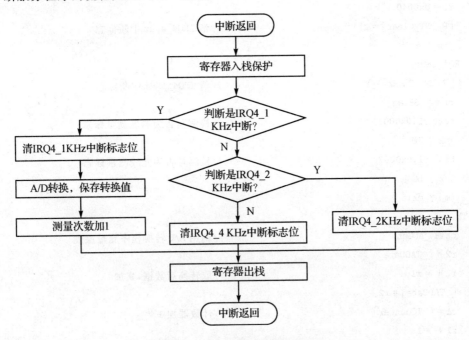

图 7.6.7 中断服务程序流程图

中断服务程序执行思想：首先，将寄存器压入堆栈进行保护，判断是否是 IRQ4_1KHz 中断，如果是，则清 IRQ4_1KHz 中断标志位，并判断是温度测量标志还是光线测量标志，如果是温度测量标志，则调用温度测量程序测量温度；如果是光线测量标志，则调用光线测量程序测量光线状况。然后，寄存器出栈，中断返回。如果不是 IRQ4_1KHz 中断，再判断是否是 IRQ4_2KHz 中断；如果是，则清 IRQ4_2KHz 中断标志位，再寄存器出栈，中断返回；如果不是 IRQ4_2KHz 中断，则清 IRQ4_4KHz 中断标志位。最后，寄存器出栈，中断返回。

中断服务程序的部分代码如下：

```
//===============================================================
//汇编语言格式：_IRQ4
//功能描述：IRQ4 的中断服务函数。这个中断服务程序中调用 A/D 转换函数取转换数据，并进行 10 次
//            累加
//入口参数：无
//出口参数：无
//===============================================================
.PUBLIC _IRQ4
_IRQ4:
    push r1,r5 to[sp]                  //寄存器入栈
    r1 = 0x0010
    test r1,[P_INT_Ctrl]               //判断是否为 IRQ4_1KHz 中断
    jnz ? IRQ4_1KHz                    //是，转向? IRQ4_1KHz
    r1 = 0x0020
```

```
            test r1,[P_INT_Ctrl]        //判断是否为 IRQ4_2KHz 中断
            jnz ? IRQ4_2KHz              //是,转向? IRQ4_2KHz
            r1 = 0x0040
            [P_INT_Clear] = r1           //清 IRQ4_4KHz 中断标志
            jmp ? exit
    ? IRQ4_1KHz:
            [P_INT_Clear] = r1           //清 IRQ4_1KHz 中断标志
            r1 = [_SFlag]
            test r1,0x0001               //检测是否为温度测量标志
            jnz ? TM
            test r1,0x0002               //检测是否为光线测量标志
            jnz ? LG
            jmp ? exit
    ? TM:
            call _ADGet                  //调用 A/D 转换程序测量温度
            r2 = [_TADData]
            r2 + = r1                    //取转换后数据,累加
            [_TADData] = r2
            r1 = [_TCounter]             //计数器加 1
            r1 + = 1
            [_TCounter] = r1
            jmp ? exit
    ? LG:
            call _ADGet1                 //调用 A/D 转换程序测量光线
            r2 = [_LADData]
            r2 + = r1                    //取转换后数据,累加
            [_LADData] = r2
            r1 = [_LCounter]             //计数器加 1
            r1 + = 1
            [_LCounter] = r1
            jmp ? exit
    ? IRQ4_2KHz:
            [P_INT_Clear] = r1           //清 IRQ4_2KHz 中断标志
    ? exit:
            pop r1,r5 from[sp]           //寄存器出栈
            reti
```

7.6.5　光线检测程序

　　光线检测程序的功能：当主程序调用光线检测程序时,检测当前环境中的光线状况,并返回环境的光线状况。光线检测程序包括检测光线程序、A/D 转换程序和中断服务程序。

　　检测光线程序的功能是检测当前环境中的光线状况,并判断环境中光线是太强、太弱或是柔和,返回测得的光线状况。为了确保测量结果准确,在 10 ms 内测量 10 次,取平均值,这里

开 1 kHz 中断也是为了完成这一功能。A/D 转换程序的功能是将检测光线程序检测的结果进行 A/D 转换,转换成数字数据,再进行处理。中断服务程序是为 IRQ4_1KHz 中断服务的,其功能是调用 A/D 转换程序转换数据,记录测量次数,并对转换后的数据进行 10 次累加。

1. 检测光线程序

检测光线程序的流程如图 7.6.8 所示。

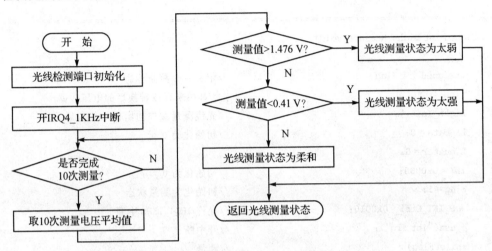

图 7.6.8　检测光线程序流程图

检测光线程序执行思想:初始化光线检测端口,开 IRQ4_1KHz 中断,测量光线状况,判断是否完成 10 次测量,如果没有则继续测量,如果完成了,取 10 次测量电压的平均值。判断测得的电压平均值是否大于 1.476 V,如果大于 1.476 V,则返回光线状态为太弱;如果不大于 1.476 V,则继续判断是否小于 0.41 V,如果小于 0.41 V,则返回光线状态为太强;否则,返回光线状态为柔和。

检测光线程序的部分代码如下:

```
unsigned int LADData,LCounter;           //ADData 用来累加 10 次测量数据
// ================================================================
//语法格式: void Light_Init(void)
//功能描述:光线测量初始化
//入口参数:无
//出口参数:无
// ================================================================
void Light_Init(void)
{
    * P_IOA_Dir & = 0xfffd;              //初始化 IOA1(LINE2)为悬浮输入口
    * P_IOA_Attrib | = 0x0002;
    * P_IOA_Data & = 0xfffd;
}
// ================================================================
//语法格式: unsigned int MeasureTemp(void)
//功能描述:光线测量,测量得到的电压数据存放在 iLM 中,并根据 iLM 判断光线太强、太弱还
```

```
//              是柔和,返回测得的光线状态。每 1 ms 取一次 A/D 转换数据,共取 10 次,是为了
//              在 100 Hz 的自然光的一个周期中都能取到数据
//入口参数：无
//出口参数：    0——光线柔和
//              1——光线太暗
//              2——光线太强
// ================================================================
unsigned int Light_Measure(void)
{
    unsigned int Flag;                      //定义一个测量标志
    float iLM;                              //iLM 用来存放转换后的电压数据
    Light_Init();                           //光线测量端口初始化
    LADData = 0;                            //初始化为 0
    LCounter = 0;
    iLM = 0.0000;                           //初始化为 0
    Flag = 1;                               //初始化为测量状态
    *P_INT_Ctrl = 0x0010;                   //允许 IRQ4_1KHz 中断
    __asm("int irq");                       //开中断
    while(Flag)                             //测量
    {
        if(LCounter == 10)                  //测量 10 次
        {
            __asm("int off");
            LADData = LADData/10;           //取 10 次测量数据的平均值
            iLM = LADData * 3.3/0x3ff;      //计算电压值 iLM = ADData × 3.3/0x03ff;
            LCounter = 0;                   //计数器清零
            LADData = 0;                    //变量清零
            Flag = 0;                       //标志位清 0
        }
        *P_Watchdog_Clear = 0x0001;         //清看门狗
    }
    if((iLM != 0)&&(iLM < 2.46))
    {
        if(iLM > 1.4760)                    //光敏电阻值大于 15 kΩ,太暗;2.46×15/(15+10),计算两个
                                            //临界电压点,TL431 实测得到的稳压值为 2.46 V
        {
            *P_Watchdog_Clear = 0x0001;     //清看门狗
            return 1;
        }
        else if(iLM < 0.4100)//光敏电阻值小于 2 kΩ,光线太刺眼:2.46×2/(2+10)。2 kΩ 大约对
                             //应 500 lm,75～500 lm 范围是工作学习比较合适的光线
        {
            *P_Watchdog_Clear = 0x0001;     //清看门狗
```

```
            return 2;
        }
        else
        {
            * P_Watchdog_Clear = 0x0001;        //清看门狗
            return 0;                           //光敏电阻为 2 kΩ＜R＜15 kΩ 时,光线柔和
        }
    }
}
```

2. A/D 转换程序

A/D 转换程序的流程和温度测量程序中的 A/D 转换程序流程基本相同,只是把通道换成 ADC 通道 2,这里不再赘述。

3. 中断服务程序

中断服务程序的流程和温度测量程序中的中断服务程序流程完全一样,其程序代码已在温度测量程序中的中断服务程序中给出,这里不再赘述。其实这两个中断服务程序就是同一个程序。

7.7 方案实现

本题目设计采用 IDE 2.0.0 开发软件进行相关设计,关于 IDE 2.0.0 的详细介绍请参考第 2 章。

① 下载并安装 IDE 2.0.0 开发软件。

② 新建工程。打开 IDE 2.0.0 软件,选择 File→New 菜单项,在弹出的对话框中选择 Project 并输入要建立的工程名以及选择保存路径,如图 7.7.1 所示。

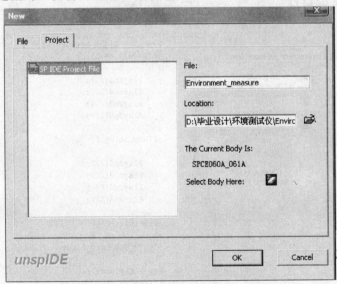

图 7.7.1 新建工程

③ 编辑程序。选择 File→New 菜单项,在弹出的对话框中选择 File,选择要编辑的程序类型,并输入要建立的程序文件名及保存路径,在弹出的空白文档中编辑程序,编辑好后保存文档,如图 7.7.2 所示。

重复步骤③,逐步编辑好所需要的程序,但在选择要编辑程序的文件类型时注意选择正确的类型。

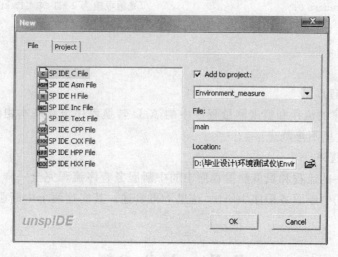

图 7.7.2　编辑函数及程序

④ 单击 Environment_measure files 左侧的"＋"号,在 Source Files 上右击,选择 Add Files to Folder 添加工程所需要的程序(即步骤③编辑的程序)。重复该步骤,直到将所有需要的程序添加至工程中,如图 7.7.3 所示。

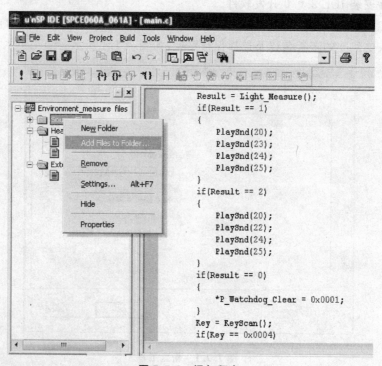

图 7.7.3　添加程序

第 7 章 环境测试仪系统的设计与应用

需要说明的是,如果在步骤③中在弹出来的对话框中的 Add to project 前打了勾,如图 7.7.2 所示,则编辑完程序后系统会自动地将所编辑的程序加到工程中,就不必再执行步骤④,直接进入步骤⑤;否则,就要执行步骤④。

⑤ 编译、链接。单击工具栏中的 Build,在下拉菜单中选择 Rebuild All,编译所有的文件。编译结束后,在界面下方查看所编写的程序是否有错。如果有错,则查找原因,直到编译无错误,如图 7.7.4 和图 7.7.5 所示。

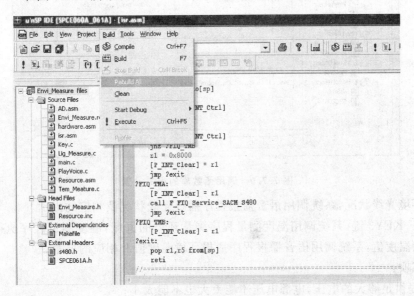

图 7.7.4 编译及链接

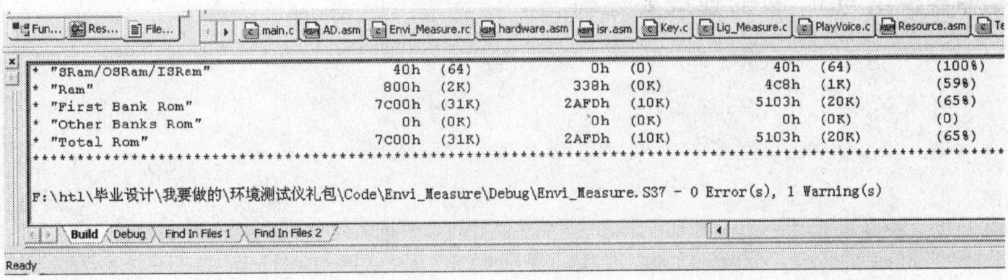

图 7.7.5 编译、链接结果

注意:由于开发软件版本的原因,编译时有的程序可能会因为无法查找到相关数据库而出错,如 CMacro1016.lib 无法找到。解决办法是:选择 Project→Settings→Link 菜单项,将 Library Modules 中的 CMacro.lib 修改成 CMacro1016.lib 即可,如图 7.7.6 所示。

⑥ 调试及运行。单击 Debug 中的运行按钮 run,工程开始运行。这时既可以在各个观察窗口中看到运行过程与结果,也可以实现设置断点、单步运行等操作。程序运行无误后,即可进行硬件仿真。

硬件仿真具体步骤如下:

① 正确地连接完硬件以后,通过 PROBE 将 61 板与 PC 机连接起来,将程序下载到 SPCE061A 单片机上。

② 运行程序,系统调用光线检测程序检测环境中的光线状况,光线检测程序执行完后返

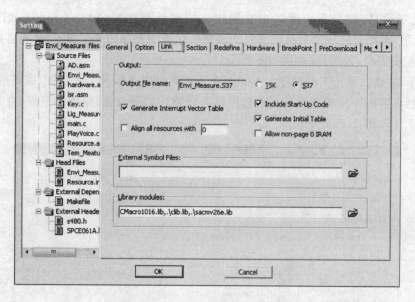

图 7.7.6　调用函数库的相关设置

回测得的环境光线状况,系统调用语音播报程序播报光线状况及相应的提示。

③ 按下 KEY3 键,系统调用温度测量程序测量环境的温度,温度测量程序执行完后返回测得的环境温度值,系统调用语音播报程序播报环境温度值及相应的提示。

注意事项:

① 要提供足够大的电压,电源电压不能太大也不能太小;

② 数据线不能过长;

③ 传感器模组与 61 板的连线要正确。

第 8 章　公交车报站器系统的设计与实现

8.1　案例点评

即使在私家车越来越多的今天，公交车仍然是人们出行的首选，因为公交车具有方便、快捷、车票便宜等优点。传统的公交车报站主要由售票员报站，但是有些售票员有着浓重的地方口音，给外地人乘坐公交车带来了不便；随着无人售票车逐渐增多，公交车报站器就显得更重要了。本设计采用凌阳公司的 SPCE061A 单片机、SPR4096 存储器和 LED 键盘显示模组制作一个简易的公交车报站器。本题目虽然比较简单，但要求学生对 SPCE061A 单片机、SPR4096 存储器和 LED 键盘显示模组有比较深入的了解，并能用汇编语言和 C 语言编写单片机程序。本题目涉及的知识点很多，且繁琐，对学生培养自学能力以及养成严谨的科学态度会有很大的帮助。

8.2　设计任务

利用 SPCE061A 单片机、SPR4096 模组、LED 键盘显示模组制作简易公交车报站器，要求具有下述功能：
① 可以完整地播放一条公交线路的站名，包括上行线路与下行线路；
② 可以在 LED 的键盘显示模组上显示当前的时间（日期），具有时间日期的设置功能；
③ 可以播放音乐或广告。
扩展方案：
① 可以完整播报多条线路；
② 可以播报时间；
③ 通过更改 SPR4096 存储器内的数据，不用更新 SPCE061A 单片机的程序，即可更换不同的公交线路；
④ 增加温度传感器，在车厢内播报温度，显示温度；
⑤ 增加湿度传感器，在车厢内播报湿度，显示湿度。

8.3　设计意义

基于 SPCE061A 单片机的公交车报站器设计是一个软硬件结合的综合性很强的设计题目。在软件方面，本设计要求学生掌握 C 语言和汇编语言，要懂得 IDE 2.0 软件的使用，同时，还要掌握两种语音算法 S480 和 A2000；在硬件方面，本设计要求学生掌握凌阳 61 单片机、LED 键盘显示模组和 SPR 模组。本设计应用范围广，如公交车、地铁和火车上，凡是固定路线的，都可以应用本设计，只需要往存储器中烧写相应的语音资源即可。因此，本设计的发展前景很好。

8.4 系统结构和工作原理

本系统设计以单片机为控制核心,外接一个存储器、一个输入部分、一个显示部分和一个播音部分。存储器用来存储要播放的语音资源;输入部分主要是按键;显示部分可以用数码管,也可以用液晶显示屏;播音部分可以用扬声器。公交车报站器拓扑图如图8.4.1所示。

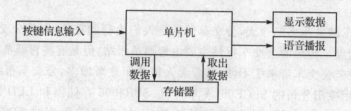

图8.4.1 公交车报站器拓扑图

本次设计以SPCE061A为核心,可以划分为键盘输入、数码管显示、SPR4096资源存储与61板语音播放等部分,公交车报站器系统框图如图8.4.2所示。61板作为整个系统的控制核心,并且负责语音的输出。SPR模组中的4096作为语音资源的存储介质,可以存储512 KB的数据资源。LED键盘显示模组作为时间显示与用户输入设备。

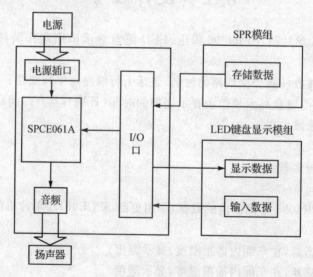

图8.4.2 公交车报站器系统框图

本设计的工作过程是:先将要播放的语音资源烧写进存储器以供单片机调用,当系统工作时,先扫描按键并将所得的按键信息输入单片机,单片机根据输入的按键信息决定进行何种操作,或者在显示部分进行操作,或者在语音部分进行操作。如果是显示部分,则是显示当前时间或者是设置时间;如果是语音部分,则单片机要先从存储器中读出相应的语音资源,然后交付放音设备进行语音播报。

8.5 硬件电路设计

8.5.1 器件选型

本设计以单片机为核心,可以划分为键盘输入、数码管显示、外接存储器资源存储与语音播报等部分。为了更好地完成本次设计,器件选择是一个不可或缺的环节,正确地选择器件有助于更好地完成设计。

1. 单片机的选择

本设计中单片机是核心器件,因此,单片机的选择是本设计最重要的环节,为了更好地完成设计,选择一款好的单片机尤其重要。目前,市场上的单片机芯片有很多,比如大家熟悉的 51 单片机、52 单片机,等等。由于本设计用于公交车报站,所以对语音方面的要求很高。而凌阳 61 单片机正好具有强大的语音播放功能,它自带 8 路 10 位精度的 ADC,其中一路为音频输入通道,并且内置自动增益电路,这为语音录入提供了方便的硬件条件。它还自带 2 路 10 位精度的 DAC,只需外接功放,即可完成语音的播放。另外,凌阳 16 位单片机具有易学易用且效率较高的一套指令系统和集成开发环境,在此环境中,支持标准 C 语言,可以实现 C 语言与凌阳汇编语言的互相调用,并且还提供了语音录放的库函数,只要了解库函数的使用,就会很容易地完成语音的录放与更改,这些都为软件开发提供了方便的条件。除此之外,SPCE061A 单片机内还集成了一个 ICE(在线仿真电路)接口,可以使该单片机的编程和仿真都变得非常方便,结合凌阳公司提供的集成开发环境(unSP IDE),学生可以利用它很方便地实现对单片机的在线仿真。

综合以上所述,选择凌阳公司提供的 SPCE061A 单片机来完成本次设计。

2. 外接存储器的选择

由于本系统不仅要保存程序,也要保存待播报的语音资源,而 SPCE061A 单片机只是内置了 2 KB 的 SRAM 和 32 KB 的 FLASH。很显然,单片机内存不能满足要求,因此,必须外接存储器。而存储器又有很多,本设计选择凌阳公司提供的 SPR 模组中的 SPR4096 存储器作为外接存储器。

3. 输入/输出设备的选择

由于本设计要求显示时间,因此需要能显示时间的显示设备。又由于本设计需要通过按键来实现上行路线和下行路线的播报、广告及提示的播报、时间和日期的设置和年月日的切换,因此需要多个按键。而单片机上自带的按键明显不够,所以要外接按键设备。凌阳公司提供的 LED 键盘显示模组既有能显示时间的数码管又有 8 个按键,可以同时满足本设计的要求。无论是从经济性还是实用性考虑,或者是从将来的推广考虑,本设计都应该选择 LED 键盘显示模组作为本设计的输入/输出设备。

由于本设计最重要的功能是播报公交路线,因此必须选择一个扬声器来实现语音的播报。本设计选择凌阳公司提供的 SPY0030A 芯片和扬声器。SPY0030A 芯片是一个音频驱动芯片,该芯片具有自动增益功能,其最大增益值是 20。

8.5.2 单元电路设计

1. 电源电路

电源电路参见第 3 章相关内容。

2. SPR4096 模组电路

凌阳公司提供的 SPR 模组包括 SPR4096 模组和 SPR1024 模组。两个模组只是芯片不同,插上 SPR4096 芯片就是 SPR4096 模组,插上 SPR1024 芯片就是 SPR1024 模组,但两个芯片不能同时使用,每次只能选择其中一个。由于 SPR4096 存储容量大,考虑到本设计的语音资源占用空间大且具有很多不确定性,因此,本设计选择容量大的 SPR4096 作为外接存储器。下面只介绍 SPR4096 模组,不介绍 SPR1024 模组。

SPR4096 作为外接存储器存储待播报的语音数据,供单片机调用,其结构框图如图 8.5.1 所示。更多的关于 SPR4096 存储器的介绍请参见第 3 章。

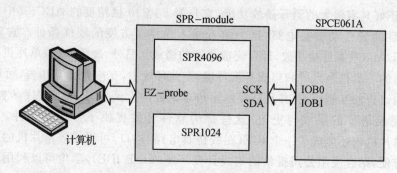

图 8.5.1 SPR4096 模组结构框图

下面仅补充介绍一下 SPR 的平面图以及各跳线说明。

SPR 模组平面图如图 8.5.2 所示。

SPR 模组跳线图及其说明如图 8.5.3 所示。

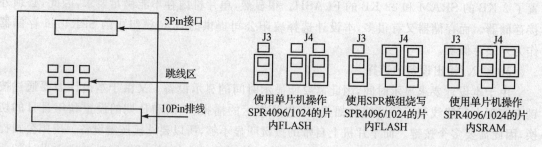

图 8.5.2 SPR 模组平面图　　　　图 8.5.3 SPR 模组跳线说明

3. LED 键盘显示模组电路

LED 键盘显示模组集成了 LED、按键和数码管功能,可以作为单片机常用外围器件的扩展模块,采用 DC 5 V 或者 DC 3.3 V 供电。其结构框图如图 8.5.4 所示。

LED 键盘显示模组的主要功能如下:

① 扩展了 6 位 8 段数码管,最大显示数据为 999999;

② 8 个发光二极管,可以作为显示状态信息使用;

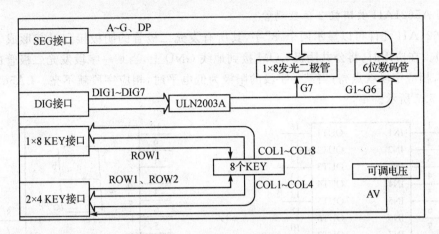

图 8.5.4　LED 键盘显示模组结构框图

③ 8 个按键,可以组成 1×8 KEY,也可以组成 2×4 KEY;

④ 一个电位器,可以提供 0~5 V 或 0~3.3 V 的模拟电压信号,与模组输入的 VDD 有关;

⑤ LED 键盘显示模组接口简单,可方便与任何一款单片机进行软硬件接口设计。

下面介绍 LED 键盘显示模组的主要元器件。

(1) ULN2003A

ULN2003A 电路是美国 TI 公司和 Sprague 公司开发的高压大电流达林顿晶体管阵列电路,由 7 组达林顿晶体管阵列和相应的电阻网络以及钳位二极管网络构成,具有同时驱动 7 组负载的能力,为单片双极型大功率高速集成电路。其内部电路如图 8.5.5 所示。

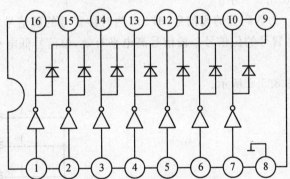

图 8.5.5　ULN2003A 内部电路图

ULN2003A 内部为三极管阵列,其输入引脚相当于三极管的 b 极,输出引脚相当于三极管的 c 极。若输入引脚输入高电平,则对应的输出引脚接地;若输入引脚输入低电平,则对应的输出引脚截止。ULN2003A 元件如图 8.5.6 所示。ULN2003A 在电路中可以作为显示驱动、继电器驱动、照明灯驱动和电磁阀驱动。

图 8.5.6 中,IN1~IN7 为输入信号,OUT1~OUT7 为输出信号。输入信号高电平有效,9 脚 COM 可以悬空。

(2) LA5621AH 共阴极 2 位数码管

LA5621AH 元件可以显示两个"8"字,其所有发光二极管的阴极接到一起形成了公共阴极(COM)。在应用时,将公共阴极 COM 接到地线 GND 上,当某一字段发光二极管的阳极为高电平时,相应字段就点亮;当某一字段的阳极为低电平时,相应字段就不亮。LA5621AH 元件如图 8.5.7 所示。

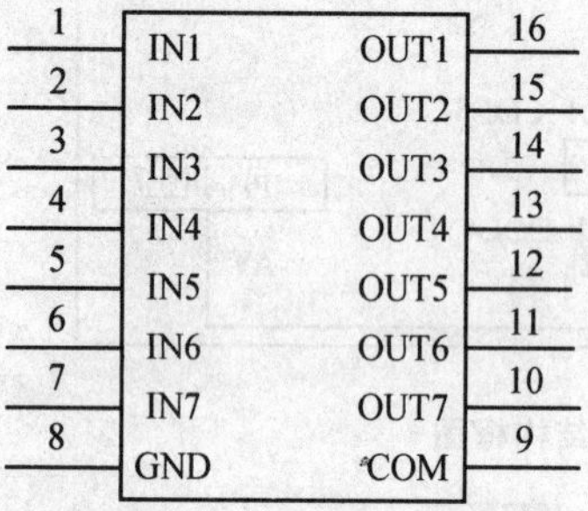

图 8.5.6 ULN2003A 元件图

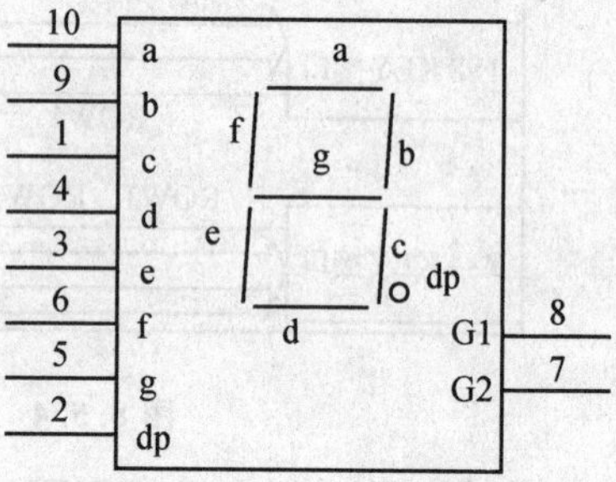

图 8.5.7 LA5621AH 元件图

图 8.5.7 中,a~g,dp 为数码管的段信号,G1、G2 为两位数码管的位信号。段信号高电平有效,位信号低电平有效。

(3) LG5641AH 共阴极 4 位数码管

LG5641AH 元件可以显示 4 个"8"字,其所有发光二极管的阴极也接到一起形成了公共阴极(COM)。在应用时,也是将公共阴极 COM 接到地线 GND 上,当某一字段发光二极管的阳极为高电平时,相应字段就点亮;当某一字段的阳极为低电平时,相应字段就不亮。LG5641AH 元件如图 8.5.8 所示。

图 8.5.8 中,a~dp 为数码管的段信号,d1、d2 为时钟冒号的段信号,G1~G4 为 4 位数码管的位信号,G5 为时钟冒号的位信号。段信号高电平有效,位信号低电平有效。

(4) 键 盘

键盘输入电路如图 8.5.9 所示。

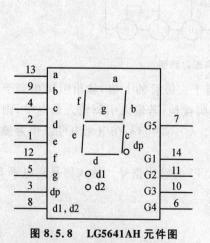

图 8.5.8 LG5641AH 元件图

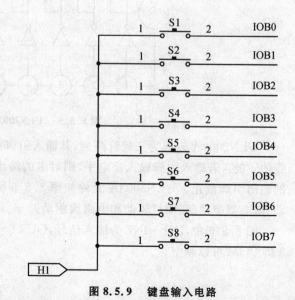

图 8.5.9 键盘输入电路

4. 扬声器电路

本设计的扬声器电路与环境测试仪中的扬声器电路完全一样,由于在环境测试仪设计中已经详细地介绍了扬声器电路,故在此不再赘述,读者可以自行参考第 7 章环境测试仪中的介绍。

8.5.3 总电路

由前面所选的器件结合各单元电路可以设计出最终的总电路,即最终的硬件连接图。系统硬件连接如图 8.5.10 所示。

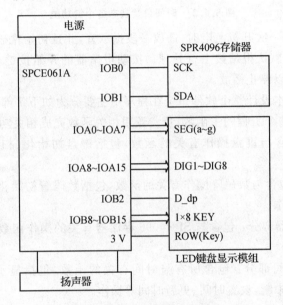

图 8.5.10 系统硬件连接图

8.6 软件设计

在公交车报站状态下,各个键的功能如图 8.6.1 所示。

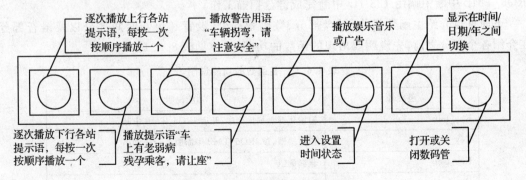

图 8.6.1 报站状态各个键的功能

在时间设置状态下,各个键的功能如图 8.6.2 所示。

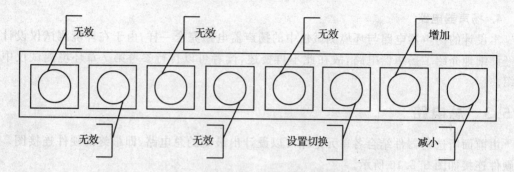

图 8.6.2　时间设置状态各个键功能

本设计要求：在第一次开机上电时，播放一段提示音，并且初始化显示时间为 2005 年 1 月 1 日 00 时 00 分 00 秒，默认报站按上行处理。按动报站器的开始按键，进行报站操作。当播放语音时，按任意键可以停止播放。

要完成以上功能，本设计整个软件系统在程序中主要分为如下 7 部分：

① 主函数部分：整个工程的主函数，负责调用相关函数完成相关功能。

② 键盘部分：包含与键盘操作有关的函数，包括键盘初始化、扫描键盘与得到键盘值程序。

③ 数码管部分：包含与数码管操作有关的函数，包括数码管初始化、数码管驱动、数码管显示、数码管开关等操作。

④ SPR4096 存储器部分：包含与 SPR4096 存储器有关的操作函数，包括初始化、读、写、擦除操作等。

⑤ 设置和更新时间部分：包含所有与时间有关的函数，包括显示与设置时间、初始化 IOB2 口，同时开 2 Hz 中断、设置时间、更新时间等操作。

⑥ 语音部分：包含所有与语音播放有关的函数，包括延时函数、S480 放音函数、A2000 放音函数、语音提示下一站函数、播放公交车整体线路函数等操作。

⑦ 中断部分：包含所有与中断有关的操作函数。在 FIQ_TimerA 中断中调用语音播放服务函数完成播放语音；在 IRQ4_4KHz 中断中调用驱动数码管函数驱动数码管；在 IRQ5_2Hz 中断中调用更新时间函数更新时间；在 IRQ5_4Hz 中断中完成设置时间的闪烁效果；在 IRQ6_TMB 中断中调用 128 Hz 中断完成键盘扫描工作。

下面重点介绍主函数部分、键盘部分、数码管部分、设置和更新时间部分以及语音部分。在介绍各个部分之前，先说明要出现的函数的功能，具体见表 8.6.1。

表 8.6.1　各函数的功能说明

函数名	功能说明
Key_Init	初始化键盘扫描程序，开启 IRQ6_TMB 中断
Key_Scan	扫描按键，被 IRQ6_TMB 中断服务程序调用
Key_Get	获取键值
Dig_Init	初始化数码管显示，开启 IRQ4_4KHz 中断
Dig_Set	设置数码管某一位的显示内容
Dig_SetAll	设置所有数码管的显示内容

续表 8.6.1

函数名	功能说明
Dig_Get	获取某个数码管的显示内容
Dig_GetAll	获取所有数码管的显示内容
Dig_Drive	数码管显示函数,由 IRQ4_4KHz 中断服务程序调用
Dig_Off	停止数码管显示
Dig_On	恢复数码管显示
Time_Init	初始化 IOB2 口,打开 2 Hz 中断
Set_Time	设置时间
Time_Run	更新时间
Delay	延时
PlaySnd_s480	S480 放音函数
Nextstation	语音提示下一站,用于汽车刚出站时
Comingstation	语音提示下一站,用于汽车将要进站时
PlaySnd_A2000	A2000 放音函数
Broadcast	播报公交车整体路线
SP_SIOInitial	初始化 SPCE061A 单片机的 SIO 端口
SP_SIOSendAByte	向串行 FLASH 发送一个字节
SP_SIOReadAByet	从串行 FLASH 读一个字节
SP_SIOSendSWord	向串行 FLASH 发送一个字
SP_SIOReadAWord	从串行 FLASH 读一个字
SP_SIOMassErase	擦除 FLASH
SP_SIOSectorErase	擦除 FLASH 的一段
F_Delay_MassErase_Time	擦除时延时
F_Delay_SectorErase_Time	擦除一段时的延时
F_Delay_Program_Time	烧写时延时

8.6.1 主函数

主函数是整个程序的核心,负责调用相关的函数来完成相应的功能。在主函数中完成对 SPR4096 存储器、键盘、显示的初始化,显示时间与播报公交车的站点,然后进入循环并根据键盘的值执行相关的操作。主函数流程如图 8.6.3 所示。

主函数的具体工作过程是:先初始化局部变量、SPR4096 模组、键盘、数码管、显示,然后调用语音播放函数 Broadcast 播报整条路线的所有站点,之后根据变量 uiDisp 的值进行判断,判断是显示年、月、日还是时间,再调用键盘扫描函数获得键值,并根据键值进行判断,判断该执行哪种操作,即执行图 8.6.3 中的 8 种操作中的哪一种,最后清看门狗,以便看门狗可以继续监视其他程序的执行,之后进入循环。

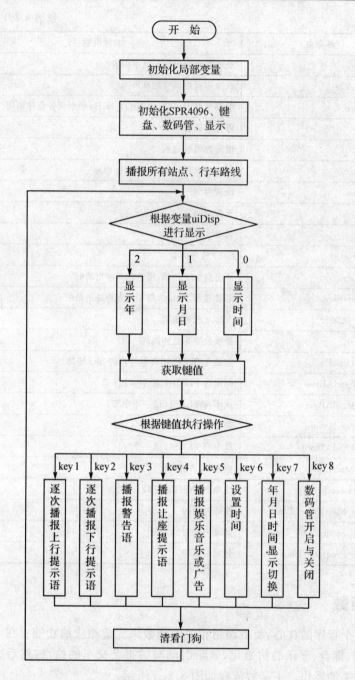

图 8.6.3 主函数流程图

主程序代码如下：

```
unsigned int uiA2000_S480;        //定义全局变量,1：播放 A2000；0：播放 S480
unsigned int g_4Hz_On;            //闪烁控制,是否进入 4 Hz 代码标志
unsigned int g_Light;             //闪烁标志
unsigned int uiSetflag = 0;       //设置键标志(Key 6)
unsigned int uiDisp = 0;          //显示时间标志,在年、月、日、时间之间切换
```

```c
// ============================================================
//      语法格式: int main(void)
//      实现功能: 主函数
//      参数: 无
//      返回值: 无
// ============================================================
int main(void)
{
    unsigned int uiKey;                       //键盘值
    unsigned int uiOn_Off;                    //数码管显示或不显示标志
    unsigned int uiKey1_Count;                //key1 按下次数
    unsigned int uiKey2_Count;                //key2 按下次数
    unsigned int uiflag;                      //按键 key1、key2 的奇偶标志
    unsigned int uiTemp;                      //临时变量
    uiOn_Off = 0;                             //局部变量初始化
    uiKey1_Count = 0;
    uiKey2_Count = 16;
    uiflag = 0;
    SP_SIOInitial();                          //初始化 SPR 模组, SPR4096
    DIG_Init();                               //初始化数码管
    Key_Init();                               //初始化键盘
    Time_Init();                              //初始化显示时间
    DIG_Set(1,0);
    DIG_Set(2,0);
    DIG_Set(3,Data[uiHour_H]);
    DIG_Set(4,Data[uiHour_L]);
    DIG_Set(5,Data[uiMinite_H]);
    DIG_Set(6,Data[uiMinite_L]);
    Broadcast(52);                            //播报站点
    while(1)
    {
        if(uiDisp == 0)                       //显示时间
        {
            DIG_Set(1,0);
            DIG_Set(2,0);
            DIG_Set(3,Data[uiHour_H]);
            DIG_Set(4,Data[uiHour_L]);
            DIG_Set(5,Data[uiMinite_H]);
            DIG_Set(6,Data[uiMinite_L]);
        }
        if(uiDisp == 1)                       //显示月日
        {
            DIG_Set(1,Data[uiMonth_H]);
```

```c
        DIG_Set(2,Data[uiMonth_L]);
        DIG_Set(3,0x0077);
        DIG_Set(4,Data[uiDay_H]);
        DIG_Set(5,Data[uiDay_L]);
        DIG_Set(6,0x007f);
    }
    if(uiDisp == 2)                          //显示年
    {
        DIG_Set(1,0x0040);
        DIG_Set(2,Data[uiYear_H]);
        DIG_Set(3,Data[uiYear_MH]);
        DIG_Set(4,Data[uiYear_ML]);
        DIG_Set(5,Data[uiYear_L]);
        DIG_Set(6,0x0040);
    }
    uiKey = Key_Get();                       //得到键值,扫描程序在 128 Hz 中断中调用
    switch(uiKey)
    {
        case KEY1:
            uiA2000_S480 = 0;                //选择 S480 放音,在中断 FIQ
            uiKey = 0;
            if(uiflag < 1)
            {
                uiKey1_Count ++ ;
                NextStation(uiKey1_Count);   //播报提示下一站
                uiflag = 1;
            }
            else
            {
                uiflag = 0;
                ComingStation(uiKey1_Count); //到站了
            }
            if(uiKey1_Count == 16)
            {
                uiKey1_Count = 0;            //如果是终点站,则重新初始化
            }
            break;
        case KEY2:
            uiA2000_S480 = 0;
            if(uiflag == 0)
            {
                uiKey2_Count -- ;
                NextStation(uiKey2_Count);
```

```c
            uiflag = 1;
        }
        else
        {
            uiflag = 0;
            ComingStation(uiKey2_Count);
        }
        if(uiKey2_Count == 0)
        {
            uiKey2_Count = 16;
        }
        break;
    case KEY3:
        uiA2000_S480 = 0;
        PlaySnd_S480(65,3);             //播放提示语:车在运行中,请坐好扶稳
        break;
    case KEY4:
        uiA2000_S480 = 0;
        PlaySnd_S480(67,3);             //请让座
        break;
    case KEY5:                          //广告或娱乐
        uiA2000_S480 = 1;
        PlaySnd_A2000(70,3);
        break;
    case KEY6:
        g_4Hz_On = 1;                   //进入4 Hz中断代码,实现闪烁效果
        uiSetflag ++ ;
        Set_Time();                     //设置时间
        break;
    case KEY7:
        uiKey = 0;
        uiDisp ++ ;                     //切换显示时间/月/日/年
        if(uiDisp == 3)
            uiDisp = 0;
        if(uiDisp == 0)
        {
            uiTemp = * P_INT_Ctrl_New;  //打开2 Hz中断,显示秒针
            uiTemp | = C_IRQ5_2Hz;
            * P_INT_Ctrl_New = uiTemp;
        }
        else
        {
            uiTemp = * P_INT_Ctrl_New;  //关闭2 Hz中断,不显示秒针
```

```
            uiTemp &= 0xfffb;
            *P_INT_Ctrl_New = uiTemp;
            uiTemp = *P_IOB_Buffer;
            uiTemp &= 0xfffb;
            *P_IOB_Data = uiTemp;
        }
        break;
    case KEY8:
        if(uiOn_Off == 0)
        {
            DIG_Off();              //关闭数码管
            uiOn_Off = 1;
        }
        else
        {
            DIG_On();               //打开数码管
            uiOn_Off = 0;
        }
        break;
    default:
        break;
    }
    *P_Watchdog_Clear = 0x0001;    //清看门狗
}
```

8.6.2 键盘部分

键盘部分包括键盘初始化、扫描键盘和获得键盘值等函数。键盘部分的功能是扫描 LED 键盘显示模组的键盘是否有按键按下,并返回得到的键值。其程序流程如图 8.6.4 所示。

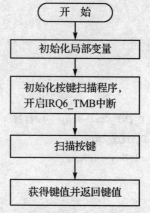

图 8.6.4 按键扫描程序流程图

图 8.6.4 中,先初始化局部变量,再初始化按键扫描程序并开启 IRQ6_TMB 中断,中断服务程序调用按键扫描程序扫描按键,获得键值,最后返回键值。

键盘部分的代码如下:

```
//========================================================
//函数名称: Key_Scan
//C 函数调用: void Key_Scan(void)
//汇编调用: F_Key_Scan
//实现功能: 按键扫描,该函数被 IRQ6_TMB2 中断服务程序调用
//入口参数: 无
//出口参数: 无
//破坏寄存器: 无
//========================================================
F_Key_Scan:
_Key_Scan:
    push r1,r2 to [sp]
    r2 = [P_Key_Data]               //获取 I/O 端口状态
    r2 &= Key_ALL
    jnz ? L_ScanKey_Down            //判断当前是否有键按下
? L_ScanKey_Up:
    r1 = 1                          //如果按键处于抬起状态则 KeyUp 置 1
    [KeyUp] = r1                    //KeyUp 用来表示按键是否处于抬起状态
    jmp ? L_ScanKey_Exit
? L_ScanKey_Down:
    r1 = 0                          //KeyUp 置 0
    [KeyUp] = r1
.if Key_IO_HighByte
    r2 = r2 lsr 4
    r2 = r2 lsr 4
.endif
    cmp r2,[KeyCode]                //本次得到的键值与上次得到的键值比较,
                                    //其中 KeyCode 用来存储获得的键值
    je ? L_ScanKey_Cont
? L_ScanKey_New:                    //如果与上次键值不同则重置键值
    [KeyCode] = r2
    r1 = 1                          //重新记录键持续按下的时间
    [ScanCnt] = r1                  //ScanCnt 用来表示按键持续时间
    jmp ? L_ScanKey_Exit
? L_ScanKey_Cont:                   //如果此次键值与上次键值相同
    r1 = [ScanCnt]                  //更新按键持续时间(ScanCnt 加 1)
    r1 += 1
    [ScanCnt] = r1
? L_ScanKey_Exit:
```

```
        pop r1,r2 from [sp]
    retf
//=========================================================
//函数名称：Key_Get
//C函数调用：unsigned Key_Get(void)
//汇编调用：F_Key_Get
//实现功能：获取键值
//入口参数：无
//出口参数：r1—获得的键值
//破坏寄存器：r1
//=========================================================
F_Key_Get:
_Key_Get:
    INT OFF
    push r2 to [sp]
    r2 = [ScanCnt]
    cmp r2,Key_Debounce          //如果按键持续时间小于 Key_Debounce，
    jb ? L_GetKey_NoKey          //则认为当前没有键按下
    cmp r2,Key_TimeOut           //如果按键持续时间大于 Key_TimeOut，
    jnb ? L_GetKey               //则认为发生了一次按键
    r2 = [KeyUp]                 //如果按键持续时间在 Key_Debounce
                                 // 与 Key_TimeOut 之间
    jnz ? L_GetKey               //如果按键处于抬起状态则认为发生了一次按键
? L_GetKey_NoKey:
    r1 = 0                       //没有按键则返回 0
    jmp ? L_GetKey_Exit
? L_GetKey:
    r1 = [KeyCode]               //有按键则返回键值
    r2 = 0
    [KeyCode] = r2               //重新初始化变量
    [ScanCnt] = r2
    [KeyUp] = r2
? L_GetKey_Exit:
    INT FIQ,IRQ
    pop r2 from [sp]
retf
```

8.6.3 数码管部分

数码管部分包括数码管初始化、数码管驱动、数码管显示和数码管开关等函数。这部分的功能是初始化数码管、驱动数码管显示和控制数码管的开与关。

数码管部分代码如下：

```
//=========================================================
```

```
//函数名称：DIG_Set
//C 函数调用：void DIG_Set(unsigned DigPos, unsigned DigBuffer)
//汇编调用：F_DIG_Set
//实现功能：设置数码管某一位的显示内容
//入口参数：DigPos(r1)    设置的数码管位
//          DigBuffer(r2)  数码管的显示内容
//出口参数：无
//破坏寄存器：无
// ==========================================================
_DIG_Set:
    push r1,r2 to [sp]
    r1 = sp + 5
    r1 = [r1]
    r2 = sp + 6
    r2 = [r2]
    call F_DIG_Set
    pop r1,r2 from [sp]
retf
F_DIG_Set:
    push bp to [sp]
    r1 - = 1
    cmp r1,DIG_Count
    ja ? Exit
    bp = R_DIG_Buf
    bp + = r1
    [bp] = r2
? Exit:
    pop bp from [sp]
retf
// ==========================================================
//函数名称：DIG_Drive
//C 函数调用：void DIG_Drive(void)
//汇编调用：F_DIG_Drive
//实现功能：数码管显示函数，由 IRQ4_4KHz 中断服务程序调用
//入口参数：无
//出口参数：无
//破坏寄存器：无
// ==========================================================
_DIG_Drive:
F_DIG_Drive:
    push r1,r4 to [sp]
    r1 = [R_CurDIG]
    cmp r1,0xffff
```

```
        je      ? DIG_Exit
        r2 = r1 + R_DIG_Buf
        r2 = [r2]
        r2 &= PIN_SEG_ALL
        r3 = [P_DIG_Buf]                    //初始化显示
        r3 &= ~PIN_DIG_ALL
        [P_DIG_Data] = r3
        r4 = [P_SEG_Buf]                    //设置段
        r4 &= ~PIN_SEG_ALL
        r4 |= r2
        [P_SEG_Data] = r4
        r3 = [P_DIG_Buf]                    //初始化显示
        r4 = r1 + PIN_DIG                   //设置当前位
        r3 |= [r4]
        [P_DIG_Data] = r3
        r1 += 1                             //R_CurDIG 指向 Dig_Next
        cmp r1,DIG_Count
        jb ? DIG_Next
? DIG_Reverse:
        r1 = 0
? DIG_Next:
        [R_CurDIG] = r1
? DIG_Exit:
        pop r1,r4 from [sp]
retf
//==========================================================
//函数名称：DIG_Off
//C 函数调用：void DIG_Off(void)
//汇编调用：F_DIG_Off
//实现功能：停止数码管显示
//入口参数：无
//出口参数：无
//破坏寄存器：无
//==========================================================
_DIG_Off:
F_DIG_Off:
        push r1 to [sp]
        r1 = [P_DIG_Buf]
        r1 &= ~PIN_DIG_ALL
        [P_DIG_Buf] = r1
        r1 = 0xffff
        [R_CurDIG] = r1
        pop r1 from [sp]
```

```
retf
//===========================================================
//函数名称：DIG_On
//C 函数调用：void DIG_On(void)
//汇编调用：F_DIG_On
//实现功能：恢复数码管显示
//入口参数：无
//出口参数：无
//破坏寄存器：无
//===========================================================
_DIG_On:
F_DIG_On:
    push r1 to [sp]
    r1 = 0
    [R_CurDIG] = r1
    pop r1 from [sp]
retf
```

8.6.4 设置和更新时间部分

这部分包括初始化 IOB2 口同时开 2 Hz 中断、设置时间、更新时间等操作。其功能是设置时间和更新时间。其中，设置时间程序流程如图 8.6.5 所示。

图 8.6.5 中，先获得键值，然后根据 uiSetFlag 标志进行相应的操作，即执行"设置年"、"设置月"、"设置日"、"设置小时"、"设置分钟"五种操作中的一种，接下来再根据键值来选择执行"修改 uiSetFlag 标志"、"增加"、"减小"三种操作中的一种。如果没有按键按下，则不执行任何操作，直接跳过这步，最后清看门狗，然后进入循环。重复上述步骤。

这部分的代码如下：

```
//===========================================================
//     语法格式：void Set_Time(void)
//     实现功能：设置时间函数
//     参数：无
//     返回值：无
//===========================================================
void Set_Time(void)
{
    unsigned int uiKey;
    unsigned int uiTemp;
    while(1)
    {
        uiKey = Key_Get();
        *P_Watchdog_Clear = 0x0001;
        if(uiSetflag == 1)                              //调整分钟
```

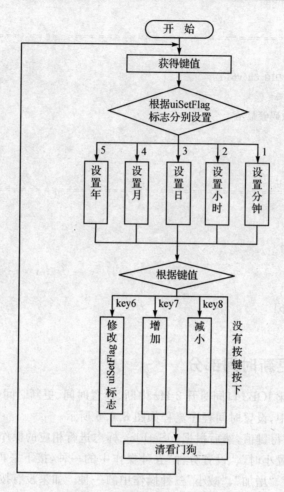

图 8.6.5 设置时间程序流程图

```
{
    if(g_Light == 1)
    {
        DIG_Set(3,Data[uiHour_H]);
        DIG_Set(4,Data[uiHour_L]);
        DIG_Set(5,Data[uiMinite_H]);
        DIG_Set(6,Data[uiMinite_L]);
    }
    if(g_Light == 0)
    {
        DIG_Set(3,Data[uiHour_H]);
        DIG_Set(4,Data[uiHour_L]);
        DIG_Set(5,0);
        DIG_Set(6,0);
    }
    switch(uiKey)
```

```c
        {
            case KEY6:
                uiSetflag = 2;
                uiKey = 0;
                break;
            case KEY7:
                uiMinite_L++;
                if(uiMinite_L == 10)
                {
                    uiMinite_L = 0;
                    uiMinite_H++;
                    if(uiMinite_H == 6)
                        uiMinite_H = 0;
                }
                break;
            case KEY8:
                uiMinite_L--;
                if(uiMinite_L == 0xffff)
                {
                    uiMinite_L = 9;
                    uiMinite_H--;
                    if(uiMinite_H == 0xffff)
                        uiMinite_H = 5;
                }
                break;
            default:
                break;
        }
    }
                    ……
if(uiSetflag == 5)                              //调整年
{
    if(g_Light == 1)
    {
        DIG_Set(1,0x0040);
        DIG_Set(2,Data[uiYear_H]);
        DIG_Set(3,Data[uiYear_MH]);
        DIG_Set(4,Data[uiYear_ML]);
        DIG_Set(5,Data[uiYear_L]);
        DIG_Set(6,0x0040);
    }
    if(g_Light == 0)
    {
```

```c
            DIG_Set(1,0x0040);
            DIG_Set(2,0);
            DIG_Set(3,0);
            DIG_Set(4,0);
            DIG_Set(5,0);
            DIG_Set(6,0x0040);
        }
        switch(uiKey)
        {
            case KEY6:
                uiSetflag = 7;
                uiKey = 0;
                break;
            case KEY7:
                uiYear_L ++ ;
                if(uiYear_L == 10)
                {
                    uiYear_L = 0;
                    uiYear_ML ++ ;
                }
                if(uiYear_ML == 10)
                {
                    uiYear_ML = 0;
                    uiYear_MH ++ ;
                }
                if(uiYear_MH == 10)
                {
                    uiYear_MH = 0;
                    uiYear_H ++ ;
                }
                if(uiYear_H == 10)
                {
                    uiYear_H = 0;
                    uiYear_MH = 0;
                    uiYear_ML = 0;
                    uiYear_L = 0;
                }
                break;
            case KEY8:
                uiYear_L -- ;
                if(uiYear_L == 0xffff)
                {
                    uiYear_L = 9;
```

```
                    uiYear_ML--;
                    if(uiYear_ML == 0xffff)
                    {
                        uiYear_ML = 9;
                        uiYear_MH--;
                        if(uiYear_MH == 0xffff)
                        {
                            uiYear_MH = 9;
                            uiYear_H--;
                            if(uiYear_H == 0xffff)
                            {
                                uiYear_H = 9;
                            }
                        }
                    }
if((uiYear_H == 0)&&(uiYear_MH == 0)&&(uiYear_ML == 0)&&(uiYear_L == 0))
                    {
                        uiYear_H = 9;
                        uiYear_MH = 9;
                        uiYear_ML = 9;
                        uiYear_L = 9;
                    }
                    break;
                default:
                    break;
            }
        }
        if(uiSetflag == 7)                              //退出设置模式,重新初始化 uiSetflag
        {
            uiSetflag = 8;
            uiKey = 0;
            uiTemp = *P_INT_Ctrl_New;                   //关闭 2 Hz 中断,不显示秒针
            uiTemp |= C_IRQ5_2Hz;
            *P_INT_Ctrl_New = uiTemp;
            uiDisp = 0;
        }
        if(uiSetflag == 8)
        {
            uiSetflag = 0;
            break;
        }
    }
}
```

```c
    }
// ================================================================
//      语法格式：void Time_Run(void)
//      实现功能：更新时间
//      参数：无
//      返回值：无
// ================================================================
void Time_Run(void)
{
    if(g_uiSecond_half == 120)                              //更新时分
    {
        g_uiSecond_half = 0;
        uiMinite_L ++ ;
    }
    if(uiMinite_L == 10)
    {
        uiMinite_L = 0;
        uiMinite_H ++ ;
    }
    if(uiMinite_H == 6)
    {
        uiMinite_H = 0;
        uiHour_L ++ ;
    }
    if((uiHour_H == 2)&&(uiHour_L == 4))
    {
            uiHour_H = 0;
            uiHour_L = 0;
            uiDay_L ++ ;
    }
    else
    {
        if(uiHour_L == 10)
        {
            uiHour_L = 0;
            uiHour_H ++ ;
        }
    }
            ……
    if(uiYear_L == 10)                                      //变更年份
    {
        uiYear_L = 0;
        uiYear_ML ++ ;
```

```
        }
        if(uiYear_ML == 10)
        {
            uiYear_ML = 0;
            uiYear_MH ++ ;
        }
        if(uiYear_MH == 10)
        {
            uiYear_MH = 0;
            uiYear_H ++ ;
        }
        if(uiYear_H == 10)
        {
            uiYear_H = 0;
        }
    }
```

8.6.5 语音部分

语音部分是本设计的重点部分,是本设计应用最频繁的部分,因为本设计的核心就是语音报站。这部分包括延时程序、S480放音程序、A2000放音程序、下一站提示程序和播放整条路线的程序。其功能是实现语音播报站点以及提示语。其放音程序流程如图8.6.6所示。

放音程序的具体工作过程是:先获取语音资源的开始地址与结束地址,然后初始化放音、队列与解码,接下来判断解码队列是否为空。如果不为空,则从中提取语音资源;如果为空,则进入下一个判断。下面再判断是否播放结束,如果播放结束,则进入下一个判断;如果没有结束,则进行语音资源解码。接下来判断是否有按键按下,如果有,则结束放音;如果没有,则继续放音。最后清看门狗,然后进入循环,重复上述步骤。

本设计中用到了两种音频压缩算法,分别是SACM_S480和SACM_A2000。SACM_S480的压缩比为80∶3或者80∶4.5,由于压缩比很大,会丢失很多信息,所以恢复后的声音效果不是很好,不能用于对声音效果要求很高的场合;SACM_A2000的压缩比是8∶1、8∶1.25或者8∶1.5,由于压缩比很小,会保留很多声音的信息,所以恢复后的声音效果很好,经常用于对声音效果要求很高的场合。本设计中,在播报站点方面由于对声音效果要求不太高,因此采用SACM_S480放音;而在播放音乐或者广告方面,由于对声音效果要求非常高,因此采用SACM_A2000放音。

SACM_S480放音程序代码如下:

```
//==============================================================
//    语法格式: void PlaySnd_S480(unsigned int SndIndex,unsigned int DAC_Channal)
//    实现功能: S480 放音函数
//    参数: SndIndex    语音放音序号;
//         DAC_Channal  选择DA通道
//    返回值:无
```

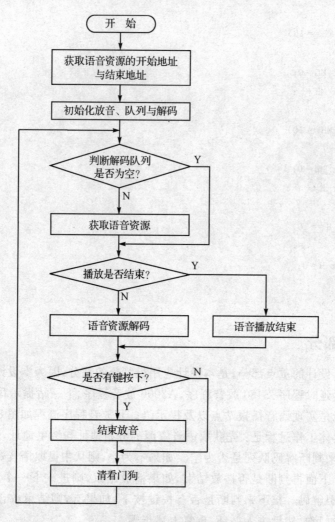

图 8.6.6　放音程序流程图

```
//===========================================================
void PlaySnd_S480(unsigned int SndIndex,unsigned int DAC_Channal)
{
unsigned int uiStatus;                              //语音播放状态
unsigned int uiRet;                                 //语音资源数据
unsigned int uiKey;                                 //键盘值
unsigned long ulCon_AddrHighest;
unsigned long ulCon_AddrHigh;
unsigned long ulCon_AddrLow;
unsigned long ulCon_AddrLowest;
unsigned long ulCon_StartAddr;                      //语音地址
unsigned long ulCon_EndAddr;
ulCon_AddrHighest = SP_SIOReadAByte(BASE_START_ADDRESS + SndIndex * 12);
                                                    //第一个播放文件地址
ulCon_AddrHighest = ulCon_AddrHighest << 24;
```

```c
ulCon_AddrHigh = SP_SIOReadAByte(BASE_START_ADDRESS + SndIndex * 12 + 1);
ulCon_AddrHigh = ulCon_AddrHigh << 16;
ulCon_AddrLow = SP_SIOReadAByte(BASE_START_ADDRESS + SndIndex * 12 + 2);
ulCon_AddrLow = ulCon_AddrLow << 8;
ulCon_AddrLowest = SP_SIOReadAByte(BASE_START_ADDRESS + SndIndex * 12 + 3);
ulCon_StartAddr = ulCon_AddrHighest | ulCon_AddrHigh | ulCon_AddrLow | ulCon_AddrLowest;
ulCon_StartAddr = ulCon_StartAddr + S480_HEAD;              //如果有文件头,则将文件头去掉
ulCon_AddrHighest = SP_SIOReadAByte(BASE_END_ADDRESS + SndIndex * 12);
ulCon_AddrHighest = ulCon_AddrHighest << 24;
ulCon_AddrHigh = SP_SIOReadAByte(BASE_END_ADDRESS + SndIndex * 12 + 1);
ulCon_AddrHigh = ulCon_AddrHigh << 16;
ulCon_AddrLow = SP_SIOReadAByte(BASE_END_ADDRESS + SndIndex * 12 + 2);
ulCon_AddrLow = ulCon_AddrLow << 8;
ulCon_AddrLowest = SP_SIOReadAByte(BASE_END_ADDRESS + SndIndex * 12 + 3);
ulCon_EndAddr = ulCon_AddrHighest | ulCon_AddrHigh | ulCon_AddrLow | ulCon_AddrLowest;
SACM_S480_Initial(0);
SACM_S480_InitQueue();
SACM_S480_InitDecoder(DAC_Channal);
    while(1)
    {
        while(SACM_S480_TestQueue() != 1)
        {
            if(ulCon_StartAddr >= ulCon_EndAddr)
            {
                break;
            }
            uiRet = SP_SIOReadAWord(ulCon_StartAddr);
            SACM_S480_FillQueue(uiRet);
            ulCon_StartAddr ++ ;
            ulCon_StartAddr ++ ;
        }
        if(SACM_S480_Status()&0x01)
        {
            SACM_S480_Decoder();
        }
        else
        {
            SACM_S480_Stop();
            break;
        }
        uiKey = Key_Get();
        if(uiKey != 0)
        {
```

```c
            SACM_S480_Stop();
        }
        *(unsigned int *)0x7012 = 0x0001;
    }
}
```

SACM_A2000 放音程序代码如下：

```c
//============================================================
//   语法格式：void PlaySnd_A2000(unsigned int SndIndex,unsigned int DAC_Channal)
//   实现功能：A2000 放音函数
//   参数：SndIndex     语音放音序号；
//         DAC_Channal  选择 DA 通道
//   返回值：无
//============================================================
void PlaySnd_A2000(unsigned int SndIndex,unsigned int DAC_Channal)
{
    unsigned int uiStatus;                              //语音播放状态
    unsigned int uiRet;                                 //存储语音资源
    unsigned long ulCon_AddrHighest;                    //语音资源的最高字节地址
    unsigned long ulCon_AddrHigh;                       //语音资源的高字节地址
    unsigned long ulCon_AddrLow;                        //语音资源的低字节地址
    unsigned long ulCon_AddrLowest;                     //语音资源的最低字节地址
    unsigned long ulCon_EndAddr;                        //语音资源的末地址
    unsigned long ulCon_StartAddr;
    unsigned int uiKey;
    ulCon_AddrHighest = SP_SIOReadAByte(BASE_START_ADDRESS + SndIndex * 12);
                                                        //第一个播放文件地址
    ulCon_AddrHighest = ulCon_AddrHighest << 24;
    ulCon_AddrHigh = SP_SIOReadAByte(BASE_START_ADDRESS + SndIndex * 12 + 1);
    ulCon_AddrHigh = ulCon_AddrHigh << 16;
    ulCon_AddrLow = SP_SIOReadAByte(BASE_START_ADDRESS + SndIndex * 12 + 2);
    ulCon_AddrLow = ulCon_AddrLow << 8;
    ulCon_AddrLowest = SP_SIOReadAByte(BASE_START_ADDRESS + SndIndex * 12 + 3);
    ulCon_StartAddr = ulCon_AddrHighest | ulCon_AddrHigh    //开始地址
                    | ulCon_AddrLow | ulCon_AddrLowest;
    ulCon_AddrHighest = SP_SIOReadAByte(BASE_END_ADDRESS + SndIndex * 12);
    ulCon_AddrHighest = ulCon_AddrHighest << 24;
    ulCon_AddrHigh = SP_SIOReadAByte(BASE_END_ADDRESS + SndIndex * 12 + 1);
    ulCon_AddrHigh = ulCon_AddrHigh << 16;
    ulCon_AddrLow = SP_SIOReadAByte(BASE_END_ADDRESS + SndIndex * 12 + 2);
    ulCon_AddrLow = ulCon_AddrLow << 8;
    ulCon_AddrLowest = SP_SIOReadAByte(BASE_END_ADDRESS + SndIndex * 12 + 3);
    ulCon_EndAddr = ulCon_AddrHighest | ulCon_AddrHigh | ulCon_AddrLow | ulCon_AddrLowest;
```

```c
                                            //结束地址
SACM_A2000_Initial(0);                      //初始化放音
SACM_A2000_InitQueue();                     //初始化队列
SACM_A2000_InitDecoder(DAC_Channal);        //初始化解码
    uiStatus = 1;                           //初始化放音状态
    while(uiStatus)
    {
        while(SACM_A2000_TestQueue() != 1)  //解码队列是否为空
        {
            if(ulCon_StartAddr >= ulCon_EndAddr)  //文件结束?
            {
                uiStatus = 0;               //如果文件结束,则结束放音
                break;
            }
            uiRet = SP_SIOReadAWord(ulCon_StartAddr);//取得语音资源
            SACM_A2000_FillQueue(uiRet);    //填充解码队列
            ulCon_StartAddr ++ ;            //移动资源指针
            ulCon_StartAddr ++ ;
        }
        if(uiStatus)                        //解码
        {
            SACM_A2000_Decoder();
        }
        else                                //停止放音
        {
            SACM_A2000_Stop();
        }
        uiKey = Key_Get();
        if(uiKey != 0)
            uiStatus = 0;
        *(unsigned int *)0x7012 = 0x0001;
    }
}
```

下一站提示程序代码如下:

```c
//=============================================================
//    语法格式: void NextStation(unsigned int Num)
//    实现功能: 语音提示下一站
//    参数: SndIndex    语音放音序号
//    返回值: 无
//=============================================================
void NextStation(unsigned int Num)
{
```

```c
        PlaySnd_S480(16,3);                    //下一站
        if((Num == 16)||(Num == 0))
        {
            PlaySnd_S480(20,3);                //终点站
        }
        Delay(0xffff);                         //延时,语句间的停顿
        PlaySnd_S480(Num + 25,3);              //站名
        Delay(0xffff);
        PlaySnd_S480(17,3);                    //请下车的乘客带好物品
}
//==============================================================
//      语法格式:void ComingStation(unsigned int uiNum)
//      实现功能:语音提示下一站
//      参数:SndIndex   语音放音序号
//      返回值:无
//==============================================================
void ComingStation(unsigned int uiNum)
{
    PlaySnd_S480(69,3);
    Delay(0xffff);
    PlaySnd_S480(18,3);
    Delay(0xffff);
    PlaySnd_S480(uiNum + 25,3);
    PlaySnd_S480(19,3);
    Delay(0xffff);
    if((uiNum == 16)||(uiNum == 0))
    {
        PlaySnd_S480(21,3);                    //再见
    }
}
```

播报整条路线程序的代码如下:

```c
void Broadcast(unsigned int Num)
{
    if(Num == 52)
    {
        PlaySnd_S480(22,3);                    //欢迎乘坐 52 路公共汽车,本车沿途停靠
        Delay(0xffff);                         //延时
        Delay(0xffff);
        Delay(0xffff);
        PlaySnd_S480(25,3);                    //北京西站
        Delay(0xffff);
        Delay(0xffff);
```

```
            Delay(0xffff);
            PlaySnd_S480(26,3);              //什坊院
            Delay(0xffff);
            Delay(0xffff);
            Delay(0xffff);
            ……
            PlaySnd_S480(41,3);              //平乐园
            Delay(0xffff);
            Delay(0xffff);
            Delay(0xffff);
            PlaySnd_S480(23,3);              //上行,开往平乐园
            PlaySnd_S480(24,3);              //下行,开往北京西站
            PlaySnd_S480(67,3);              //请遵守文明公约,主动让座给老弱病残孕乘
                                             //客,谢谢
        }
    }
```

8.7 方案实现

要想实现本设计方案,首先应该准备好待播放的语音资源。要想得到该语音资源,可以利用凌阳公司提供的语音资源,也可以自己录。资源格式要求必须是 wave 格式,如果是 mp3 格式,则需要利用软件将 mp3 格式转化成 wave 格式。具体方案实现步骤如下:

① 使用 Windows 自带的录音机程序将 wave 文件打开,如图 8.7.1 所示。

② 选择"文件"→"另存为"菜单项,在弹出的窗口中单击"更改",弹出如图 8.7.2 所示对话框。在属性列表框中选择"8.000 kHz,16 位,立体声,31 KB/秒",然后单击"确定"按钮。注意,如果文件不能修改,请将 wave 文件的只读属性去掉。

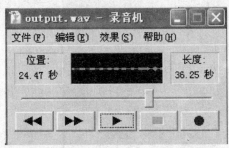

图 8.7.1　用录音机打开 wave 文件

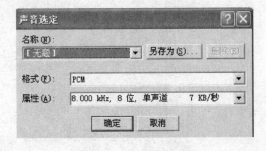

图 8.7.2　选择文件属性

③ 启动 compress 软件(凌阳公司提供的音频压缩工具)。

④ 打开需要压缩的语音文件,如图 8.7.3 所示。

⑤ 选择压缩后目标文件的路径、名称以及压缩方法,然后单击"压缩"按钮开始压缩文件,如图 8.7.4 所示。

注意:由于本设计使用了两种语音压缩算法,即 S480 和 A2000,播放站点是用 S480 算

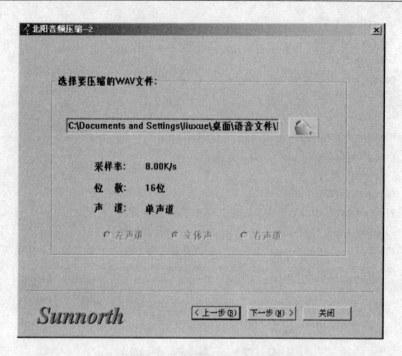

图 8.7.3　打开需要压缩的语音文件

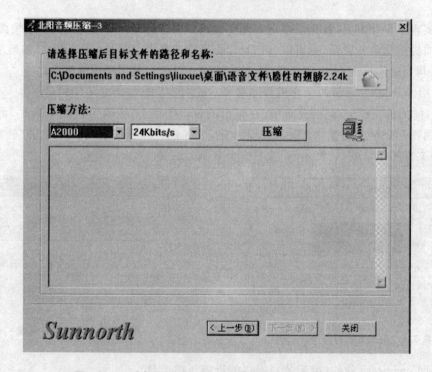

图 8.7.4　选择压缩后目标文件的路径、名称及压缩方法

法,而播放音乐或广告时用 A2000 算法。故在此处,如果是压缩播报站点的语音资源,那么压缩方法选择"S480,4.8 Kbit/s";如果是压缩音乐或广告的语音资源,那么压缩方法选择"A2000,24 Kbit/s"。

⑥ 使用 10 Pin 排线将 SPR4096 模组与 61 板的正电源、IB0、IB1、负电源对应相连,61 板 I/O 口选择 3.3 V。

⑦ 将 EZ_Probe 与 SPR4096 模组的 EZ_Probe 接口相连,并按图 8.7.5 所示设置 SPR4096 模组跳线。

⑧ 启动 ResWriter 工具,打开语音文件,单击"自动烧写"按钮,如图 8.7.6 所示。

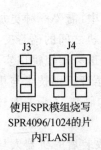

使用SPR模组烧写 SPR4096/1024的片内FLASH

图 8.7.5　跳线设置

图 8.7.6　打开待烧写文件

注意:必须确保语音资源正确烧写到了存储器,否则,语音资源无法播放。

⑨ 按照总设计电路的连线方法连接硬件。注意将 SPR 模组的跳线正确设置。

⑩ 将公交车报站器工程文件下载到 61 板上,并运行程序。

到此,一个完整的公交车报站器系统就制作完成了。

第 9 章 语音识别机器人的设计与实现

9.1 案例点评

随着现代科技和计算机技术的不断发展,人们在与机器的信息交流中,需要一种更加方便、自然的交互方式,而语言是人类最重要且最有效的信息资源。实现人机之间的语音交互,让机器听懂人的话是人们梦寐以求的事情。语音识别技术的发展,使得这一理想得以实现。从机器人的发展和应用以及国内外对语音识别技术的研究现状来看,把语音识别技术与机器人控制技术相结合,正成为目前研究的热点。对机器人的人机交互问题的研究,不但具有较好的理论意义,而且有较大的实用价值。

本方案以 SPCE061A 单片机为核心,改装市场上的玩具机器人,使改装后的机器人具有语音识别能力,根据识别不同语音命令来完成走步、跳舞等动作,并伴随语音应答,趣味性很强,可以大大提高学生学习单片机的兴趣。

9.2 设计任务

利用 SPCE061A 单片机、机器人机体(装有 5 个电机,其中 2 个用于控制双腿走路,1 个用于控制头部旋转,1 个用于推进飞盘,1 个用于发射飞盘)组装成语音识别机器人,要求语音识别机器人能够完成下述功能:

① 通过语音命令对其进行控制;
② 两种跳舞模式;
③ 走步功能、转向功能和转头功能;
④ 发射飞盘功能;
⑤ 要求语音识别机器人可以识别 15 条语音命令。

扩展功能:

① 外接 SPR4096 存储器,如果存储器容量足够大,则理论上可以识别出任意多条语音控制指令;
② 增加无线通信模组,实现远程控制机器人;
③ 增加电机数量,用来控制机器人的胳膊和腰部,使其能够蹲下并拿起地上的物品。

9.3 设计意义

机器人是很好的兴趣产品,可以提高同学们利用单片机控制电机的兴趣。本文介绍以 SPCE061A 作为主控制器,外加电机驱动电路,采用特定人语音识别对机器人进行语音控制,同学们可以发挥想象力来操作机器人完成各种动作。通过本课程设计,有助于对语音识别技术有更深一步的了解,对机器人听觉技术有一种感性认识,为将来从事机器人听觉技术的开发研究提供一个方向。

9.4 系统结构和工作原理

1. 机器人实物图

机器人实物如图 9.4.1 所示。

注意事项如下:
- 机器人在发射飞盘时不要面向人,以免受伤;
- 机器人要轻拿轻放,避免摔打;
- 在安装电池时注意正负极,否则容易烧坏机器人电机或主控制板。

2. 系统总体介绍

语音识别机器人系统以 SPCE061A 为核心,结合机器人机体,系统拓扑结构如图 9.4.2 所示。

本系统实现的主要功能如下:
- 通过语音命令对机器人进行控制;
- 可以跳两首舞曲;
- 走步功能、转向功能、转头功能;
- 发射飞盘功能;
- 机器人在做相关的动作时,会伴随着特定的声音或音乐,以增强视听效果和趣味性。

图 9.4.1 机器人实物图

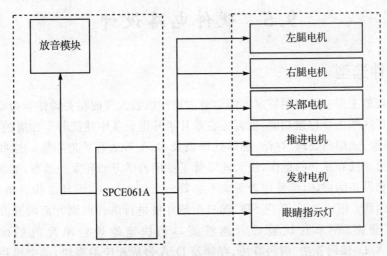

图 9.4.2 系统拓扑结构图

3. 61 板与机器人连线示意图(见图 9.4.3)

系统主要由 61 板、机器人和电机驱动电路构成,另外还使用了扬声器。61 板作为整个系统的主控板,本设计使用了 61 板的 IOB7~IOB15 接口作为 61 板与机器人电机驱动电路的连

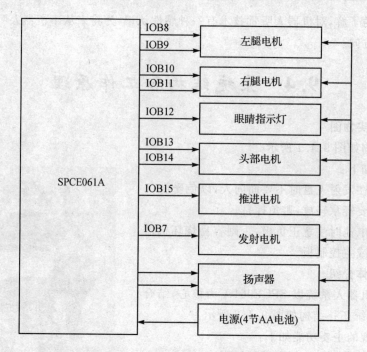

图 9.4.3　61 板与机器人连线示意图

接口,驱动电路用来将 61 板输出的信号转化为能够驱动电机正反转的的信号。在 61 板的控制下,机器人能完成各种特定动作。另外,增加了特定人语音识别功能(语音命令通过 61 板的麦克录入),通过语音命令来控制机器人,使机器人智能化。扬声器用来播放机器人的应答音、音乐舞曲以及在训练机器人时系统的提示音。

9.5　硬件电路设计

9.5.1　器件选型

本系统实现的主要功能是用特定人的语音来控制机器人完成相关动作和命令。如果采用传统单片机实现这些语音控制功能,就需要在单片机外围设备中挂接若干相应的功能模块,以实现 A/D 采样输入、编码处理、存储、解码处理以及 D/A 等语音处理功能。这些设备和器件需要进行繁琐的连线和复杂的操作,极大地降低了使用者学习和开发的效率,如稍有不慎就有可能造成器件和设备的损坏,给使用者带来不必要的麻烦和损失,而且这些设备昂贵,提高了单片机学习的门槛。相比之下,采用 SPCE061A 单片机进行语音识别方面的开发比采用传统单片机简化了很多,使单片机爱好者能够简单而快速地进行单片机的研究和开发。SPCE061A 将 A/D、编码算法、解码算法、存储及 D/A 做成相应的模块,每个模块都有其应用程序接口函数(API),用户只需了解每个模块所要实现的功能及 API 函数中参数的含义,然后调用该 API 函数即可实现语音处理功能。因此,本系统采用了具有语音处理功能的 SPCE061A 单片机作为语音识别机器人的主控板。

9.5.2 单元电路设计

1. 电源电路模块

61板电源部分的电路见图3.4.6,更详细的内容参见第3章相关内容。

SPCE061A的内核供电为3.3 V,而I/O端口可接3.3 V,也可以接5 V,所以在61板上的电源模块中有一个端口电平选择跳线,如图9.5.1中的J5所示。由于本系统需要的端口高电平为3.3 V,所以图中J5跳线需要跳到2和3上(即J5跳线把Vio和3 V短接起来)。

2. 麦克音频输入模块

由麦克采集来的语音信号经AGC(自动增益控制放大)后进入麦克输入通道进行A/D转换。音频录入电路主要分为麦克、AGC电路、ADC电路等部分。由于SPCE061A内置了AGC电路和ADC电路,所以实现音频录入的外围电路变得相当简单。麦克输入电路原理如图9.5.1所示。

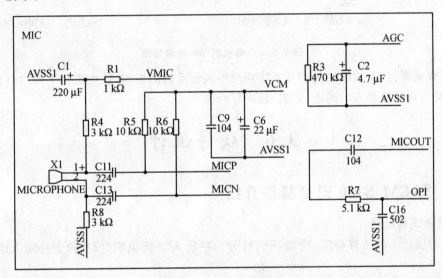

图 9.5.1 麦克输入电路原理图

语音信号经麦克转换成电信号,由隔直电容隔掉直流成分,输入至SPCE061A内部的前置放大器。SPCE061A内部的自动增益控制电路AGC能随时跟踪、监视前置放大器输出的音频信号电平,当输入信号增大时,AGC电路自动减小放大器的增益;当输入信号减小时,AGC电路自动增大放大器的增益,以便使进入A/D的信号保持在最佳电平,又可使削波减至最小。

3. 电机驱动模块

由于从61板I/O端口输出的控制信号无法直接驱动电机,所以需要一个信号转化电路,将61板I/O端口输出的信号转化为能够驱动机器人电机正反转的信号。电机驱动电路原理如图9.5.2所示,图(a)为左右腿、脖子电机驱动电路,图(b)为推进、发射电机驱动电路。

机器人电机驱动电路采用功率较大的三极管搭成H桥来驱动电机,可以实现电机的正向旋转与反向旋转。另外,使用了一个三极管驱动单向旋转的电机,驱动电路比较简单。驱动电

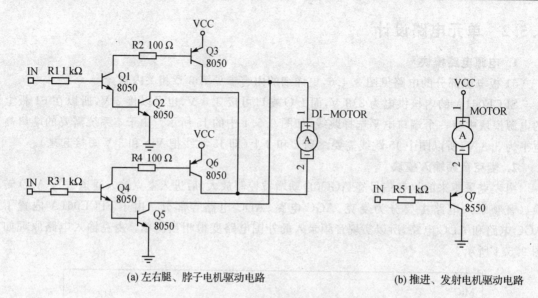

(a) 左右腿、脖子电机驱动电路　　　　　　(b) 推进、发射电机驱动电路

图 9.5.2　电机驱动电路原理图

路的作用就是根据 61 板的输出信号来实现对电机正反转的控制,使电机在不同的组合状态下运转,最终实现了机器人的前进、后退、转向等功能。

9.6　软件设计

9.6.1　SACM_S480 语音算法介绍

1. 语音识别概述

根据对说话人的依赖程度,语音识别可分为特定人语音识别(SD)和非特定人语音识别(SI)。

- 特定人语音识别是指只能辨认特定使用者的语音,训练→使用;
- 非特定人语音识别是指可辨认任何人的语音,无需训练。

根据对说话方式的要求,语音识别可分为孤立词识别和连续语音识别。

- 孤立词识别是指每次只能识别单个词汇;
- 连续语音识别是指使用者以正常语速说话,即可识别其中的语句。

2. 语音识别原理

语音识别原理如图 9.6.1 所示。

语音识别主要分为训练和识别两个阶段。在训练阶段,单片机对采集到的语音样本进行分析处理,从中提取出语音特征信息,建立一个语音特征模型。在识别阶段,单片机仍然对采集到的语音样本进行同样的分析处理,提取出语音的特征信息,然后将这个特征信息与已有的特征模型进行对比,如果二者达到了一定的匹配度,则输入的语音被识别。

3. SPCE061A 实现语音识别的步骤

由于在特定人语音识别的训练和识别过程中,语音样本采集都是在中断服务程序中进行的,所以 SPCE061A 实现语音识别的步骤,分为训练、识别以及在训练和识别过程中的中断情

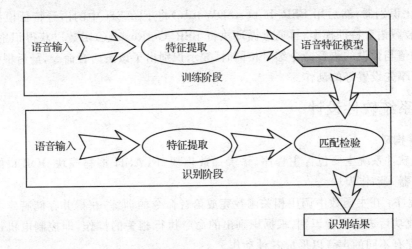

图 9.6.1　语音识别原理图

况，如图 9.6.2 所示。

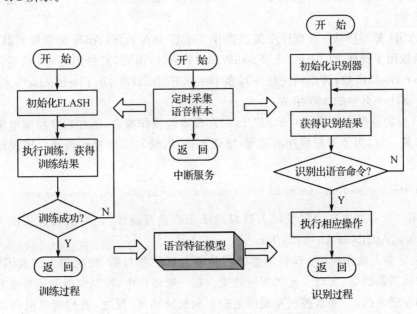

图 9.6.2　SPCE061A 实现语音识别框图

在训练之前，首先要执行 BSR_DeleteSDGroup(0)，对 FLASH 初始化，这是因为训练得到的特征模型是保存在 FLASH 中的，所以要预先准备好 FLASH 空间。然后编写训练函数。BSR_Train()函数就是实现"训练"的，它有两个参数：WordID 是用户为每条语音命令指定的一个编号，它的范围是 0x0001～0x0FFF，此后就可以利用这个编号区分每条语音命令了；另一参数 BSR_TRAIN_TWICE 表示该条语音命令需要训练两次，也可选 BSR_TRAIN_ONCE，只训练一次，但识别的准确度将大大降低。如果第一次训练成功，BSR_Train()将返回－2，那么第二次训练成功将返回 0。如果 BSR_Train()函数返回了－2 和 0 以外的数，则表明训练失败，需要重新训练该条命令。

当 15 条命令都训练成功后，就可以进行识别了。识别之前要执行 BSR_InitRecognizer()

函数,初始化识别器;然后用 BSR_ImportSDWord()将 FLASH 中的语音特征模型导入到辨识器中,即装载语音特征模型;再通过循环执行 BSR_GetResult()函数以获得识别结果,当这个函数返回值与预设的语音命令编号相同时,表示识别出了该条语音命令,最后根据识别出来的命令执行事先设置好的动作。

9.6.2 系统软件设计

1. 软件构成

本方案软件系统主要包含主程序、语音播放模块、FLASH 擦写模块、IOB 口的位操作模块和控制机器人动作模块。

① 主程序:在主函数中调用相关函数完成语音命令的训练,获得并存储特定人语音特征模型;训练成功后进行语音识别,根据识别出的命令执行相关的操作,即控制电机正向或反向旋转,同时配有不同的声音以形成各种动作。

② 语音播放模块:在本系统的软件设计当中,将语音播放的程序设计为语音播放模块,可方便调用。语音播放程序分为两部分,一部分是播放流程控制程序,一部分是播放中断服务程序。

③ FLASH 擦写模块:在程序中按照操作 SPCE061A 的 FLASH 的步骤对其进行擦写,写了 3 个函数用于操作 FLASH。F_FlashWrite1Word()函数,其作用是写一个字到 FLASH 中;F_FlashWrite()函数,其作用是顺序写多个字到 FLASH 中;F_FlashErase()函数,其作用是擦除 FLASH 一页中的 256 字节。

④ IOB 口的位操作模块:由于 SPCE061A 没有位操作指令,而在程序控制电机的时候经常需要操作某一位,为了方便程序的编写,增强可读性,编写了位操作模块。该模块编写的函数为

Set_IOB_Bit(unsigned int, unsigned int, unsigned int, unsigned int, unsigned int)

其中,第一个参数含义为需要对 I/O 口的哪个位进行操作,之后的参数依次为操作 I/O 口的 Dirretory、Attribion、Data、Buffer。

⑤ 控制机器人动作模块:这些函数能够控制电机的通与断,使机器人完成不同的动作,当需要的时候播放语音,实现一定的视听效果。在一般动作中,控制电机的正转或者反转就可以了。比如左腿向前走,那么控制左腿的电机正向旋转即可;反之,就控制电机向相反方向旋转。只有跳舞动作稍微复杂了一点,在跳舞动作中采用语音与动作同时进行的方法。将语音资源分成许多小段,播放一点语音,执行一点动作,然后再播放语音……将语音分成小段的目的就是便于调整机器人动作,否则播放语音时不能调整机器人的动作,这样机器人的动作就单调了。本模块主要是通过调用函数 Set_IOB_Bit()实现对 I/O 口的操作。

2. API 函数的功能介绍

本设计采用的语音压缩算法是 SACM_S480,以下就 SACM_S480 算法介绍其 API 函数功能,见表 9.6.1(只介绍程序中用到的函数,其他 API 函数请参考凌阳科技大学计划网站)。

表 9.6.1 API 函数说明

函数名	功能说明
BSR_InitRecognizer()	辨识器初始化
BSR_GetResult()	获取辨识结果
BSR_Train()	训练函数
BSR_StopRecognizer()	停止辨识
BSR_InitRecognizer()	辨识器初始化
BSR_EnableCPUIndicator()	判断识别过程中 CPU 运算速度是否满足识别要求
SACM_S480_Initial()	SACM_S480 语音播放之前的初始化
SACM_S480_ServiceLoop()	获取语音资料,填入译码队列
SACM_S480_Play()	播放资源中 SACM_S480 语音或乐曲
SACM_S480_Stop()	停止播放
SACM_S480_Pause()	暂停播放
SACM_S480_Resume()	暂停后恢复
SACM_S480_Volume()	音量的控制
BSR_FIQ_Routine()	语音识别中断服务程序
F_FIQ_Service_SACM_S480	用作 SACM_S480 语音背景程序的中断服务子程序
RobotSystemInit()	初始化 IOB 口
IsFirstDownLoad()	判断是否为第一次下载程序
FormatFlash()	格式化需要存储命令的存储器
TrainFiveCommand()	训练 5 条命令
SaveFiveCommand()	存储 5 条命令
PlaySnd()	播放与 SndIndex 相对应的语音
F_FlashWrite1Word()	写一个字到 FLASH 中
F_FlashErase()	擦除一页中的 256 字节
ImportFiveCommand()	将 FLASH 中指定的 5 条语音命令的特征模型导入到辨识器中
Robot_Go()	机器人向前走
Robot_HeadTurnLeft()	机器人向左瞄准
Robot_Backup()	机器人向后退
Robot_HeadTurnRight()	机器人向右瞄准
Robot_Dance()	机器人跳一曲舞
Robot_TurnLeft()	机器人向左转身
Robot_Shoot_Prepare()	机器人做好发射飞盘的准备
Robot_Shoot2()	将飞盘弹射出去
Robot_DanceAgain()	控制机器人再跳一曲舞
TrainWord()	训练函数,用来获得各条命令的特征模型
Robot_Backup()	机器人向后走
Robot_TurnRight()	机器人向右转身
Robot_Shoot_Five()	连续发射飞盘

3. 各模块程序设计

(1) 主程序

语音识别机器人的主程序由四部分组成,依次是初始化、训练、识别和重训操作。

① 初始化。将 IOB7~IOB15 初始化为低电平输出,用于初始化电机。

② 训练。这部分的工作就是建立语音命令的特征模型。程序先判断机器人是否被训练过,如果没有训练过则先格式化需要存储语音命令特征模型的存储器,然后对语音命令进行训练,在训练成功之后将训练得到的模型存储到 FLASH 中。按顺序训练以下 15 条指令:"名称""开始""准备""跳舞""再来一曲""开始""向前走""倒退""右转""左转""准备""向左瞄准""向右瞄准""发射""连续发射",每条指令要训练两遍。当一条指令训练成功后系统会提示进入下一条;如果没有训练成功则要求重复训练该指令,直到训练成功为止。

③ 识别。识别时先把存储在 FLASH 中的特征模型装载到辨识器中。首先了解一下本设计所用到的 15 条命令的语音特征模型在 FLASH 中的存储情况。由于系统只能同时识别 5 条语音命令,故需要将 15 条语音命令分成三组存放到 FLASH 中,如表 9.6.2 所列。

表 9.6.2　15 条命令的分组情况

分　组	触发名称	命令一	命令二	命令三	命令四
第一组	杰克	开始	准备	跳舞	再来一曲
第二组	开始	向前走	倒退	左转	右转
第三组	准备	向左瞄准	向右瞄准	发射	连续发射

每一组命令的"触发名称"都是作为该组的触发命令,"命令一"、"命令二"、"命令三"和"命令四"作为动作命令。细心的读者会发现,第一组的"命令一"和"命令二"分别是第二组和第三组的触发名称。为什么要这样分组呢?这样做是因为受 FLASH 空间的限制,系统最多可同时识别 7 条语音命令。如果需要识别更多语音命令,只能采用命令分组的方法。本设计由于其他程序占用了较多 FLASH 空间(如语音播放程序等),所以只能同时识别 5 条语音命令,故将 15 条语音命令分成三组存放到 FLASH 中。当系统处于触发状态(识别状态)时,要执行某一组中的某个动作,首先需要得到该组的触发名称,然后才能执行该组的动作,而且此时只能执行该组中的动作而不能执行其他组的动作。若要执行其他组的动作,则需要先获得其对应组的触发名称,也就是说,不同组之间需要根据触发名称来切换指令。所以将第二组和第三组的触发名称分别作为第一组的"命令一"和"命令二"。这样,就能且只能从第一组切换到第二组或第三组,如图 9.6.3 所示。

④ 重训操作。考虑到可能会有重新训练的需求,将 61 板的 KEY3 设置为用于重新训练的按键。循环扫描该按键,一旦检测到此键按下,则擦除 FLASH 标志位,主程序重新执行。

主程序流程如图 9.6.4 所示。

主程序的源代码如下:

```
#include "bsrSD.h"            //语音识别函数库的头文件,用来声明各 API 函数的功能
#include "robot.h"             //头文件,用来宏定义整个项目中用到的各个常量
extern void RobotSystemInit(void);
extern unsigned int IsFirstDownLoad(void);
extern void FormatFlash(void);
```

第9章 语音识别机器人的设计与实现

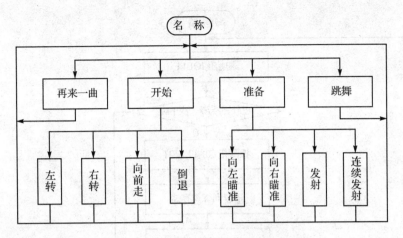

图 9.6.3 各条指令之间的逻辑关系图

```
extern void TrainFiveCommand(void);
extern void SaveFiveCommand(unsigned int uiAddr);
extern void ImportFiveCommand(unsigned int uiAddr_Import);
extern unsigned int TrainWord(unsigned int WordID,unsigned int SndIndex);
extern void PlaySnd(unsigned int SndIndex);
extern void Robot_DanceAgain(unsigned int n);
extern void Robot_Dance(unsigned int n);
extern void Robot_Go(unsigned int n);
extern void Robot_Backup(unsigned int n);
extern void Robot_TurnLeft(unsigned int n);
extern void Robot_TurnRight(unsigned int n);
extern void Robot_HeadTurnLeft(unsigned int n);
extern void Robot_HeadTurnRight(unsigned int n);
extern void Robot_Shoot_Prepare(unsigned int n);
extern void Robot_Shoot2(unsigned int n);
extern void Robot_Shoot_Five(unsigned int n);
extern void F_FlashWrite1Word(unsigned int,unsigned int);
extern void F_FlashErase(int);
extern void Delay(unsigned int);
int main(void)
{
    unsigned int uiFlagFirst;         //是否为第一次下载
    unsigned int uiRes;               //识别结果
    unsigned int uiActivated;         //是否处于待命状态（触发状态）
    unsigned int uiTimerCount;        //时间是否超时
    unsigned int uiBS_Team;           //标识现在是第几组命令（共三组命令）
                                      //在识别器当中
    unsigned int uiKey;               //存储键盘值,若按下则将重新训练
    RobotSystemInit();
```

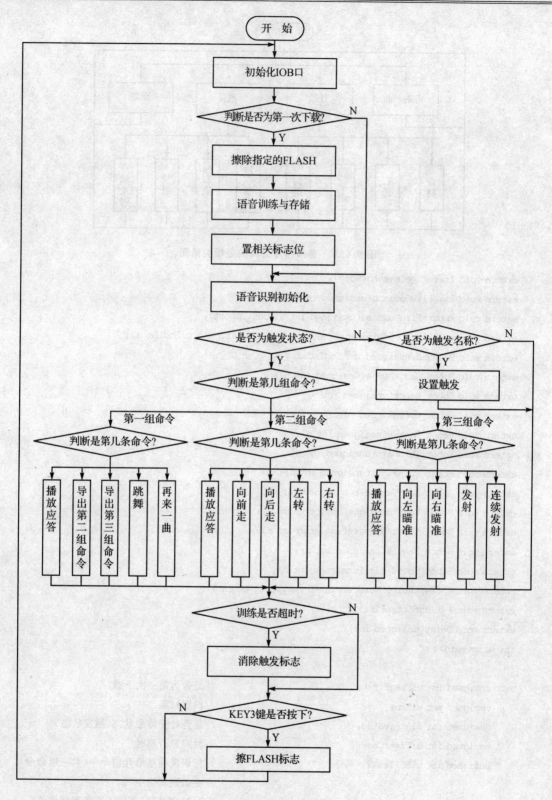

图 9.6.4 主程序流程图

```c
    uiActivated = 0;
    uiFlagFirst = IsFirstDownLoad();            //判断是否为第一次下载程序
    if(uiFlagFirst == 1)
    {
        FormatFlash();                          //格式化需要存储命令的存储器
        TrainFiveCommand();                     //训练第一组的 5 条命令
        SaveFiveCommand(0xf700);                //存储 5 条命令
        PlaySnd(OK);                            //播放 Ok,Let's go,表示第一组命令存储结束
        PlaySnd(LETUSGO);
        TrainFiveCommand();                     //训练第二组的 5 条命令
        SaveFiveCommand(0xf900);                //存储 5 条命令
        PlaySnd(FOLLOWME);                      //播放 FOLLOW ME
        TrainFiveCommand();                     //训练第三组的 5 条命令
        SaveFiveCommand(0xfb00);                //存储 5 条命令
        PlaySnd(HO);                            //播放 HO,HOO,HOO,HOOO
        PlaySnd(HOO);
        PlaySnd(HOO);
        PlaySnd(HOOO);
        PlaySnd(HO);
        PlaySnd(HOO);
        PlaySnd(HOO);
        PlaySnd(HOOO);
        uiFlagFirst = 0xaaaa;
        F_FlashWrite1Word(0xfd00,0xaaaa);       //置 FLASH 标志位,开始识别
    }
//======================================================================
//将第一组的 5 条命令导入辨识器,同时置 uiBS_Team = 0
    ImportFiveCommand(0xf700);
    uiBS_Team = 0;
//======================================================================
//开始识别
Loop:
    BSR_InitRecognizer(BSR_MIC);                //初始化辨识器
    while(1)
    {
        *(unsigned int *)0x7012 = 1;            //清看门狗
        uiRes = BSR_GetResult();                //取得识别结果
        if(uiRes > 0)
        {
            if(uiActivated)                     //系统处于触发状态时执行以下操作
            {
                uiTimerCount = 0;
                switch(uiRes)
```

```c
        {
            case NAME_ID:
            switch(uiBS_Team)
            {
                case 0:                          //第一组的第一条指令(杰克)
                PlaySnd(OK);                     //播放 Ok
                break;
                case 1:                          //第二组的第一条指令(开始)
                PlaySnd(OK);                     //播放 Ok,Let's go Yeah
                PlaySnd(LETUSGO);
                PlaySnd(YEAH);
                break;
                case 2:                          //第三组的第一条指令(准备)
                PlaySnd(OK);                     //播放 Ok
                break;
            }
            break;
            case Command_One_ID:
            switch(uiBS_Team)
            {
                case 0:                          //第一组的第二条指令(开始)
//================================================================
//将第二组命令导入辨识器中,并修改 uiBS_Team 为 1,播放 Ho,Hoo,Hooo,返回 Loop
                ImportFiveCommand(0xf900);
                uiBS_Team = 1;
                PlaySnd(HO);
                PlaySnd(HOO);
                PlaySnd(HOO);
                PlaySnd(HOOO);
                goto Loop;
                break;
                case 1:                          //第二组的第二条指令(向前走)
                Robot_Go(1);
                PlaySnd(WALK);
//================================================================
//刚才的动作执行完后,将第一组命令导入识别器中,并修改 uiBS_Team 为 0,返回 Loop
                ImportFiveCommand(0xf700);
                uiBS_Team = 0;
                goto Loop;
                break;
                case 2:                          //第三组的第二条指令(向左瞄准)
                Robot_HeadTurnLeft(1);
                PlaySnd(TURNHEAD);
```

```c
                PlaySnd(TURNHEAD);
                PlaySnd(TURNHEAD);
//================================================================
//刚才的动作执行完后,将第一组命令导入识别器中,并修改 uiBS_Team 为 0,返回 Loop
                ImportFiveCommand(0xf700);
                uiBS_Team = 0;
                goto Loop;
                break;
            }
            *(unsigned int *)0x7012 = 1;    //清看门狗
            uiActivated = 0;
            break;
        case Command_Two_ID:
            switch(uiBS_Team)
            {
                case 0:                     //第一组的第三条指令(准备)
//================================================================
//将第三组命令导入辨识器中,修改 uiBS_Team 为 2,播放 Ho,Hoo,Hooo,返回 Loop
                ImportFiveCommand(0xfb00);
                uiBS_Team = 2;
                PlaySnd(HO);
                PlaySnd(HOO);
                PlaySnd(HOO);
                PlaySnd(HOOO);
                goto Loop;
                break;
                case 1:                     //第二组的第三条指令(倒退)
                Robot_Backup(1);
                PlaySnd(WALK);
//================================================================
//刚才的动作执行完后,将第一组命令导入辨识器中,并修改 uiBS_Team 为 0,返回 Loop
                ImportFiveCommand(0xf700);
                uiBS_Team = 0;
                break;
                case 2:                     //第三组的第三条指令(向右瞄准)
                Robot_HeadTurnRight(1);
                PlaySnd(TURNHEAD);
                PlaySnd(TURNHEAD);
                PlaySnd(TURNHEAD);
//================================================================
//刚才的动作执行完后,将第一组命令导入辨识器中,并修改 uiBS_Team 为 0,返回 Loop
                ImportFiveCommand(0xf700);
                uiBS_Team = 0;
```

```c
            goto Loop;
            break;
    }
    *(unsigned int *)0x7012 = 1;      //清看门狗
    uiActivated = 0;
    break;
case Command_Three_ID:
    switch(uiBS_Team)
    {
        case 0:                         //第一组的第四条指令(跳舞)
            Robot_Dance(2);
            *(unsigned int *)0x7012 = 0x0001;   //清看门狗
            break;
        case 1:                         //第二组的第四条指令(左转)
            Robot_TurnLeft(1);
            PlaySnd(WALK);
//=================================================================
//刚才的动作执行完后,将第一组命令导入辨识器中,并修改 uiBS_Team 为 0,返回 Loop
            ImportFiveCommand(0xf700);
            uiBS_Team = 0;
            goto Loop;
            break;
        case 2:                         //第三组的第四条指令(发射)
            Robot_Shoot_Prepare(5);
            Delay(1500);
            Robot_Shoot2(3);
//=================================================================
//刚才的动作执行完后,将第一组命令导入辨识器中,并修改 uiBS_Team 为 0,返回 Loop
            ImportFiveCommand(0xf700);
            uiBS_Team = 0;
            goto Loop;
            break;
    }
    *(unsigned int *)0x7012 = 1;      //清看门狗
    uiActivated = 0;
    break;
case Command_Four_ID:
    switch(uiBS_Team)
    {
        case 0:                         //第一组的第五条指令(再来一曲舞蹈)
            Robot_DanceAgain(2);
            break;
        case 1:                         //第二组的第五条指令(右转)
```

```c
                    Robot_TurnRight(1);
                    PlaySnd(WALK);
//====================================================================
//刚才的动作执行完后,将第一组命令导入辨识器中,并修改 uiBS_Team 为 0,返回 Loop
                    ImportFiveCommand(0xf700);
                    uiBS_Team = 0;
                    goto Loop;
                    break;
                case 2:                          //第三组的第五条指令(连续发射)
                    Robot_Shoot_Prepare(5);
                    Delay(1500);
                    Robot_Shoot_Five(3);
//====================================================================
//刚才的动作执行完后,将第一组命令导入辨识器中,并修改 uiBS_Team 为 0,返回 Loop
                    ImportFiveCommand(0xf700);
                    uiBS_Team = 0;
                    goto Loop;
                    break;
                }
                *(unsigned int *)0x7012 = 1;     //清看门狗
                uiActivated = 0;
                break;
            }
        }
        else                                     //系统未处于触发状态时执行以下操作
        {
            if(uiRes == NAME_ID)                 //若识别出触发名称"杰克",则置系统为
                                                 //触发状态
            {
                *(unsigned int *)0x7012 = 1;
                uiActivated = 1;                 //置系统为触发状态
                uiTimerCount = 0;                //计时器清零
                PlaySnd(OK);                     //播放应答 OK
            }
        }
    }
    else if(uiActivated)                         //若系统处于触发状态,但没有识别结果,
                                                 //则执行以下操作
    {
        if( ++uiTimerCount > 700)                //若本次识别超时则执行以下操作
        {
            *(unsigned int *)0x7012 = 1;
            uiActivated = 0;                     //取消触发状态
```

```
            uiTimerCount = 0;              //定时器清零
            PlaySnd(H000);
        }
    }
    uiKey = * P_IOA_Data;                  //K3 键与 IOA2 相连接
    uiKey = uiKey&0x0004;                  //检查 K3 键是否按下
    if(uiKey == 0x0004)
    {
        F_FlashErase(0xfd00);              //若 K3 键按下,则擦除 FLASH 标志位,结束
                                           //本次识别
    }
}
```

在主程序中,其初始化部分和训练部分相对来说比较容易理解,以下着重对识别部分的程序进行分析。在识别环节中,程序首先将 FLASH 中存储的已经训练好的第一组的 5 条指令的语音特征模型导入到辨识器中,同时置 uiBS_Team=0(表示此时辨识器中存放的是第一组的 5 条指令)。此时,系统只能识别第一组的 5 条指令。调用 BSR_GetResult()函数获得识别结果,当这个函数返回值与预设的语音命令编号相同时,表示识别出了该条语音命令。若发出"杰克"指令,则机器人会给出应答音 OK;若发出"跳舞"指令,则机器人会执行跳舞动作;若发出"准备"指令,则先将第三组的 5 条指令的特征模型导入辨识器中,同时置 uiBS_Team=2(表示此时辨识器中存放的是第三组的 5 条指令),然后准备执行该组中的某个动作。假设执行了"发射"指令,执行完该动作后,重新将第一组的 5 条命令模型导入到识别器中,同时置 uiBS_Team=0。这样,辨识器又回到初始状态,等待识别下一条指令。由于指令比较多,在这里就不一一列举了,读者可以参考主程序自己分析。

总而言之,要想让机器人识别某一个动作指令,就必须先发出该动作所在的组的触发名称,然后再发出动作指令。

若要重新进行训练识别,则按下 KEY3 键,程序返回到初始化部分重新执行。

(2) 语音播放模块

为了使语音播放的原理更容易理解,在介绍语音播放原理之前,首先介绍一下语音录制存储的过程。语音首先通过 MIC 等输入设备转换成电信号,然后以一定的速率将模拟电信号转换成数字信号,也就是 A/D 转换的过程。A/D 转换的频率越高,声音的品质也越好,但是占用的存储空间也越大。对于语音,使用 8 kHz 的采样率就可以获得比较好的效果。采集到的数据通常要经过压缩编码来达到减小数据量的目的,例如可以使用凌阳的 SACM_S480 压缩算法进行编码。最后把编码后的数据保存到存储介质中,例如 FLASH 存储器等。

语音播放就是语音录制的逆过程,它是把经过压缩编码的语音数据还原成声音的过程。语音播放大体上可分为以下几个步骤:

① 顺次从压缩格式的语音资源中取出一组数据,放到"解压缩队列"里。

② 执行解码程序,把压缩数据还原成数字量的语音信号,送到"输出队列"等待输出。假设在语音录制时使用了 8 kHz 的采样率,那么在语音播放的时候也要以 8 kHz 的速率进行 D/A 输出,转变成模拟信号。

③ 将模拟信号经过滤波、放大等处理,通过扬声器转换成声音。

语音播放整体框图如图 9.6.5 所示。

由于把播放队列中的数值送入 DAC 的过程是由中断服务程序完成的,故将语音播放程序分为两部分,一部分是播放流程控制,另一部分是中断服务程序。

① 编写一个语音播放程序,用来播放语音。**注意**:语音播放和语音识别不能同时开启,所以在语音播放程序的首尾加上停止和开启语音识别的函数。初始化识别器的函数 BSR_InitRecognizer() 的参数 BSR_MIC 表示语音是通过 MIC 采样输入的。如果语音是通过 ADC 通道 1 输入的,那么这个参数可以改写成 BSR_LINE_1。SACM_S480 语音自动播放流程如图 9.6.6 所示。

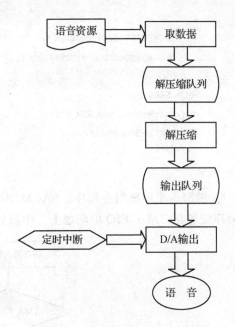

图 9.6.5 语音播放整体框图

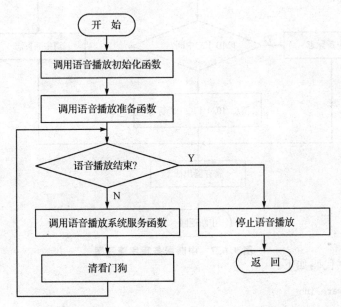

图 9.6.6 SACM_S480 语音自动播放流程图

语音自动播放程序代码如下:

```
void PlaySnd(unsigned int SndIndex)
{
    BSR_StopRecognizer();                   //停止识别器
    SACM_S480_Initial(1);                   //初始化为自动播放
    SACM_S480_Play(SndIndex,3,3);           //开始播放一段语音
    while((SACM_S480_Status()&0x0001) != 0) //是否播放完毕?
```

```
    {
        SACM_S480_ServiceLoop();        //解码并填充队列
        *(unsigned int *)0x7012 = 1;    //清看门狗
    }
    SACM_S480_Stop();                   //停止播放
    BSR_InitRecognizer(BSR_MIC);        //初始化识别器,通过 MIC 语音输入
    BSR_EnableCPUIndicator();           //用来判断识别过程中 CPU 运算速度
                                        //是否满足识别要求
}
```

② 编写一个中断服务程序。SACM_S480 语音背景子程序只有汇编指令形式,且应将此子程序安置在 TMA_FIQ 中断源上。中断服务程序流程如图 9.6.7 所示。

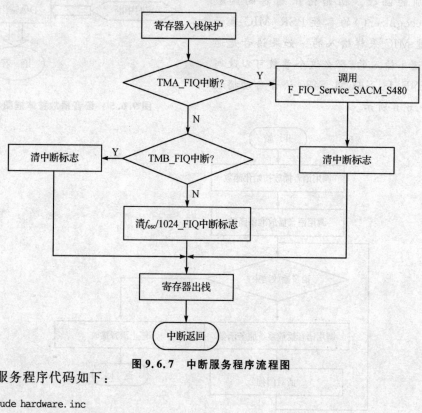

图 9.6.7 中断服务程序流程图

中断服务程序代码如下:

```
.include hardware.inc
.include s480.inc
.include bsrSD.inc
.external _BSR_FIQ_Routine
.external F_FIQ_Service_SACM_S480
.public _FIQ
.text
_FIQ:
    push r1,r5 to [sp]              //寄存器压栈保护
    r1 = C_FIQ_TMA
    test r1,[P_INT_Ctrl]            //是 FIQ_TMA 中断?
```

```
        jnz L_FIQ_TimerA
        r1 = C_FIQ_TMB
        test r1,[P_INT_Ctrl]                //是 FIQ_TMB 中断？
        jnz L_FIQ_TimerB
    L_FIQ_PWM：                              //FIQ_PWM 中断服务程序
        r1 = C_FIQ_PWM
        [P_INT_Clear] = r1                  //清中断标志位
        pop r1,r5 from [sp]
        reti
    L_FIQ_TimerA：                           //FIQ_TimerA 中断服务程序
        [P_INT_Clear] = r1                  //清中断标志位
        call _BSR_FIQ_Routine               //语音识别中断服务程序
        call F_FIQ_Service_SACM_S480        //语音播放中断服务程序
        pop r1,r5 from [sp]
        reti
    L_FIQ_TimerB：                           //FIQ_TimerB 中断服务程序
        [P_INT_Clear] = r1                  //清中断标志位
        pop r1,r5 from [sp]
        reti
```

函数 F_FIQ_Service_SACM_S480 必须放在 TMA_FIQ 中断向量上,用作 SACM_S480 语音背景程序的中断服务子程序。语音识别和语音播放都是使用 FIQ_TMA 中断服务程序,故把两个中断服务函数一起写进了 FIQ_TimerA 中。

(3) 擦写 FLASH 程序模块

为了方便擦写 FLASH,编写了擦写 FLASH 程序模块,有关原理请读者参考 1.2.2 小节内容。

(4) IOB 口的位操作程序模块

由于 SPCE061A 没有位操作指令,而在程序控制电机的时候经常需要操作某一位,为了方便程序的编写,增强可读性,编写了位操作模块。

函数 Set_IOB_Bit(unsigned int,unsigned int,unsigned int,unsigned int,unsigned int)的参数依次为 I/O 的位、Dir、Attrib、Data、Buffer。例如,若要使 IOB11 为同相低电平输出,则调用 Set_IOB_Bit(11,1,1,0,0)即可。图 9.6.8 是 IOB 口位操作模块的流程图。

(5) 控制机器人完成各个动作的模块

这个模块是通过控制电机的通与断来完成不同的动作,并且伴有语音播放,趣味性很强。由于在控制电机时通常是控制 IOB 口的某一位,所以就用到了前面的 IOB 位操作函数 Set_IOB_Bit()。这个模块完成的动作有"跳舞""再来一曲舞蹈""向前走""倒退""右转""左转""向左瞄准""向右瞄准""发射""连续发射"。

限于篇幅,在这里只介绍几个具有代表性的动作,其他动作的程序读者可以参考工程中的 robot_function.c 文件自行分析。图 9.6.9 是控制动作的流程图。

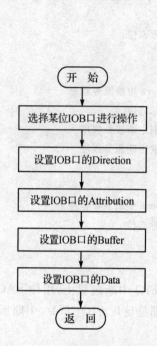

图 9.6.8　IOB 口位操作模块流程图　　　图 9.6.9　机器人动作流程图

① 机器人跳舞程序代码如下：

```
void Robot_Dance(unsigned int n)
{
    unsigned int uiCount;                       //计数变量
    *(unsigned int *)0x7012 = 1;                //清看门狗
    for(uiCount = 0;uiCount < n;uiCount ++ )
    {
        Set_IOB_Bit(11,1,1,1,1);                //机器人右腿电机正转,右腿向前迈
        PlaySnd(MUSIC1);                        //播放 MUSIC1
        Set_IOB_Bit(11,1,1,0,0);                //机器人右腿电机停止转动
        Set_IOB_Bit(9,1,1,1,1);                 //机器人左腿电机正转,左腿向前迈
        *(unsigned int *)0x7012 = 0x0001;       //清看门狗
        PlaySnd(MUSIC2);                        //播放 MUSIC2
        Set_IOB_Bit(9,1,1,0,0);                 //机器人左腿电机停止转动
        Set_IOB_Bit(11,1,1,1,1);                //机器人右腿电机正转,右腿向前迈
        Set_IOB_Bit(9,1,1,1,1);                 //机器人左腿电机正转,左腿向前迈
        *(unsigned int *)0x7012 = 0x0001;       //清看门狗
        PlaySnd(MUSIC3);                        //播放 MUSIC3
```

```c
        Set_IOB_Bit(11,1,1,0,0);            //机器人右腿电机停止转动
        Set_IOB_Bit(9,1,1,0,0);             //机器人左腿电机停止转动
        Set_IOB_Bit(13,1,1,1,1);            //机器人脖子电机反转,向右转头
        *(unsigned int *)0x7012 = 0x0001;   //清看门狗
        PlaySnd(MUSIC4);                    //播放 MUSIC4
        Set_IOB_Bit(13,1,1,0,0);            //机器人脖子电机停止转动
        Set_IOB_Bit(14,1,1,1,1);            //机器人脖子电机正转,向左转头
        Set_IOB_Bit(9,1,1,1,1);             //机器人左腿电机正转,左腿向前迈
        *(unsigned int *)0x7012 = 0x0001;   //清看门狗
        PlaySnd(MUSIC4);                    //播放 MUSIC4
        Set_IOB_Bit(9,1,1,0,0);             //机器人左腿电机停止转动
        Set_IOB_Bit(8,1,1,1,1);             //机器人左腿电机反转,左腿向后迈
        Set_IOB_Bit(11,1,1,1,1);            //机器人右腿电机正转,右腿向前迈
        Set_IOB_Bit(14,1,1,1,1);            //机器人脖子电机正转,向左转头
        *(unsigned int *)0x7012 = 0x0001;   //清看门狗
        Delay(400);                         //延时 1 s
        RobotSystemInit();                  //机器人系统初始化
    }
    RobotSystemInit();                      //机器人系统初始化
}
```

② 机器人向前走程序代码如下:

```c
void Robot_Go(unsigned int n)               //机器人向前走程序
{
    unsigned int uiCount;
    for(uiCount = 0;uiCount < n;uiCount ++ )
    {
        Set_IOB_Bit(9,1,1,1,1);             //机器人左腿电机正转,左腿向前迈
        PlaySnd(WALK);                      //播放 WALK
        Set_IOB_Bit(9,1,1,0,0);             //机器人左腿电机停止转动
        Set_IOB_Bit(11,1,1,1,1);            //机器人右腿电机正转,右腿向前迈
        Delay(2000);                        //延时 5 s
        *(unsigned int *)0x7012 = 0x0001;   //清看门狗
        PlaySnd(WALK);                      //播放 WALK
        Set_IOB_Bit(9,1,1,1,1);             //机器人左腿电机正转,左腿向前迈
        Set_IOB_Bit(11,1,1,0,0);            //机器人右腿电机停止转动
        Delay(2000);                        //延时 5 s
        *(unsigned int *)0x7012 = 0x0001;   //清看门狗
        PlaySnd(WALK);                      //播放 WALK
        Set_IOB_Bit(9,1,1,0,0);             //机器人左腿电机停止转动
        Set_IOB_Bit(11,1,1,1,1);            //机器人右腿电机正转,右腿向前迈
        Delay(2000);                        //延时 5 s
        *(unsigned int *)0x7012 = 0x0001;   //清看门狗
```

```c
        PlaySnd(WALK);                          //播放 WALK
        Set_IOB_Bit(9,1,1,1,1);                 //机器人左腿电机正转,左腿向前迈
        Set_IOB_Bit(11,1,1,0,0);                //机器人右腿电机停止转动
        Delay(2000);                            //延时 5 s
        *(unsigned int *)0x7012 = 0x0001;       //清看门狗
        PlaySnd(WALK);                          //播放 WALK
        Set_IOB_Bit(9,1,1,0,0);                 //机器人左腿电机停止转动
        Set_IOB_Bit(11,1,1,1,1);                //机器人右腿电机正转,右腿向前迈
        Delay(2000);                            //延时 5 s
        *(unsigned int *)0x7012 = 0x0001;       //清看门狗
        PlaySnd(WALK);                          //播放 WALK
        Set_IOB_Bit(9,1,1,1,1);                 //机器人左腿电机正转,左腿向前迈
        Set_IOB_Bit(11,1,1,0,0);                //机器人右腿电机停止转动
        Delay(2000);                            //延时 5 s
        *(unsigned int *)0x7012 = 0x0001;       //清看门狗
        PlaySnd(WALK);                          //播放 WALK
        Set_IOB_Bit(9,1,1,0,0);                 //机器人左腿电机停止转动
        Set_IOB_Bit(11,1,1,1,1);                //机器人右腿电机正转,右腿向前迈
        Delay(2000);                            //延时 5 s
        *(unsigned int *)0x7012 = 0x0001;       //清看门狗
        RobotSystemInit();                      //机器人系统初始化
    }
    RobotSystemInit();                          //机器人系统初始化
}
```

③ 机器人向左转身程序代码如下:

```c
void Robot_TurnLeft(unsigned int n)             //机器人向左转身程序
{
    unsigned int uiCount;
    for(uiCount = 0;uiCount < n;uiCount ++)
    {
        Set_IOB_Bit(8,1,1,1,1);                 //机器人左腿电机反转,左腿向后迈
        Set_IOB_Bit(11,1,1,1,1);                //机器人右腿电机正转,右腿向前迈
        PlaySnd(WALK);                          //播放 WALK
        Delay(2000);                            //延时 5 s
        RobotSystemInit();                      //机器人系统初始化
    }
}
```

④ 机器人向左瞄准程序代码如下:

```c
void Robot_HeadTurnLeft(unsigned int n)         //机器人向左瞄准程序
{
    unsigned int uiCount;
```

```c
    for(uiCount = 0;uiCount < n; uiCount ++ )
    {
        Set_IOB_Bit(13,1,1,1,1);              //脖子电机反转,向左转头
        PlaySnd(TURNHEAD);                     //播放 TURNHEAD
        Delay(200);                            //延迟 0.5 s
        RobotSystemInit();                     //机器人系统初始化
    }
}
```

⑤ 机器人发射飞盘程序代码如下:

```c
void Robot_Shoot_Prepare(unsigned int n)
{
    unsigned int uiCount;

    Set_IOB_Bit(7,1,1,1,1);                   //IOB7 口控制的是发射电机,为飞盘加速
    for(uiCount = 0;uiCount < n;uiCount ++ )
    {
        PlaySnd(SHOOT);                        //播放 SHOOT
        Delay(200);                            //延迟 0.5 s
    }
}
void Robot_Shoot2(unsigned int n)
{
    unsigned int uiCount;
    for(uiCount = 0;uiCount < n;uiCount ++ )
    {
        Set_IOB_Bit(15,1,1,1,1);              //IOB15 口控制的是推进电机,将飞盘拉近到
                                              //发射电机
        PlaySnd(GUN);                          //播放 GUN
        Delay(200);                            //延迟 0.5 s
    }
    RobotSystemInit();                         //机器人系统初始化
}
```

9.7 系统调试

本设计采用 IDE 2.0.0 开发软件进行相关设计。具体步骤如下:

1) 打开 μ'nSP IDE,在 File 菜单中选择 New,新建一个项目文件,项目文件名为 robot。
2) 复制语音识别和语音播放所需要的支持文件到项目所在文件夹。

① 在 IDE 安装目录的 Example→IntExa→ex07_Recognise 文件夹下可以找到语音识别函数库 bsrv222SDL.lib,语音识别头文件 bsrSD.inc 和 bsrSD.h,将这三个文件复制到 robot 项目文件夹里。

② 在 IDE 安装目录的 Example→61_Exa→Record 文件夹下可以找到语音播放支持文件 sacmv26e.lib、hardware.inc、hardware.asm，将这三个文件复制到 robot 项目文件夹里。

③ 由于本设计采用的是 SACM_S480 语音压缩算法，所以还需要 SACM_S480 头文件 S480.h 和 S480.inc 的支持。在 IDE 安装目录的 Example→Voice→ex3_S480_Auto 文件夹中选择 S480.h 和 S480.inc，将这两个文件复制到 robot 项目文件夹里。

3）用 PC 录制语音资源，每一条语音不能太长，大约小于 1.3 s 为宜。注意保存时的文件名不要包含中文。

4）利用凌阳语音压缩工具 Compress Tool 将录好的语音转化成 S480 格式。在 robot 项目文件夹里新建一个 Voice 文件夹，然后把转化压缩后的所有语音资源文件复制到 Voice 文件夹里。

5）将上述所有的文件添加到项目中：

① 添加支持文件。选择 Project→Add to Project→Files 菜单项，然后在弹出的对话框中选择 robot 项目文件夹中的 bsrSD.inc、bsrSD.h、Hardware.asm、Hardware.inc、S480.h、S480.inc 6 个文件，单击"确定"按钮。

② 添加资源文件。选择 Project→Add to Project→Resource 菜单项，然后在弹出的对话框中选择项目文件夹下 Voice 中的所有 S480 格式的语音文件，单击"确定"按钮。

③ 添加库文件。选择 Project→Setting 菜单项，在左半部分的目录树中点选根目录，然后选择 Link 栏，单击 Library Modules 右面的文件夹按钮，在项目文件夹中选择 bsrv222SDL.lib、Sacmv26e.lib 两个库文件，单击"确定"按钮。

6）编写各功能模块的程序代码：

① 编写中断服务程序 FIQ.asm。在 IDE 的 File 菜单项下选择 New，在弹出对话框的左半部分选择 SP IDE Asm File，在右半部分的 File 文本框中输入文件名 FIQ，然后单击 OK 按钮。

② 编写用于擦写 FLASH 的程序 Flash.asm。方法同上。

③ 编写 IOB 口的位操作程序 SetIOBit.asm。方法同上。

④ 编写延时程序 Delay.asm。方法同上。

⑤ 编写实现控制机器人完成各种动作的程序 robot_function.c。方法同上。

⑥ 编写主函数 main.c。方法同上。

⑦ 编写语音资源文件 Resource.asm。方法同上。在文件结尾处加入语音资源索引表 T_SACM_S480_SpeechTable。T_SACM_S480_SpeechTable 列举了待播放语音资源的起始地址。语音资源索引表代码如下：

```
T_SACM_S480_SpeechTable:
    .dw _RES_1_48K_SA           //0
    .dw _RES_2_48K_SA           //1
    .dw _RES_3_48K_SA           //2
    .dw _RES_4_48K_SA           //3
    .dw _RES_5_48K_SA           //4
    .dw _RES_DANG1_48K_SA       //5
    .dw _RES_DANG2_48K_SA       //6
```

```
        .dw _RES_DANG3_48K_SA            //7
        .dw _RES_DANG4_48K_SA            //8
        .dw _RES_DANG5_48K_SA            //9
        .dw _RES_DANG6_48K_SA            //10
        .dw _RES_DANG7_48K_SA            //11
        .dw _RES_DANG8_48K_SA            //12
        .dw _RES_DANG9_48K_SA            //13
        .dw _RES_DONG1_48K_SA            //14
        .dw _RES_DONG2_48K_SA            //15
        .dw _RES_DONG3_48K_SA            //16
        .dw _RES_DONG4_48K_SA            //17
        .dw _RES_DONG5_48K_SA            //18
        .dw _RES_DONG6_48K_SA            //19
        .dw _RES_FOLLOWME_48K_SA         //20
        .dw _RES_GUN_48K_SA              //21
        .dw _RES_HO_48K_SA               //22
        .dw _RES_HOO_48K_SA              //23
        .dw _RES_HOOO_48K_SA             //24
        .dw _RES_LETUSGO_48K_SA          //25
        .dw _RES_MUSIC1_48K_SA           //26
        .dw _RES_MUSIC2_48K_SA           //27
        .dw _RES_MUSIC3_48K_SA           //28
        .dw _RES_MUSIC4_48K_SA           //29
        .dw _RES_OK_48K_SA               //30
        .dw _RES_SHOOT_48K_SA            //31
        .dw _RES_TURNHEAD_48K_SA         //32
        .dw _RES_WALK_48K_SA             //33
        .dw _RES_WO_48K_SA               //34
        .dw _RES_WOO_48K_SA              //35
        .dw _RES_YEAH_48K_SA             //36
        .dw _RES_D24_48K_SA              //37
        .dw _RES_D25_48K_SA              //38
        .dw _RES_D26_48K_SA              //39
        .dw _RES_D27_48K_SA              //40
        .dw _RES_D28_48K_SA              //41
        .dw _RES_D29_48K_SA              //42
```

⑧ 编写头文件 Resourse.inc 和 robot.h。方法同上。

7）编译和链接。选择 Build→Rebuild All 菜单项，即启动一次编译和链接，途中可能会出现对话框提示 Resource.asm 文件被更改，选择 Yes 即可。编译成功后，IDE 会在输出窗口中输出编译的结果，如图 9.7.1 所示。

8）连接好硬件（下载线、电源、扬声器等），在 IDE 的工具栏中单击绿色的 Use ICE 按钮，使 IDE 处于在线仿真状态。

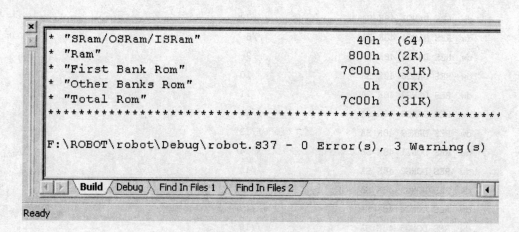

图 9.7.1　编译结果截图

9）选择 Build→Start Debug→Download 菜单项，下载程序到 61 板中，或者直接单击工具按钮 Download。

10）程序下载完毕后，单击红色叹号形状的 Execute Program 按钮（或按 F5 键），运行程序。此时，打开机器人的电源，就进入语音训练和识别状态了。

9.8　机器人语音训练和语音识别

1. 语音训练

打开机器人的电源，进行语音训练，训练过程如下：

按顺序训练"杰克""开始""准备""跳舞""再来一曲""开始""向前走""倒退""右转""左转""准备""向左瞄准""向右瞄准""发射""连续发射"15 条指令。每条指令训练两遍。当一条指令训练成功后，系统会提示进入下一条，如果没有训练成功则要求重复训练该指令，直到训练成功为止。

注意：在每次提示音结束后 2~3 s 再输入命令，或者当机器人应答音结束 2~3 s 后再发布下一条命令。

2. 语音识别

如果训练成功则进入语音识别状态。要让机器人正确识别命令，需按照如下顺序操作：

① 发出触发名称"杰克"；

② 若要执行第一组的动作，则直接发布相应命令即可；若要执行第二组或第三组的动作，则先说出该动作所在组的"触发名称"，再发布动作命令。

③ 机器人识别出命令后，会发出相应语音并执行相应的动作。

例如，要让机器人跳舞，则操作："杰克"→"跳舞"；要让机器人倒退，则这样操作："开始"→"倒退"。

第 10 章　GPS 全球定位系统的设计

10.1　案例点评

GPS 全球导航定位系统越来越多地应用于汽车、手机等领域,是当今信息时代发展中的重要组成部分。因其具有性能好、精度高、应用广等特点,使其成为了迄今最后的导航定位系统。本文以凌阳科技有限公司提供的 GPS 接收模组为例,介绍了 GPS 的通信协议,讨论了基于 SPCE061A 单片机的 GPS 接收系统设计,提出了对 GPS 全球定位系统定位信息的接收以及对各定位参数数据的提取方法,并给出了系统的硬件电路图及软件流程图。使用单片机实现该系统,可以很好地掌握单片机的应用;同时,学习 GPS 定位原理,可以为以后开发奠定基础。本系统由单片机控制 GPS 模块能够较为精确地计算和显示日期、时间、经度、纬度等卫星信息。

本方案十分强调趣味性,配合 SPLC501 液晶模组,可以实现地图定位功能,经纬度、时间的显示与播报等功能。

10.2　设计任务

本文的主要目的是在 GPS 全球定位的理论和基础上,选用凌阳的 GPS 模组和 SPCE061A 板接收数据,由 SPLC501 液晶模组显示接收数据。在此过程中,主要熟悉 GPS 模组的各性能指标,学习 NMEA 封包并懂得 NMEA 输出命令,结合单片机的串行通信知识实现对 GPS 接收到的卫星信息进行提取,并在液晶显示屏上选择性地显示数据。

本方案可以实现:
① 具有 GPS 信号搜索功能;
② 利用 SPLC501 液晶模组显示一幅中国地图,当 GPS 接收到信号后会显示当前的位置;
③ 可以显示、语音播报当前地理位置的经纬度;
④ 可以显示、语音播报从 GPS 模组接收的标准时间。

10.3　设计意义

本文利用 SPCE061A 单片机,配合 GPS 模组设计了一套简易的 GPS 全球定位系统,此系统可以完成定位功能,对开发一款功能完备的 GPS 设备有一定的参考价值。GPS 全球定位可以应用到实际生活的各个方面,利用其基本功能可以扩展其他功能。

例如,可以进行位移测量,通过外扩一个 4×4 键盘输入目标城市的经纬度,就可以得出当前位置到目标城市的实际位移。本系统有着广阔的应用空间,可以作为一个城市系统的子模块,可以实现为汽车导航,为公共汽车报站等功能;还可以在地质灾害预警中发挥作用。

10.4 系统结构和工作原理

10.4.1 系统结构

图 10.4.1 为 GPS(Global Positioning System,全球定位系统)的系统结构框图,采用 SPCE061A 作为主控制器,通过串口接收 GPS 模组发来的卫星消息。根据消息特定的格式,对其进行解析,最后将解析后的信息用于各种显示。

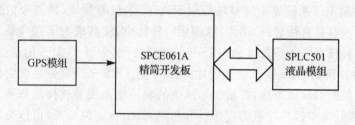

图 10.4.1　GPS 系统结构框图

10.4.2 GPS 概述

GPS 是美国从 20 世纪 70 年代开始研制,历时 20 年,耗资 200 亿美元,具有在海、陆、空进行全方位实时三维导航与定位能力的新一代卫星导航与定位系统。

GPS 的主要优点包括:

① 全球、全天候工作。能为用户提供连续、实时的三维位置,三维速度和精密时间,不受天气的影响。

② 定位精度高。单机定位精度优于 10 m,采用差分定位,精度可达厘米级和毫米级。

③ 功能多,应用广。目前已广泛应用于大地测量、工程测量、航空摄影测量、运载工具导航和管制、地壳运动监测、工程变形监测、资源勘察、地球动力学等学科领域。

GPS 由三个独立的部分组成:

① 空间部分:21 颗工作卫星,3 颗备用卫星。

② 地面支撑系统:1 个主控站,3 个注入站,5 个监测站。

③ 用户设备部分:接收 GPS 卫星发射信号,以获得必要的导航和定位信息,经数据处理,完成导航和定位工作。GPS 接收机硬件一般由主机、天线和电源组成。

10.4.3 GPS 定位的基本原理

GPS 定位的基本原理是以高速运动的卫星瞬间位置作为已知的计算数据,采用空间距离后方交会的方法,确定待测点的位置。

定位就是确定信息、事物、目标发生的时间和空间位置。因此,定位之前必须先要确定时间参考点和位置参考点,这也就是要建立的时间参考坐标系统和位置参考坐标系统。时间与空间参考坐标系统的建立,一直都是测绘界和天文界最前沿的理论与技术研究方向,目前仍然在不断发展之中。在时间和空间坐标系统建立的基础上,然后再探讨如何在某个参考系统内确定事件、信息、目标的具体位置和时间。

GPS 定位方式可以分为绝对定位与相对定位两种。

应用 GPS 进行绝对定位,根据用户接收机天线所处的状态不同,又可分为动态绝对定位和静态绝对定位。当用户接收设备安置在运动的载体上,并处于动态的情况下,确定载体瞬时绝对位置的定位方法,称为动态绝对定位。动态绝对定位,一般只能得到没有(或很少)多余观测量的实时解。这种定位方法,被广泛应用于飞机、船舶以及陆地车辆等运动载体的导航;另外,在航空物探和卫星遥感等领域有着广泛的应用前景。

GPS 定位的基本几何原理为三球交会原理:如果用户到卫星 1 的真实距离为 R_1,那么用户的位置必定在以 S_1 为球心,R_1 为半径的球面 C_1 上;同样,若用户到卫星 2 的真实距离为 R_2,那么,用户的位置也必定在以 S_2 为球心,R_2 为半径的另一球面 C_2 上。用户的位置既在球面 C_1 上,又在球面 C_2 上,那它必定处在 C_1 和 C_2 这两球面的交线 L_1 上。类似,如果再有一颗卫星,以 S_3 为球心,R_3 为半径的球面 C_3,那么用户的位置也必定在 C_2 和 C_3 这两个球面的交线 L_2 上。用户的位置既在交线 L_1 上,又在交线 L_2 上,那么它必定在交线 L_1 和 L_2 的交点上。

GPS 系统定位的代数原理如图 10.4.2 所示。

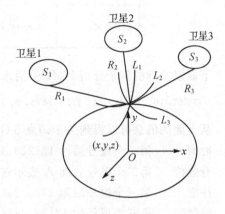

图 10.4.2 三球交会定位图

10.4.4 GPS 消息格式

GPS 以 NMEA 协议格式发送消息,要正确解析出信息首先要了解 NMEA 协议的格式。

基本 NMEA 指令是一个 ASCII 字符串,它以"$"字符开始,以〈CR〉〈LF〉序列结束。NMEA 标准消息以"GP"开始,然后是三个字符的消息标志码。消息头和后面的内容通过逗号进行分隔,消息以校检码结束(校检码由一个"*"和两个 16 位的校验字组成)。校验码字段并不用逗号进行分隔。

目前,校验码得到的方式是从"$"到"*"之间的字符进行逐位计算。作为 ASCII 表示法,每个字段的长度是随着精度的不同而变化的,所以记录的长短也是变化的。这里以 $GPRMC 为例分析 NMEA 协议的格式,见表 10.4.1。

表 10.4.1 NMEA 协议格式

字 段	格 式	描 述
消息标志	$GPRMC	RMC 协议头
时间	Hhmmss.sss	时间精确到 1 ms
状态	Char	A:有效;V:无效
纬度	Float	度×100+分
N/S	Char	N:北纬;S:南纬
经度	Float	度×100+分
E/W	Char	E:东经;W:西经
速度	Float	单位:knots(节)

续表 10.4.1

字　段	格　式	描　述
地面航向	Float	0～359°，以北为参考基准
日期	Ddmmyy	日、月、年格式
磁偏角	Float	0～180°
磁偏角方向	Char	E：东；W：西
校验码	*xx	2digits
消息结尾	<CR><LF>	ASCII, 13 ASCII, 10

下面以实际的例子分析 NMEA 消息格式：

$GPRMC, 161229.487, A, 3723.2475, N, 12158.3416, E, 0.13, 309.62, 120598, *10

从上面的消息可以得到关于消息 $GPRMC 的具体信息：
时间　　第一个逗号后面 161229.487 表示时间为 16 点 12 分 29.487 秒；
有效位　第二个逗号后面 A 表示这条消息是有效的；
纬度　　第三个逗号后面 3723.2475 和 N 表示北纬 3723.2475；
经度　　第五个逗号的 12158.3416 和 E 表示东经 12158.3416。

10.5　系统硬件设计

10.5.1　SPLC501 液晶模组

SPLC501 液晶显示模组为 128×64 点阵，面板采用 STN(Super Twisted Nematic)超扭曲向列技术制成并且由 128 Segment 和 64 Common 组成，LCM 非常容易通过接口被访问。

表 10.5.1 为 SPLC501 液晶显示模组的基本参数。

表 10.5.1　SPLC501 液晶显示模组基本参数表

显示模式	黄色模式 STN 液晶
显示格式	128×64 点阵地图液晶显示
输入数据	兼容 68/80 系列 MPU 数据输入
背　光	黄绿色 LED
模块尺寸	72.8 mm(长)×73.6 mm(宽)×9.5 mm(高)
视屏尺寸	58.84 mm(宽)×35.79 mm(长)
点大小	0.42 mm(宽)×0.51 mm(长)
像素尺寸	0.46 mm(宽)×0.56 mm(长)

模组上的液晶显示器采用的驱动控制芯片为凌阳公司的 SPLC501 芯片，该芯片为液晶显示控制驱动器，集行、列驱动器和控制器于一体，广泛用于小规模液晶显示模块。SPLC501 单芯片液晶驱动，可以直接与其他微控制器接口总线相连。微控制器可以将显示数据通过 8 位

数据总线或者串行接口写到 SPLC501 的显存中。

下面介绍 SPLC501 的特点：
- 内置 8580 位显示 RAM。RAM 中的一位数据控制液晶屏上的一个像素点的亮、暗状态，1 表示亮；0 表示暗。
- 具有 65 行驱动输出和 132 列驱动输出。（注：模组中的液晶显示面板仅为 64 行 128 列。）
- 可以直接与 80 系列和 68 系列微处理器相连。
- 内置晶振电路，也可以外接晶振。
- 工作温度范围为 $-40 \sim +85\ ℃$。

SPLC501 液晶显示模组是为方便学生进行单片机接口方面的学习专门设计的模块，SPLC501 液晶显示模组可以方便地和 61 板连接，可进行字符显示、汉字显示以及图形显示，应用在需要图形、文本显示的系统中。

SPLC501 液晶模组电路如图 10.5.1 所示。

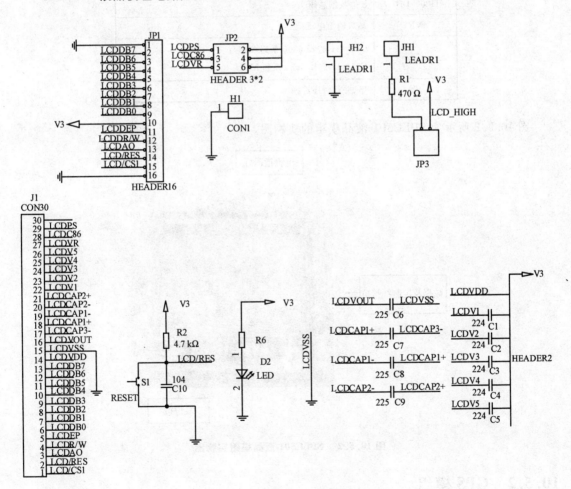

图 10.5.1　SPLC501 液晶模组电路图

SPLC501 液晶显示模组引出了时序操作的接口引脚,如表 10.5.2 所列,还引出了对操作时序进行选择的 C86 和 PS 接线。模组中的接口引脚"+"和"V3"分别为电源输入端和高电平引脚(供时序选择跳线用),而"—"和"GND"都是接地引脚。

表 10.5.2　SPLC501 液晶显示模组引脚功能

接口引脚名	说　明
CS1	片选,低电平有效
RES	复位脚
A0	数据命令选择引脚
R/W	对于 6800 系列 MPU 的读/写信号(R/W)
	对于 8080 系列 MPU 的写信号(W/R)
EP	对于 6800 系列 MPU 的时钟信号使能引脚(EP)
	对于 8080 系列 MPU 的读信号(RD)
DB0~DB7	8 位数据总线
VR	端口输出电压
C86	C86=H,选择 6800 系列 MPU; C86=L,选择 8080 系列 MPU
PS	串、并行时序选择

图 10.5.2 所示为 SPLC501 液晶模组的实物图。

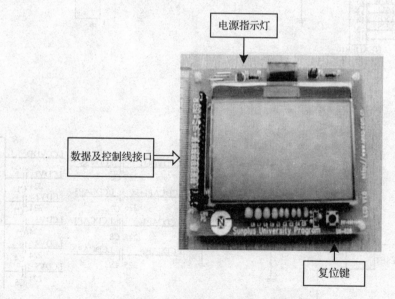

图 10.5.2　SPLC501 液晶模组实物图

10.5.2　GPS 模组

GPS 模组是一款高性能的 GPS 信号接收模组,该模组采用 APM7101 主芯片,定位精度在 10 m 以内。它集成了 SiRFstar Ⅲ GPS 处理器、LNA 电路、SAW 滤波器、振荡和校准电路。该模组具有以下特性：

- 20 个通道接收；
- 弱信号下快速 TTFFs(Time To First Fix)；
- 两个 UART 收发通道；
- 接收灵敏度可达 -159 dBm；
- 支持 NMEA-0183 和 SiRF 协议；
- 支持 SBAS(WAAS 和 EGONS)。

GPS 模组电路如图 10.5.3 所示。

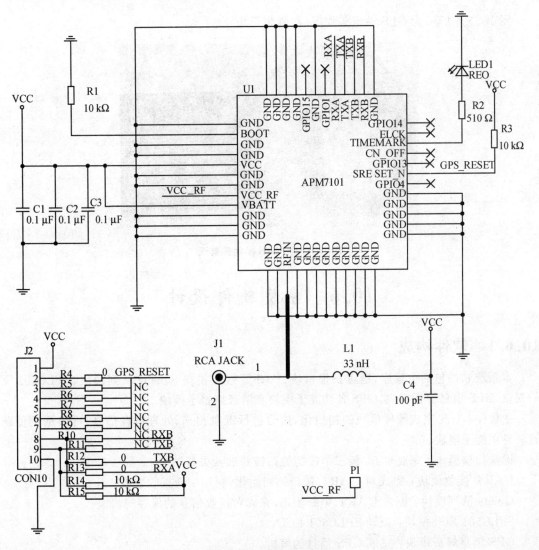

图 10.5.3　GPS 模组电路图

GPS 模组带有一个 10 针的接口，该接口可以在使用时直接与单片机 MCU 连接，或者通过 RS-232 转换模块和 PC 机相连接使用，通过串口发送或接收数据。当连接好以后，需要将 GPS 的短天线接到 GPS 模组，如果室内信号不好，则需要外加长天线。

表 10.5.3 是 GPS 模组接口定义。

表 10.5.3 GPS 模组接口定义表

引脚号	功能	引脚号	功能
1	电源,3~6.5 V	6	备选复位信号
2	复位信号 RST	7	备选复位信号
3	备选复位信号	8	串行数据接收口 Rx
4	备选复位信号	9	串行数据输出口 Tx
5	备选复位信号	10	地

图 10.5.4 所示为 GPS 模组实物图(左侧为天线)。

图 10.5.4 GPS 模组实物图

10.6 系统软件设计

10.6.1 软件构成

本系统软件包括主程序、键盘扫描模块、UART 接收模块、Queue 队列模块、SPLC501 驱动模块、GPS 消息解析模块、GPS 各功能子模块和语音播报子模块。

主程序:首先完成硬件模块的初始化,然后进行键盘扫描,处理键盘信息,再根据键值跳转到各功能子模块。

键盘扫描模块:完成对 61 板三个按键的扫描并加入去抖功能。

UART 接收模块:完成对 UART 接口的初始化,利用中断接收数据。

Queue 队列模块:配合 UART 中断使用,完成对接收信息的保存与提取。

SPLC501 驱动模块:驱动 SPLC501 LCD。

GPS 消息解析模块:完成 GPS 消息的解析。

GPS 各功能子模块:实现地图显示、经纬度显示和日历功能。

语音播报子模块:实现经纬度和时间语音播报。

10.6.2 主程序

主程序流程如图 10.6.1 所示。程序运行后首先初始化各个硬件模块,然后程序进入主循环,不断进行按键扫描,根据按键进入相应的功能模块。按下 KEY1 键显示中国地图,按下 KEY2 键显示经纬度,按下 KEY3 键显示日历。

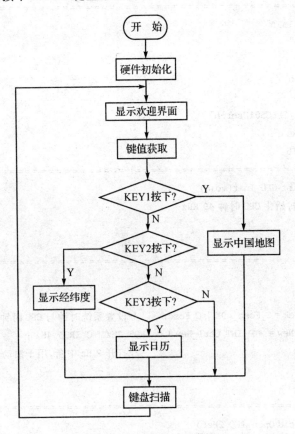

图 10.6.1　主程序流程图

```
//    工程名称：GPS_061A
//    功能描述：通过 GPS 模块接收到的信息,显示时间,经纬度及在地图上定位当前位置
//    涉及的库：CMacro1016.lib、clib.lib
//    组成文件：main.c、china.c、china.h、DataOSfortLCD.asm、SPLC501Driver_IO.asm、gps.c、gps.h、
//              picture.c、picture.h、Key.c、Key.h、Queue.c 和 uart.c
//    硬件连接：    GPS              61 板
//                  电源             电源
//                  地               地
//                  TX               IOB7
//                  RX               IOB10
//                  R4               IOB8
//                  SPLC501          61 板
//                  LCD  D0～D7      接 IOA8～IOA15
//                  LCD  EP          接 IOB6
//                  LCD  RWP         接 IOB5
//                  LCD  A0          接 IOB4
//                  LCD  /CS1        接 IOB9(或接地也可)
//    I/O 高电平：3.3 V
```

```c
//      文件名称：main.c
//      功能描述：GPS 定位
//============================================================
#include "spce061a.h"
#include "UART.h"
#include "gps.h"
#include "china.h"
#include "Key.h"
#include "./c501/SPLC501User.h"
#include "picture.h"
#define SIZE    16
//============================================================
//      语法格式：int CPU_Init(void)
//      实现功能：初始化 CPU 时钟 49 MHz
//      参数：无
//      返回值：0
//============================================================
int Init_CPU()
{
    *P_SystemClock = C_Fosc_49M | C_Fosc;      //设置系统时钟与 CPU 时钟，都为 49 MHz
    *P_INT_Ctrl_New = *P_INT_Ctrl_New | C_IRQ5_2Hz | C_IRQ5_4Hz ;
                                               //打开 2 Hz 中断,用于滚动显示信息
    return 0;
}
//============================================================
//      语法格式：void Open_IRQ_2Hz()
//      实现功能：打开 2 Hz 中断
//      参数：无
//      返回值：无
//============================================================
void Open_IRQ_2Hz()
{
    *P_INT_Ctrl_New |= C_IRQ5_2Hz ;            //打开 2 Hz 中断,用于滚动显示信息
}


//============================================================
//      语法格式：void Close_IRQ_2Hz()
//      实现功能：关闭 2 Hz 中断
//      参数：无
//      返回值：无
//============================================================
void Close_IRQ_2Hz()
{

    *P_INT_Ctrl_New &= ~ C_IRQ5_2Hz ;          //打开 2 Hz 中断,用于滚动显示信息
```

```c
}
//============================================================
//      语法格式: int main(void)
//      实现功能: GPS定位
//      参数: 无
//      返回值: 无
//============================================================
int main()
{
    int Key;
    unsigned int i;
    Init_CPU();
    Init_Key();
    Init_UART();
    Init_GPS();
//  LCD501_Init(5);
//  LCD501_ClrScreen(0);
//  LCD501_SetPaintMode(PAINT_COVER);
    for(i = 0xf;i > 0;i--)                          //凌阳科技 DEMO, 仅供演示
    {
        *P_Watchdog_Clear = 1;
        LCD501_Bitmap(1 * SIZE, 1 * SIZE,encoding_23);      //演
        LCD501_Bitmap(2 * SIZE, 1 * SIZE,encoding_24);      //示
        LCD501_Bitmap(3 * SIZE, 1 * SIZE,encoding_25);      //程
        LCD501_Bitmap(4 * SIZE, 1 * SIZE,encoding_26);      //序
        LCD501_Bitmap(5 * SIZE, 1 * SIZE,encoding_27);      //严
        LCD501_Bitmap(6 * SIZE, 1 * SIZE,encoding_28);      //禁
        LCD501_Bitmap(1 * SIZE, 2 * SIZE,encoding_29);      //用
        LCD501_Bitmap(2 * SIZE, 2 * SIZE,encoding_2a);      //于
        LCD501_Bitmap(3 * SIZE, 2 * SIZE,encoding_2b);      //毕
        LCD501_Bitmap(4 * SIZE, 2 * SIZE,encoding_2c);      //业
        LCD501_Bitmap(5 * SIZE, 2 * SIZE,encoding_2d);      //设
        LCD501_Bitmap(6 * SIZE, 2 * SIZE,encoding_2e);      //计
    }

    LCD501_ClrScreen(0);

    *P_Watchdog_Clear = 1;
    LCD501_Bitmap(2 * SIZE, 1 * SIZE,encoding_10);          //凌
    LCD501_Bitmap(3 * SIZE, 1 * SIZE,encoding_11);          //阳
    LCD501_Bitmap(4 * SIZE, 1 * SIZE,encoding_12);          //科
    LCD501_Bitmap(5 * SIZE, 1 * SIZE,encoding_13);          //技
    LCD501_Bitmap(0.5 * SIZE, 2 * SIZE,encoding_14);        //G
    LCD501_Bitmap(1.5 * SIZE, 2 * SIZE,encoding_15);        //P
    LCD501_Bitmap(2.5 * SIZE, 2 * SIZE,encoding_16);        //S
    LCD501_Bitmap(3.5 * SIZE, 2 * SIZE,encoding_17);        //定
```

```c
        LCD501_Bitmap(4.5 * SIZE, 2 * SIZE,encoding_18);            //位
        LCD501_Bitmap(5.5 * SIZE, 2 * SIZE,encoding_19);            //系
        LCD501_Bitmap(6.5 * SIZE, 2 * SIZE,encoding_1a);            //统
    while(1)
    {
        Key = Key_GetValue();
        switch(Key)
        {
            case C_KEY2：
                Close_IRQ_2Hz();   //关闭 2 Hz 中断,在显示地图时并不显示流动信息
                Show_Map();
                Open_IRQ_2Hz();
                * P_Watchdog_Clear = 1;
                LCD501_Bitmap(2 * SIZE, 1 * SIZE,encoding_10);            //凌
                LCD501_Bitmap(3 * SIZE, 1 * SIZE,encoding_11);            //阳
                LCD501_Bitmap(4 * SIZE, 1 * SIZE,encoding_12);            //科
                LCD501_Bitmap(5 * SIZE, 1 * SIZE,encoding_13);            //技
                LCD501_Bitmap(0.5 * SIZE, 2 * SIZE,encoding_14);          //G
                LCD501_Bitmap(1.5 * SIZE, 2 * SIZE,encoding_15);          //P
                LCD501_Bitmap(2.5 * SIZE, 2 * SIZE,encoding_16);          //S
                LCD501_Bitmap(3.5 * SIZE, 2 * SIZE,encoding_17);          //定
                LCD501_Bitmap(4.5 * SIZE, 2 * SIZE,encoding_18);          //位
                LCD501_Bitmap(5.5 * SIZE, 2 * SIZE,encoding_19);          //系
                LCD501_Bitmap(6.5 * SIZE, 2 * SIZE,encoding_1a);          //统
                break;
            case C_KEY1：
                Show_Num();
                * P_Watchdog_Clear = 1;
                LCD501_Bitmap(2 * SIZE, 1 * SIZE,encoding_10);            //凌
                LCD501_Bitmap(3 * SIZE, 1 * SIZE,encoding_11);            //阳
                LCD501_Bitmap(4 * SIZE, 1 * SIZE,encoding_12);            //科
                LCD501_Bitmap(5 * SIZE, 1 * SIZE,encoding_13);            //技
                LCD501_Bitmap(0.5 * SIZE, 2 * SIZE,encoding_14);          //G
                LCD501_Bitmap(1.5 * SIZE, 2 * SIZE,encoding_15);          //P
                LCD501_Bitmap(2.5 * SIZE, 2 * SIZE,encoding_16);          //S
                LCD501_Bitmap(3.5 * SIZE, 2 * SIZE,encoding_17);          //定
                LCD501_Bitmap(4.5 * SIZE, 2 * SIZE,encoding_18);          //位
                LCD501_Bitmap(5.5 * SIZE, 2 * SIZE,encoding_19);          //系
                LCD501_Bitmap(6.5 * SIZE, 2 * SIZE,encoding_1a);          //统
                break;
            case C_KEY3：
                Show_Time();
                * P_Watchdog_Clear = 1;
                LCD501_Bitmap(2 * SIZE, 1 * SIZE,encoding_10);            //凌
                LCD501_Bitmap(3 * SIZE, 1 * SIZE,encoding_11);            //阳
```

```
                LCD501_Bitmap(4 * SIZE, 1 * SIZE,encoding_12);      //科
                LCD501_Bitmap(5 * SIZE, 1 * SIZE,encoding_13);      //技
                LCD501_Bitmap(0.5 * SIZE, 2 * SIZE,encoding_14);    //G
                LCD501_Bitmap(1.5 * SIZE, 2 * SIZE,encoding_15);    //P
                LCD501_Bitmap(2.5 * SIZE, 2 * SIZE,encoding_16);    //S
                LCD501_Bitmap(3.5 * SIZE, 2 * SIZE,encoding_17);    //定
                LCD501_Bitmap(4.5 * SIZE, 2 * SIZE,encoding_18);    //位
                LCD501_Bitmap(5.5 * SIZE, 2 * SIZE,encoding_19);    //系
                LCD501_Bitmap(6.5 * SIZE, 2 * SIZE,encoding_1a);    //统
                break;
        }
        * P_Watchdog_Clear = 1;
    }
}
```

10.6.3 键盘扫描模块

键盘扫描模块提供如下三个 API 函数供用户使用。

① 语法格式：void Init_Key(void)

实现功能：键盘初始化函数，设置 IOA 口低 3 位为下拉输入方式。

参数：无。

返回值：无。

② 语法格式：void Key_ServiceLoop(void)

实现功能：键盘扫描函数，每执行一次，对键盘进行一次扫描。利用 4 Hz 中断调用该函数，完成获取键值及去抖功能。

参数：无。

返回值：无

③ 语法格式：int Key_GetValue(void)

实现功能：得到键值函数，判断当前是否有键按下。

参数：无。

返回值：按下返回键值，没有按下返回—1。

10.6.4 UART 接收模块

UART 中断处理函数的软件流程如图 10.6.2 所示。

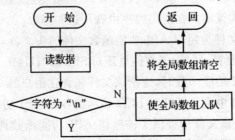

图 10.6.2 UART 中断处理函数软件流程图

61 板通过 UART 与 GPS 模组通信,为了保证能及时接收 GPS 模组发来的消息,UART 采用中断接收方式。UART 模块包括两个函数:一个是 UART 初始化函数,一个是 UART 中断处理函数。

注意:UART 两端设置波特率、数据格式要一致。

10.6.5 Queue 队列模块

为保存 UART 接收到的信息,引入队列数据结构,专门用于保存 UART 接收到的信息。Queue 队列模块提供了三个 API 函数供用户程序调用。

① 语法格式:int Queue_Enter(char * str)

实现功能:字符串入队操作,入队字符串的最大长度为 100(足以满足 GPS 消息字符串存储要求)。

参数:str 要入队的字符串。

返回值:正常入队返回 OK,失败则返回 ERROR。

② 语法格式:int Queue_Delete(char * str)

实现功能:字符串出队操作。

参数:str 保存出队的字符串。

③ 语法格式:int Queue_Clear(void)

实现功能:清空队列中存在的所有元素。

参数:无。

返回值:返回 OK。

10.6.6 液晶驱动的程序

LCD 显示部分采用 SPLC501 液晶模组附带的驱动程序。

LCD 驱动程序的架构如图 10.6.3 所示。

驱动程序由 5 个文件组成,分别是底层驱动程序文件 SPLC501Driver_IO.inc 和 SPLC501Driver_IO.asm,用户 API 功能接口函数文件 SPLC501User.h、SPLC501User.c 和 DataOSforLCD.asm。

SPLC501Driver_IO.inc:该文件为底层驱动程序的头文件,主要对使用到的寄存器(如端口控制寄存器等)进行定义,还对 SPCE061A 与 SPLC501 液晶显示模组的接口进行配置;用户可以根据自己的需求来配置此文件,但要使端口的分配符合实际硬件的接线。

SPLC501Driver_IO.asm:该文件为底层驱动程序,负责与 SPLC501 液晶显示模组进行数据传输的任务,主要包括端口初始化、写控制指令、写数据、读数据等函数。这些函数仅供 SPLC501User.c 调用,不建议用户在应用程序中调用这些函数。

SPLC501User.h:该文件为用户 API 功能函数文件的头文件,主要对一些助记符进行定义,以及配置 LCD 的一些设置;另外,该文件里还对 SPLC501User.c 中的函数作了外部声明,用户需要使用 LCD 的 API 功能函数时,应把该文件包含在用户的 C 文件中。

SPLC501User.c:文件中定义了针对 LCD 显示的各种 API 功能函数。

DataOSforLCD.asm:该文件中提供了一些供 API 功能函数调用的数据处理子程序,主要完成显示效果的叠加、画圆偏差量的计算等。

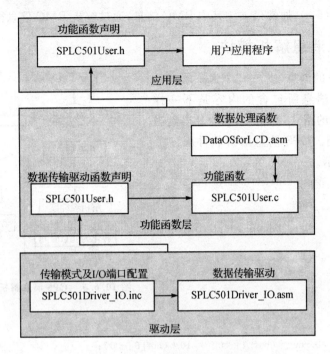

图 10.6.3 LCD 驱动程序框架

10.6.7 GPS 模组启动程序

GPS 模组启动需通过 MCU 向 GPS 模组的 RST(2Pin)引脚输入如图 10.6.4 所示的上电时序,GPS 才能被启动,启动后 GPS 的信号指示灯会周期闪烁。

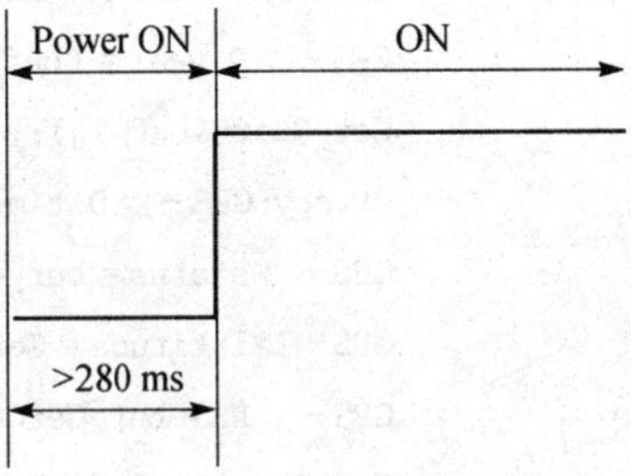

```
// ==================================
//语法格式: void GPS_Init(void)
//实现功能: GPS 模块初始化
//参数: 无
//返回值: 无
//说明: 模块初始化成功后,GPS 模组上的指示灯开始闪烁
// ==================================
void Init_GPS(void)
{
    int i;
    * P_IOB_Dir |= 0x0100;
    * P_IOB_Attrib |= 0x0100;      //IOB8 引脚为复位引脚 2Pin 提供上电信号,启动 GPS
    * P_IOB_Buffer = * P_IOB_Buffer & (~0x0100);
    for(i = 0;i < 1000;i++);
    * P_IOB_Buffer = * P_IOB_Buffer | 0x0100;
}
```

图 10.6.4 GPS 上电时序

GPS 启动后会间隔一定时间返回一次接收信息,其返回信息包括:GGA(1 s)、GSA(1 s)、

RMC(1 s)和 GSV(5 s),通常仅关注其中 RMC 信息,通过解析 RMC 信息得到定位信息。

10.6.8 GPS 消息解析模块

GPS 模块发来的消息,以"\n"作为一条消息的结束标志,不同消息所包含的内容是不一样的,根据 GPS 消息的格式,解析 GPS 消息得到当前的经纬度及时间。GPS 消息解析软件程序流程如图 10.6.5 所示。

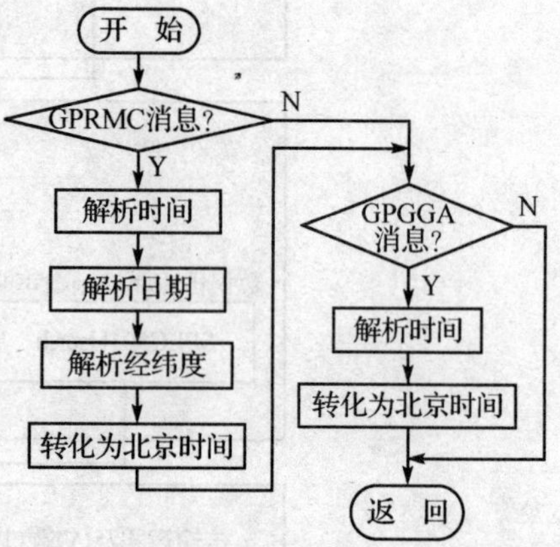

```
int GPS_Parse(char * line, GPS_INFO * GPS)
{
    int tmp;
    char b,c;
    char * buf = line;
    b = buf[4];
    c = buf[5];
    if(c == 'C'){                                                           //"GPRMC"
        GPS->D.hour = (buf[7] - '0') * 10 + (buf[8] - '0');                 //时间
        GPS->D.minute = (buf[9] - '0') * 10 + (buf[10] - '0');
        GPS->D.second = (buf[11] - '0') * 10 + (buf[12] - '0');
        tmp = GetComma(9, buf);
        GPS->D.day = (buf[tmp + 0] - '0') * 10 + (buf[tmp + 1] - '0');      //日期
        GPS->D.month = (buf[tmp + 2] - '0') * 10 + (buf[tmp + 3] - '0');
        GPS->D.year = (buf[tmp + 4] - '0') * 10 + (buf[tmp + 5] - '0') + 2000;
        Get_Char(&buf[7]);
        strcpy(GPS->D.time_c, buf_t);
        GPS->status = buf[GetComma(2, buf)];                                //有效标志位
        GPS->latitude = Get_Double_Number(&buf[GetComma(3, buf)]);          //纬度
        GPS->NS = buf[GetComma(4, buf)];
        Get_Char(&buf[GetComma(3, buf)]);
        GPS->latitude_Degree = (int)GPS->latitude/100;                      //分离纬度
        GPS->latitude_Cent = GPS->latitude - GPS->latitude_Degree * 100;
        GPS->longitude = Get_Double_Number(&buf[GetComma(5, buf)]);         //经度
        GPS->EW = buf[GetComma(6, buf)];
        Get_Char(&buf[GetComma(5, buf)]);
        GPS->longitude_Degree = (int)GPS->longitude/100;
        GPS->longitude_Cent = GPS->longitude - GPS->longitude_Degree * 100;
        UTC2BTC(&GPS->D);                                                   //转化为北京时间
    }

    if(c == 'G'){
// $ GPPGA,091400,3958.9870,N,11620.3278,E,1,03,1.9,114.2,M,-8.3,M,,*5E
```

图 10.6.5 GPS 消息解析软件程序流程图

```
        GPS->high = Get_Double_Number(&buf[GetComma(9,buf)]);//时间
        GPS->D.hour = (buf[7]-0') * 10 + (buf[8]-0');
        GPS->D.minute = (buf[9]-0') * 10 + (buf[10]-0');
        GPS->D.second = (buf[11]-0') * 10 + (buf[12]-0');
        UTC2BTC(&GPS->D);
    }
    return 0;
}
```

10.6.9 地图显示模块

地图显示模块流程如图 10.6.6 所示。

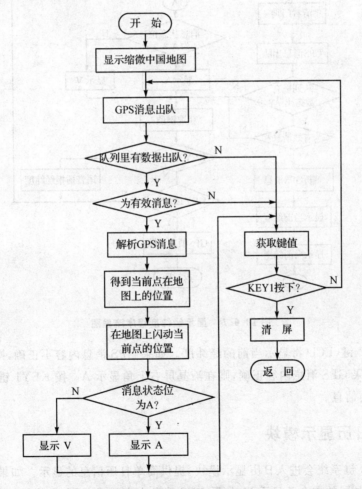

图 10.6.6　地图显示模块流程图

按下 KEY1 键后,程序会进入地图显示模块。如果 GPS 消息内容不正确,则在地图的右下角显示 V;如果 GPS 消息内容正确,则在地图右下角显示 A,同时当前在地图上的位置会以闪烁的方式标记出来。

10.6.10 经纬度显示模块

显示经纬度程序流程图如图 10.6.7 所示。

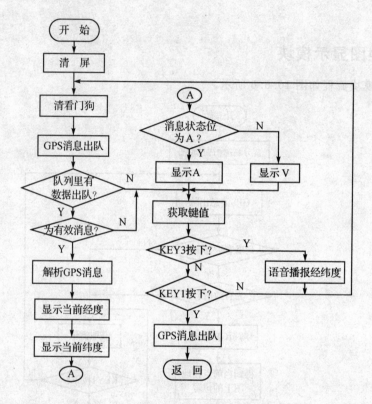

图 10.6.7 显示经纬度程序流程图

按下 KEY2 键,LCD 将显示当前的经纬度。如果 GPS 消息内容不正确,则在液晶屏的右上角显示 V;如果 GPS 消息内容正确,则在液晶屏右上角显示 A。按 KEY1 键返回,按 KEY3 键语音播报当前信息。

10.6.11 日历显示模块

按下 KEY3 键系统会进入日历显示模块,提供简单日历信息的显示。如果 GPS 消息内容不正确,则在液晶屏的右上角显示 V;如果 GPS 消息内容正确,则在液晶屏右上角显示 A。按 KEY1 键返回,按 KEY3 键语音播报当前时间。显示日历软件流程如图 10.6.8 所示。

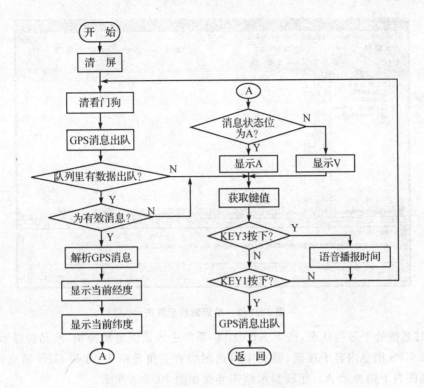

图 10.6.8 显示日历流程图

10.7 系统调试

① 按照系统总体框图 10.7.1 连接硬件,其中 J5 跳线选择 3 V 端,并连接下载线(Probe)。

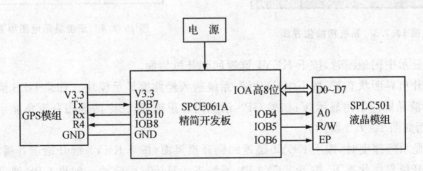

图 10.7.1 系统总体硬件连接图

② 打开电源,启动 μ'nSP IDE。建立工程,加入主程序文件及其他文件源代码。然后经过编译、链接确认没有错误。编译链接后如图 10.7.2 所示。

③ 下载程序代码到 61 板中。

④ 全速运行程序,可以看到液晶屏上显示如图 10.7.3 所示的界面。

图 10.7.2　编译链接后界面

⑤ 此时系统处于等待状态,按下 KEY1 键,系统进入地图显示模块,液晶屏显示一幅中国地图。如果 GPS 消息内容不正确,则在中国地图的右下角显示 V;如果 GPS 消息内容正确,则在中国地图右下角显示 A。正确显示地图界面如图 10.7.4 所示。

图 10.7.3　系统初始化界面

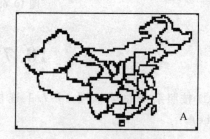

图 10.7.4　正确显示地图界面

⑥ 在显示中国地图时,按下 KEY1 键返回到开机界面。

⑦ 在开机界面状态下,按下 KEY2 键,系统进入经纬度显示模块。如果 GPS 消息内容不正确,则在液晶屏左上角显示 V;如果 GPS 消息内容正确,则在中国地图右下角显示 A。经纬度显示界面如图 10.7.5 所示。

⑧ 在显示经纬度时,按下 KEY1 键返回到开机界面,按下 KEY3 键开始语音播放经纬度。

⑨ 在开机界面状态下,按下 KEY3 键,系统进入日历显示模块。如果 GPS 消息内容不正确,则在液晶屏左上角显示 V;如果 GPS 消息内容正确,则在中国地图右下角显示 A。日期显示界面如图 10.7.6 所示。

⑩ 在显示日历时,按下 KEY1 键返回到开机界面,按下 KEY3 键语音播报当前时间。

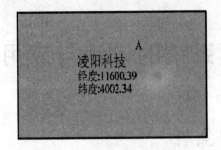
图 10.7.5 经纬度显示界面

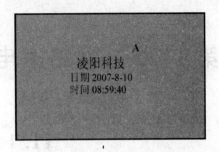
图 10.7.6 日期显示界面

10.8 结论和展望

  本章主要介绍了基于凌阳单片机开发的 GPS 全球定位系统接收并处理信息的过程。GPS 应用越来越广泛，本文的设计只是应用的基础和开端，在实际的应用中要结合各个领域的特殊情况和特定的技术要求，进行针对性的处理和设计。

  GPS 提供的定位信息包括了经度、纬度、海拔、速度、航向、磁场、时间、卫星个数及其编号等卫星信息，其接收数据方法类似，本设计只是提取了其中的部分价值较高的数据信息。

  随着 GPS 定位技术的发展，联合我国已有的永久性的 GPS 跟踪站，扩大完善全国的 GPS 跟踪网和相应的数据传输、通信和处理的网络设施，并由此发展成为 GPS 综合服务体系，向全国和全社会提供全方位开放性服务。

第 11 章 网络家电控制系统的设计与应用

11.1 案例点评

在当今高速发展的信息时代,随着IT行业的飞速发展,智能家居、家电自动化等技术越来越受到人们的关注,因此本题目实用空间广阔。从实现角度来说,该题目是一个典型的软硬结合的题目。硬件方面,要求学生对单片机、网卡等有比较深入的了解,能画出原理图并懂得搭配硬件调试环境;软件方面,要求学生懂得使用汇编语言或C语言编写单片机程序,以及懂得以太网通信模组及简易Web服务器的建立。

11.2 设计任务

利用61板作为控制板,配合DM9000以太网模组,完成一个Web服务器,并具有控制功能:

① SPCE061A作为主控制器对DM9000以太网控制芯片进行控制,完成以太网数据报的收发。

② 在SPCE061A上实现简单的HTTP协议,使SPCE061A与DM9000构成的网络终端可以作为Web服务器,对局域网提供网页浏览服务。

③ 设计简单的带有控制界面的网页,通过该网页可以完成对三个设备的"打开/关闭"控制。网页界面如图11.2.1所示。

④ 对设备的控制通过播报语音或点亮LED模拟。

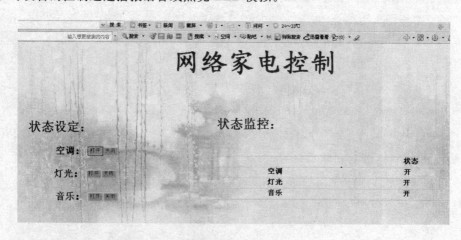

图 11.2.1 网页界面

方案扩展：

① 作为 Web 服务器的 SPCE061A 接收来自网页的控制信号，并将控制信息发送给其他 SPCE061A，利用其他 SPCE061A 完成对设备的控制。

② 完善网页界面和功能，使控制设备数量增加至任意多个。

③ 在 TCP 协议基础上规定自己的应用层通信协议，并编写 PC 机端控制程序，使 PC 机与 SPCE061A 构成的网络终端之间的通信效率更高，控制方式更灵活。

11.3 设计意义

基于 SPCE061A 单片机的网络家电控制系统设计是一个综合性很强的应用型题目，实现难度不大，但是涉及的知识很多，工作量大，是对学生软硬件知识的一次综合锻炼。通过本题目的学习，学生可以很好地理解以太网通信模组的构架，也使学生对开发嵌入式应用系统的过程及方法有一个全面的了解。

11.4 系统组成结构和工作原理

网络家电控制系统网络拓扑结构如图 11.4.1 所示。

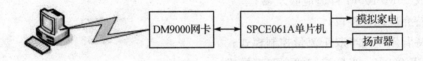

图 11.4.1 网络拓扑结构

本题目采用 SPCE061A 单片机作为主控制器，用于控制 DM9000 完成以太网数据包收发以及 TCP/IP 协议实现。其工作过程为：PC 机上制作的网页发送控制信息至网卡，由网卡解压封包及判断信息的正确性、合法性，之后将正确的控制信息传输给单片机，再由单片机控制引脚的高低电平来控制模拟家电，以及语言播报功能的实现；之后便是单片机将反馈信息传回网卡，由网卡将信息封包传送给 PC 机。

11.5 硬件电路设计

11.5.1 器件选型

1. 单片机

单片机的种类很多，常见的有 C51、C52、S51、S52 等芯片类型。但是，本题目因为要实现语言播报功能，所以采用语言功能强大的凌阳 SPCE061A 单片机作为本项目单片机类型。有关这款单片机的介绍见第 1、2 章。本章采用 SPCE061A 单片机与 DM9000 构建一个简易 Web 服务器，用来实现网络家电的控制。

2. 网卡

想要架设一个完整的 Web 服务器，除了控制终端之外，还要将终端与以太网连接起来并实现数据传输，那么网卡是必不可少的一个环节。本题目选择 DM9000 网卡，DM9000 是一款以太网控制芯片，在网络中它可以自动获得同设定 MAC 地址一致的 IP 包，完成 IP 包的收发，将 DM9000 与 SPCE061A 单片机结合完成上层协议，就构成了一个完整的网络终端。

DM9000 是一款完全集成的和符合成本效益的单芯片快速以太网 MAC 控制器与一般处理器的接口，一个 10M/100M 自适应的 PHY 和 4K 双字 SRAM。它的目的是在低功耗和高性能进程的 3.3 V 与 5 V 时支持兼容。

DM9000 还提供了介质无关的接口，来连接所有提供支持介质无关接口功能的家用电话线网络设备或其他收发器。DM9000 支持 8 位、16 位和 32 位接口访问内部存储器，以支持不同的处理器。DM9000 物理协议层接口完全支持使用 10 Mb/s 下 3 类、4 类、5 类非屏蔽双绞线和 100 Mb/s 下 5 类非屏蔽双绞线。这完全符合 IEEE 802.3u 规格。它的自动协调功能将自动完成配置以最大限度地适合其线路带宽，还支持 IEEE 802.3x 全双工流量控制。这个题目中 DM9000 是非常简单的，所以可以很容易地移植任何系统下的端口驱动程序。

DM900 特点如下：

- 支持处理器读/写内部存储器的数据操作命令，以字节、字、双字的长度进行；
- 集成 10M/100M 自适应收发器；
- 支持介质无关接口；
- 支持背压模式半双工流量控制模式；
- IEEE 802.3x 流量控制的全双工模式；
- 支持唤醒帧、链路状态改变和远程的唤醒；
- 4K 双字 SRAM；
- 支持自动加载 EEPROM 中的生产商 ID 和产品 ID；
- 支持 4 个通用输入/输出口；
- 超低功耗模式；
- 功率降低模式；
- 电源故障模式；
- 可选择 1∶1 YL18-2050S，YT37-1107S 或 5∶4 变压比例的变压器降低额外功率；
- 兼容 3.3 V 和 5.0 V 输入/输出电压；
- 100 脚 CMOS LQFP 封装工艺。

11.5.2 单元电路设计

1. 硬件连接电路

本题目用 DM9000 与 SPCE061A 单片机连接构成简单的 Web 服务器，硬件连接电路如图 11.5.1 所示。

2. 音频电路

SPCE061A 内置 2 路 10 位精度的 DAC，只需要外接功放电路即可完成语音的播放。SPCE061A 音频电路如图 3.4.7 所示。电路中 SPY0030 是凌阳公司生产的一款音频放大芯

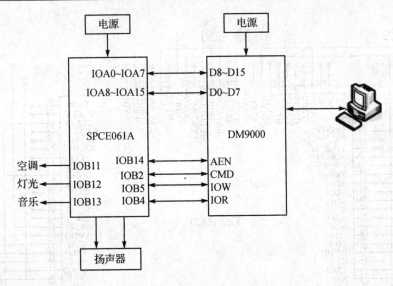

图 11.5.1 硬件连接电路图

片。它和 LM386 相比,LM386 工作电压需在 4 V 以上,SPY0030 仅需 2.4 V 即可工作(两节电池即可工作);LM386 输出功率 100 mW 以下,SPY0030 约 700 mW。

3. 电源电路

SPCE061A 内核工作电压 V_{DD} 为 3.0～3.6 V(CPU),I/O 口工作电压 VDDH 为 V_{DD}～5.5 V。DM9000 以太网模组工作电压为 5 V。它与 MCU 连接模式有 ISA 8 位/ISA 16 位模式,并支持 3.3 V 和 5 V 的 I/O 控制。以太网模组的电源电路如图 11.5.2 所示。由 LD1117 将接入的 5 V 电源变换为 3.3 V,为整个模组供电。

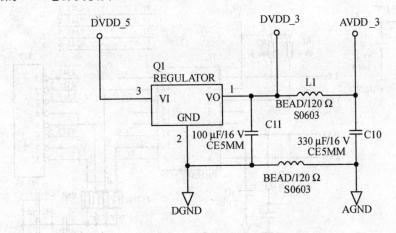

图 11.5.2 以太网模组电源电路图

4. DM9000 以太网模组电路

DM9000 以太网模组电路包括 DM9000 的工作电路、SPR4096 电路和电源电路三部分。在本系统中,没有用到 SPR4096。DM9000 的工作电路如图 11.5.3 所示。

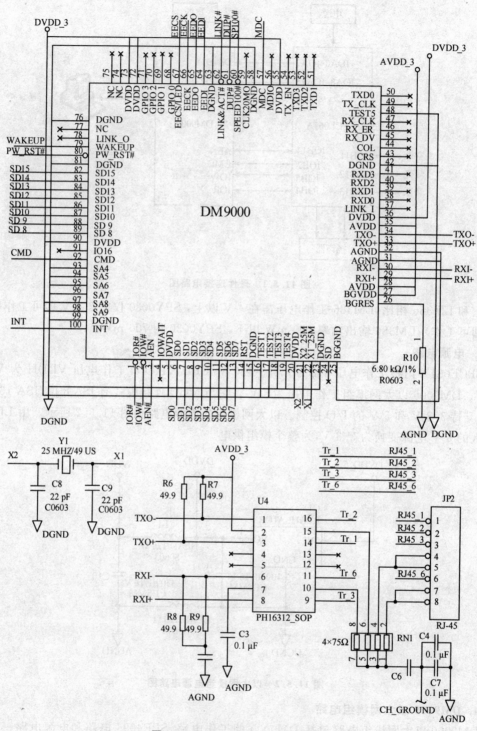

图 11.5.3　DM9000 工作电路图

11.6 软件设计

本题目学生需要做的是实现一个能与 PC 端的浏览器通信,接收浏览器的页面请求并回传网页给浏览器显示的 Web Server,同时,可以根据客户端发送的信息对家电进行控制。参考设计流程如图 11.6.1 所示。

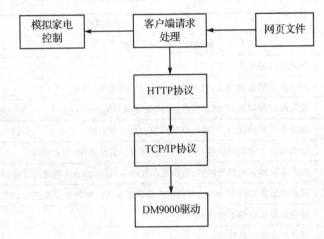

图 11.6.1 参考设计流程

为了实现这个 Web Server,大致需要做以下工作:
① DM9000 驱动需要实现与以太网链路的数据交换;
② TCP/IP 协议实现与 PC 端应用程序的平等交互;
③ HTTP 协议处理经过 TCP/IP 协议传输的 PC 端浏览器发过来的 HTTP 请求,并将网页数据通过 TCP/IP 协议送至 PC 端的浏览器显示;
④ 客户端请求处理部分是根据客户端提交的 HTTP 请求选择回传页面,并实现对 SPCE061A 的控制。

11.6.1 运行于 μ'nSP 平台的 TCP/IP 协议栈——unIP

为了在 SPCE061A 芯片上实现一个 Web Server 服务器的全过程,本题目采用运行在凌阳公司 μ'nSP 系列单片机上的一个精简 TCP/IP 协议栈 unIP 作为该题目的网络协议栈。

unIP 是运行在凌阳公司 μ'nSP 系列单片机上的一个精简 TCP/IP 协议栈。协议栈的初始版本由 LwIP 移植而来,之所以不沿用 LwIP 的名字是因为移植工作不仅仅只是 LwIP 说明的 arch 目录下的改动,core 部分也做了不少的修改以适应 μ'nSP 的 16 位的特性(μ'nSP 并不具有 8 位的数据类型,地址也是以 16 位为单位)。因此 unIP 与 LwIP 并不兼容。此外,还增加了 DNS Client(域名解析客户端)到协议栈中,以及部分应用实例,例如 Web Server 等。综合以上原因,给本协议栈重新命名为 unIP,特指是运行于 μ'nSP 平台的 TCP/IP 协议栈——unIP,μ'nSP 系列单片机之上的网络协议栈。

目前,unIP 是以库的形式提供给用户,通过对各个部分 API 的调用,即可编写自己的应用层协议。API 总共 7 部分,包括网络接口层(netif 开头)、动态内存管理模块(mem 开头)、缓冲区管理模块(pbuf)、UDP 层(已精简)、TCP 层、DHCP 模块(已精简)和 DNS 模块。

TCP/IP 协议栈使得用户在设计嵌入式网络系统时无需处理以太网底层协议的数据包,而直接处理运输层送给应用层的数据包即可。在本系统中,需要利用 unIP 协议栈中提供的运输层 TCP 协议,建立应用层 HTTP 协议,以便完成 Web 服务器的功能。

表 11.6.1 为 API 函数列表简易说明。

表 11.6.1 API 函数说明

函数名	功能说明
网络接口层 API 函数	
netif_init()	网络接口初始化
netif_add()	网络接口部分初始化,指定新 IP 地址、子网掩码、网关
netif_set_addr()	设定网络接口的 IP 地址指针,子网掩码和网关为给定值
netif_remove()	删除指定网络接口,并回收该接口锁占用所有资源
netif_find()	寻找指定名字的网络接口,并返回其地址。若没找到,则返回 0
netif_set_default()	指定系统默认的网络接口,当没有匹配的接口时,packet 均通过此接口发送至 Internet
netif_set_ipaddr()	设定指定接口的 IP 地址,可以在本函数实现运行期间改变某接口的 IP 地址
netif_set_netmask()	设定指定接口的子网掩码
netif_set_gw()	设定指定接口的网关
动态内存管理模块 API 函数	
mem_init()	初始化动态内存区域,是以 RAM 为起始地址,长度为 MEMSIZE words 的区域
mem_malloc()	在动态内存区域中寻找长度大于或等于 size 的内存块,若存在,则交由调用函数使用
mem_free()	释放指定内存区域,标志位置为未使用,前后相邻未使用区域,执行内存空洞合并操作
mem_realloc()	将 mem 的长度缩小为 size 指定的大小,mem 的首地址维持不变,也不进行复制操作
缓冲区管理模块 API 函数	
pbuf_init()	初始化 pbuf 区域。必须在所有其他 pbuf 类函数运行前被调用
pbuf_alloc()	枚举
pbuf_realloc()	除去在分配了不必要的 pbuf 链的没有用到的单元
pbuf_header()	调整 pbuf 的 payload 指针
pbuf_ref()	将目标 pbuf 的 ref 域加 1,意味着被引用次数加 1。当 ref 域为 0 时 pbuf 才能被释放
pbuf_ref_chain()	将指向 pbuf 链的所有 pbuf 的 ref 域加 1
pbuf_free()	将 pbuf 链表中的所有单元的 ref 域减 1。若减至零,则释放该单元
pbuf_cat()	将两个 pbuf 链表连接成为一个新的 pbuf,多用于同层的数据联合
pbuf_chain()	将两个 pbuf 链表连接成为一个新的 pbuf,多用于不同层的数据联合
pbuf_clen()	返回值为该链表的单元总数
UDP 层 API 函数	
udp_init()	本函数初始化 UDP 层相关的数据结构
udp_new()	新建一个 UDP 协议控制块。新建一个链接之前调用此函数获取一个可用的协议控制块
udp_remove()	删除并释放该 UDP 控制块

续表 11.6.1

函数名	功能说明
udp_bind()	将 UDP 协议控制块绑定到本地 IP 地址以及 port 端口号
udp_connect()	将 PCB 的 remote IP 和 remote port 设定为参数值
udp_send()	UDP 层发送数据，入口参数 p 必须申请为传输层 pbuf，否则会出错
udp_recv()	设定回调函数指针 recv，以及回调参数 recv_arg
TCP 层 API 函数	
tcp_init()	TCP 初始化函数，应该在所有的 TCP 应用之前被调用
tcp_new()	新建一个 TCP 协议控制块
tcp_alloc()	功能同 tcp_new()，额外的功能是可以指定 PCB 的优先级
tcp_arg()	设置由 PCB 所确定的 TCP 连接中使用的回调参数
tcp_bind()	将指定的 PCB 绑定到本地的 IP 地址和 port 端口号
tcp_listen()	将 PCB 所指定的连接置于监听队列
tcp_accept()	设定接收连接回调函数
tcp_connect()	建立到服务器的一个连接，并指定一个回调函数指针 connected
tcp_write()	应用层传输 TCP 数据函数
tcp_sent()	设定回调函数指针 sent
tcp_recv()	设定回调函数 recv。该函数在收到新的数据时被调用
tcp_recved()	应用层来通知底层协议成功收到的字节数
tcp_poll()	设定一个周期调用的函数指针 poll。周期典型值为 interval×0.5 s
tcp_err()	设定错误处理回调函数
tcp_close()	关闭连接
tcp_abort()	中止连接
tcp_tmr()	TCP 节拍函数，应该保证每 200 ms 调用一次本函数
网络字节辅助 API 函数	
htons()	将本地数据转换为网络字节序(高低 8 位互换)16 位数据
ntohs()	将网络字节序转换为本地字节序(高低 8 位互换)16 位数据
htonl()	将本地数据转换为网络字节序(高低 8 位互换)32 位数据
ntohl()	将网络字节序转换为本地字节序(高低 8 位 互换)32 位数据
getbyte()	从以缓冲区为首地址，偏移量为 offset 个字节的位置处，去除该字节数据
putbyte()	从以缓冲区为首地址，偏移量为 offset 个字节的位置处，写入数据 ch
pachstrncat()	从 data 为首地址偏移量为 offset 个字节的位置，将非压缩型字符串 str 中字符都写入 data
lwip_timeout()	通过调用 unIP，得知某超时事件发生，然后执行相应操作

11.6.2 基于 TCP 协议的服务器的实现

HTTP 协议是基于 TCP 协议的一个常见应用层协议。依靠 unIP 提供的 TCP/IP 协议的一些接口函数 API，用户可以方便地实现这个应用层协议。

如图 11.6.2 所示是创建 TCP 服务器的主程序循环流程。使用 unIP 协议栈创建基于 TCP 协议的服务器的流程：首先初始化 unIP 协议栈，然后使用 DM9000 创建一个网络接口，添加至 unIP 协议栈内，并将其设置为 unIP 协议栈的默认网络接口；之后申请创建一个 TCP 协议控制块，并将其配置为监听本机 80 端口（Web 服务的默认端口），同时设置好 TCP 协议接收连接的回调函数。

此后，程序在主循环中不断检测 DM9000 是否有新的数据输入，并将接收到的数据包送至协议栈处理。处理过程是协议栈内部完成的，无需关心。当 TCP 的三次握手完成之后，协议栈会自动调用用户设置好的接收连接回调函数，交由应用层处理连接建立后的事宜。

Web Server 的主程序流程如图 11.6.2 所示。根据流程可以编写实验的主程序，以及网口设定、协议初始化、网关设定、包的发送与接收程序、网页连接程序等。根据图 11.6.2 可以看出整个 Web Server 工作的大概流程，不难从中找出几个回调函数被调用的时机。这一点对于理解 Web Server 的具体实现很重要。

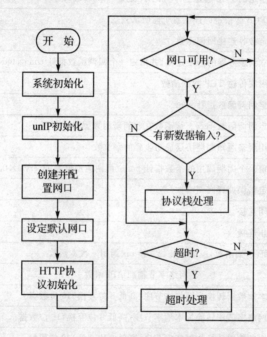

图 11.6.2　Web Server 主程序流程图

协议栈对接收到的 remote 数据的处理流程如图 11.6.3 所示。流程图中大部分内容在 unIP 这个精简 TCP/IP 协议栈中实现，但有部分内容却是要自己设计的。

对于服务器的开发来讲，需要注意的地方是其中几个关键的回调函数：

http_accept()：该函数执行客户端与服务器端三次握手之后，服务器程序对该连接进行确认工作。

http_send()：当服务器端发送的数据被 remote 端确认，服务器收到确认信号之后就会调用该函数以处理没有发送完毕的数据。例如，文件的续传就发生在这里。

http_recv()：当服务器端接收到来自于 remote 端的数据，会引发该函数的调用。

http_poll()：当某个连接长期处于空闲状态时，此函数将被协议栈调用，即所谓的超时处理。

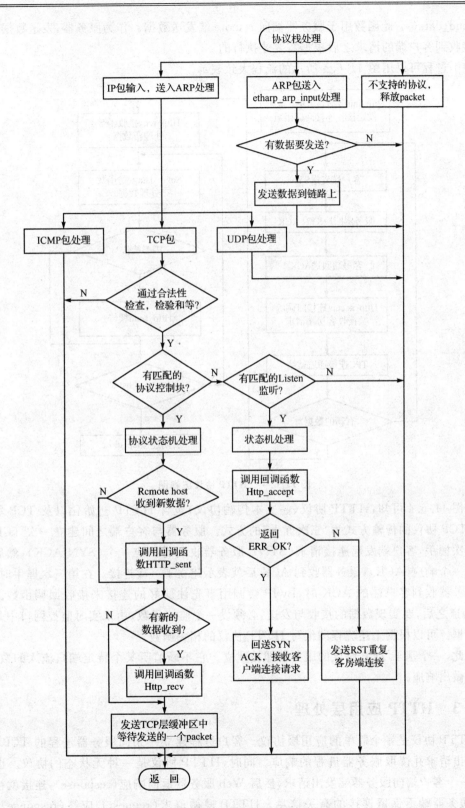

图 11.6.3 Web Server 协议栈处理流程图

send_data()：此函数用于服务器端向 remote 端发送数据。作为服务器，发送数据一般都是在接收到客户端的请求之后根据需要才执行的。

整个过程可以用图 11.6.4 所示的流程大致表示。

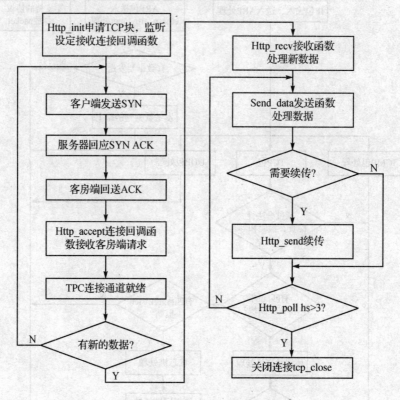

图 11.6.4　HTTP 协议流程图

由图 11.6.4 可知，HTTP 协议（超文本传输协议）包含 HTTP 初始化以及 TCP 块的申请，而 TCP 协议的传输方式为"三次握手"的方式。服务器与客户端之间建立一次 TCP 连接需要三次握手，客户端发起连接请求（SYN），服务器收到后回应一个（SYN ACK），然后客户端回送一个响应（ACK），服务器收到 ACK 后就表示建立了一次连接。在第三次握手时，也就是在服务器收到客户端的 ACK 时，LwIP 会调用事先注册好的连接来接收回调函数。确认 TCP 通道之后，要实现数据的接收与发送，必须设一个监控函数，用来实时监控网口中是否有新的数据。可以根据上述流程图编写 HTTP 协议的相关函数。

至此，一个基于 TCP 协议的服务器即被建立。它不断监听某个特定端口流入的数据，并对数据做出响应。

11.6.3　HTTP 应用层处理

HTTP 协议是一个简单的应用层协议。客户进程建立一条同服务器进程的 TCP 连接，然后发出请求并读取服务器进程的响应。同时，HTTP 协议是一种无状态的协议。也就是说，当一个客户端向服务器端发出请求，然后 Web 服务器返回响应（response），连接就被关闭了，在服务器端不保留连接的有关信息。HTTP 遵循请求（request）/应答（response）模型。Web 浏览器向 Web 服务器发送请求，Web 服务器处理请求并返回适当的应答。所有 HTTP

连接都被构造成一套请求和应答。

客户端首先向服务器发起 TCP 连接请求,服务器端接收到这个请求后,客户端和服务器端即建立起了一条通信管道。此时,客户端使用 TCP 协议向服务器端发送请求报文。请求方式一般为 GET 和 POST 两种,使用 GET 方式发送的数据格式大致如下:

```
GET/sample.jsp HTTP/1.1
Accept:image/gif.image/jpeg,
Accept-Language:zh-cn
Connection:Keep-Alive
Host:localhost
User-Agent:Mozila/4.0(compatible;MSIE5.01;Window NT5.0)
Accept-Encoding:gzip,deflate
username = jinqiao&password = 1234
```

通常情况下,客户端通过 GET 方式向服务器发送包含一些小量数据的表单数据,这些数据被包含在提交的 URL 中。例如下面这个 URL:

http://172.20.24.42/index.html? 11 = %B4%F2+%BF%AA&Submit = %cc%E+%BD%BB

浏览器向服务器提交了包含有一个"11"域和一个"Submit"域的表单的请求(实际上,是一个叫做 11 的按钮和一个叫做 Submit 的按钮)。

在本系统中,当 TCP 层接收到客户端发送的请求数据,将自动调用 http_recv()函数,通知 HTTP 应用层处理。http_recv()函数处理流程如图 11.6.5 所示。本系统中只对 HTTP 协议中的 GET 方法进行处理。

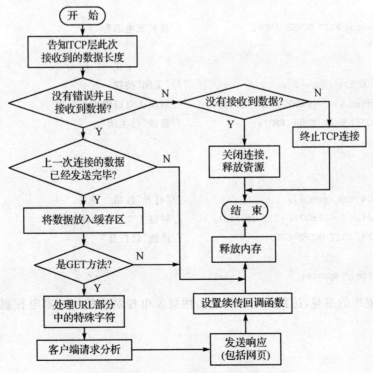

图 11.6.5 http_recv()函数处理流程图

其中,"客户端请求分析程序"主要完成对客户端发送的数据的分析,并获取网页数据用以回传给客户端。这部分也是实现家电控制的程序。

程序从客户端的请求数据中的 URL 字符串中提取按钮信息,并根据按钮的不同判断被控制的家电类型。代码如下:

```c
......                                    //省略 URL 分析程序
fs_open("/opt.html", &file);              //打开网页文件,准备回传给客户端显示
retweb = Web_Init(&file,1);
tempstr + = strlen(tempstr) + 1;
opt = StrToInt(tempstr);                  //将按钮名称转换为数字
switch (opt)
case 10:                                  //"空调打开"按钮
case 11:                                  //"空调关闭"按钮
device = AIR;
break;
case 12:                                  //"灯光打开"按钮
case 13:                                  //"灯光关闭"按钮
device = LIGHT;
break;
case 14:                                  //"音乐打开"按钮
case 15:                                  //"音乐关闭"按钮
device = MUSIC;
break;
}
PlaySnd(device, WAIT_OTHER_END);          //播放家电名称
if (opt % 2)
{
oprate = (u16_t)s_close[0];               //"关闭"按钮
*P_IOB_Buffer & = ~(0x0001 << device);    //对应 I/O 口输出低电平
PlaySnd(CLOSE, WAIT_OTHER_END);           //播放"已关闭"
}
else
{
oprate = (u16_t)s_open[0];                //"打开"按钮
*P_IOB_Buffer | = (0x0001 << device);     //对应 I/O 口输出高电平
PlaySnd(OPEN, WAIT_OTHER_END);            //播放"已打开"
}
status[device] = oprate;
```

通过上述程序的编写,达到了用鼠标点击网页家电控制按钮实现家电控制与语言播报的目的。

11.6.4 数据包的接收与发送

由所学的相关知识可知,网卡的数据传输是以封包的形式进行的。也就是说,PC 机的数据传输给网卡,网卡对其进行检测以及解包,而数据的发送则是将数据进行封包及传输的过程。在传送一个封包之前,需将其封包资料存放在 DM9000 的传送内存 0000H～0BFFH 中。当写入位置超过 0BFFH 时,DM9000 会自动将位置移到 0000H 的位置。将封包资料存放在 MWCMD 中,DM9000 会自动将其资料存向其传送内存中。另外,还需将要传送封包的大小存放在 TXPLL(low_byte) 和 TXPLH(high_byte)中。之后再将 TCR bit 0 设为 1,此时开始进行封包的传送。而在传送完成后,会将传送是否成功的信息放在 TSRI 和 TSRII 中。存放的顺序为 TSRI→TSRII→TSRI→TSRII……所以需要按照 NSR bit 2 和 bit 3 来判断现在是 TSRI 还是 TSRII 传送完成。

1. 封包的传送过程

① 检查所使用的 I/O 动作(Byte,Word,Dword)。

② 开始将封包的资料搬移到传送内存中。

```
TX_DATA[TX_LEN];                    //传送的资料
TX_LEN;                             //传送资料长度以字节计算
unsigned char * tx_data8;           //设定 8 位资料指针
unsigned int * tx_data16;           //设定 16 位资料指针
unsigned long int * tx_data32;      //设定 32 位资料指针
outportb(IOaddr, MWCMD);            //将位置指向 MWCMD
I/O Byte Mode:
tx_data8 = TX_DATA;                 //将指针指向传送资料
for (i = 0; i < TX_LENGTH; i++);    //将 TX_DATA 中的资料移到传送内存中
outportb(IOdata, *(tx_data8 ++));   //每次一个字节
I/O Word Mode:
tx_data16 = TX_DATA;                //将指针指向传送资料
Tmp_Length = (TX_LENGTH + 1)/2;     //以 word 方式,重新计算搬移资料次数
for (i = 0; i < Tmp_Length; i++);   //将 TX_DATA 中的资料移到传送内存中
outport(IOdata, *(tx_data16 ++));   //每次一个 word
I/O Dword Mode:
tx_data32 = TX_DATA;                //将指针指向传送资料
Tmp_Length = (TX_LENGTH + 3)/4;     //以 dword 方式,重新计算搬移资料次数
for (i = 0; i < Tmp_Length; i++);   //将 TX_DATA 中的资料移到传送内存中
outportl(IOdata, *(tx_data32 ++));  //每次一个 dword,outprotl 为 32 位输出函数
```

③ 将封包长度存入到 TXPLL 和 TXPLH 中。

```
iow(TXPLL, TX_LEN & 0xff);          //将要传送的长度 Low Byte 存入 TXPLL 中
iow(TXPLH, (TX_LEN >> 8) & 0xff);   //将要传送的长度 High Byte 存入 TXPLH 中
```

④ 开始传送封包。

```
iow(TCR, ior(TCR) | 0x01);          //发送传送数据指令
```

⑤ 检查是否传送完成。方式有两种,可依情况来选择使用:
(a) 使用 TCR 方式来检查。

```
TX_send = ior(TCR) & 0x01;                //等于 0 表示传送结束,等于 1 表示传送中
```

(b) 使用 ISR 方式来检查。

```
TX_send = ior(ISR) & 0x02;                //等于 2 表示传送结束,等于 0 表示传送中
```

⑥ 检查是否传送成功。使用 NSR、TSRI 和 TSRII 来检查是否传送成功。

```
TX_CHK = ior(NSR);
If ((TX_CHK & 0x04) == 0x04)
{
if (ior(TSRI) & 0xfc) == 0x00)
printf(" \n TSR I 传送成功");
else
printf(" \n TSR I 传送失败");
}
else
{
if (ior(TSRII) & 0xfc) == 0x00)
printf(" \n TSR II 传送成功");
else
printf(" \n TSR II 传送失败");
}
```

2. 封包的接收过程

封包的接收过程也就是封包发送过程的逆过程。DM9000 接收到的封包,会存放于 DM9000 接收内存 0C00H~3FFFH 中。当读取位置超过 3FFFH 时,DM9000 会自动将位置移到 0C00H。在每一个封包,会有 4 字节存放一些封包相关资料。第 1 个字节的封包是否已存放在接收内存,若值为 01H 则封包已存放于接收内存;若值为 00H 则接收内存尚未有封包存放。在读取其他字节之前,必须确定第 1 个字节是否为 01H。第 2 个字节则为这个封包的一些相关信息,格式类似于 RSR 的格式。第 3 和 4 字节用于存放这个封包的长度大小。

① 检查现在使用的 I/O 动作(Byte,Word,Dword)。

```
RX_IN_CHK = ior (ISR) I 0Xfe;             //等于 0 表示有封包接收,等于 1 表示无封包接收
```

② 确认封包是否为正常的封包。此时用到读取接收内存不移动位置 MRCMDX。使用 MRCMDX 最好连续读取两次,以确保读取的封包为最新的封包。

```
ior(MRCMDX);                              //第一次读取到信息,先不理
RX_P_CHK = ior(MRCMDX) & 0xff;            //等于 1 为正常封包,!= 1 为异常封包
```

③ 若是正常的封包,则取得封包相关信息和长度。
此时用到读取接收内存并移动位置 MRCMD。读取时,其位置会随着使用 MRCMD 的次

数自动移动,这一点和 MRCMDX 不一样,请注意。

```
    outportb(IOaddr, MRCMD);                    //将位置指向 MRCMD
    I/O Byte Mode:
    RX_Status = inportb(IOdata) | (inprotb(IOdata) << 8);   //取得此封包相关信息
    RX_Length = inportb(IOdata) | (inp(IOdata) << 8);       //取得此封包的长度
    I/O Word Mode:
    RX_Status = inport(IOdata);                 //取得此封包相关信息
    RX_Length = inport(IOdata);                 //取得此封包的长度
    I/O DWord Mode:
    (unsigned long int) tmp_data = inportl(IOdata);   //取得前 4 字节的信息
    RX_Status = tmp_data & 0xFFFF;              //转换取得的封包相关信息
    RX_Length = (tmp_data >> 16) & 0xFFFF;      //转换取得的封包长度
```

④ 取得封包相关信息和长度,开始接收资料。

当取得这个封包的信息、长度之后,再使用 REG_F2 取得封包所包含的资料。

```
    unsigned char RX_DATA[2048];                //系统内存放置接收回来封包的位置
    unsigned char * rx_data8;                   //设定 8 位资料指针
    unsigned int * rx_data16;                   //设定 16 位资料指针
    unsigned long int * rx_data32;              //设定 32 位资料指针
    outportb(IOaddr, MRCMD);                    //将位置指向 MRCMD
    I/O Byte Mode:
    rx_data8 = RX_DATA;                         //将指针指向接收数据的位置
    for(i = 0 ; i < RX_Length ; i ++ );         //将接收内存中的资料移到 RX_DATA 中
    *(rx_data8 ++ ) = inp(IOdata);              //每次一个字节
    I/O Word Mode:
    rx_data16 = RX_DATA;                        //将指针指向接收数据的位置
    Tmp_Length = (RX_Length + 1)/2;             //以 word 方式重新计算搬移资料次数
    for(i = 0 ; i < Tmp_Length ; i ++ );        //将接收内存中的资料移到 RX_DATA 中
    *(rx_data16 ++ ) = inp(IOdata);             //每次一个 word
    I/O DWord Mode:
    rx_data32 = RX_DATA;                        //将指针指向接收数据的位置
    Tmp_Length = (RX_Length + 3)/4;             //以 dword 方式重新计算搬移资料次数
    for(i = 0 ; i < Tmp_Length ; i ++ );        //将接收内存中的资料移到 RX_DATA 中
    *(rx_data32 ++ ) = inp(IOdata);             //每次一个 dword
```

11.6.5 网页程序设计

要想达到网络控制家电的目的,对于客户端向服务器发起的每一个请求,一般情况下服务器都会回传一个网页。这些网页是事先制作好,并转换为二进制形式存储在 SPCE061A 内部的 FLASH 中的。制作方法如下:

① 要建立一个简单的网页,界面见设计要求。创建网页有许多的工具,如 FrontPage 等。

② 将设计好的网页数据转变成 C 语言文件。运行工具 NetPageToC，选中需要转换的所有网页文件（webfile 目录下），然后单击 Convert，生成文件 fsdata.c，将得到的 fsdata.c 文件复制到工程目录，然后修改 fs.c 文件中的代码。例如，

文件名称：fs.c
功能描述：网页文件管理

```
#include "config.h"
#include "fs.h"
#include "fsdata.h"
#include "APP/fsdata_wangluojiadian.c"    //将这里修改为用户自行转换的文件
```

将"#include "APP/fsdata_wangluojiadian.c""中的"APP/fsdata_wangluojiadian.c"修改为用户自己转换之后的文件名（如 fsdata.c）。

修改之后，重新 Rebuild All 工程，则网页文件被替换成用户自己制作的。但需要注意的是，修改网页之后，用户还需要修改"客户端请求分析程序"，以配合网页实现对设备的控制。

11.6.6　DM9000 与单片机连接组成 Web Server 程序设计

本小节主要讲述 61 板与 DM9000 组成 Web Server 相关程序设计。相关引脚的连接见图 11.5.1。而 61 板与 DM9000 主要引脚配置如下：

```
#define P_DM9K_D_IOA 1          //如果使用 IOA 口作为数据端口，则使用此定义
//#define P_DM9K_D_IOA 0        //如果使用 IOB 口作为数据端口，则使用此定义
//下面定义各个控制端口
#define P_DM9K_IOR 0x0010       //IOR 控制端口→IOB4
#define P_DM9K_IOW 0x0020       //IOW 控制端口→IOB5
#define P_DM9K_CMD 0x0004       //CMD 控制端口→IOB2
#define P_DM9K_AEN 0x4000       //AEN 控制端口→IOB14
#define DM9K_CONNECTMODE DM9K_100MFD
……
```

本章设计采用 IOA 口作为数据端口，而 61 板与 DM9000 引脚的连接不单只是上述程序，还包括中断、电源、时钟、PLL 等参数的设置，在此由于篇幅原因不作介绍。而 61 板与 DM9000 组成 Web Server，接收用户在网页上对按钮的操作，通过 IOB0～IOB2 输出高低电平，实现三个设备的打开/关闭控制并播放相应提示音的程序如下所示：

```
//================================================================
//  工程名称：Web_Server
//  功能描述：61 板与 DM9000 组成 Web Server
//           可以接收用户在网页上对按钮的操作，并通过 IOB0～IOB2 输出高低电平，
//           实现对三个设备的打开/关闭控制
//           用户点击按钮时可以播放相应提示音
//
//================================================================
```

```c
#define MAIN
#include "./include/config.h"
#define ClearWDog    (*((volatile unsigned char *)0x7012)) = 1
struct netif * netif;
extern u16_t tcp_tmr_timeout(void);
extern err_t ethernetif_init(struct netif * netif);
void F_MonitorLoop();
int main(void)                              //主函数
{
    struct ip_addr ipaddr, netmask, gw, ip;
    int i = 0;
    int Ret = 0;
    System_Initial();                       //初始化系统各个部件
    F_InitTcpTmr();                         //初始化TCP超时计数器
#ifdef STATS
    stats_init();
#endif   /* STATS */
    mem_init();                             //初始化内存管理模块
    memp_init();
    pbuf_init();                            //初始化pbuf管理模块
    netif_init();                           //初始化网络接口层管理模块
    ip_init();                              //初始化IP层管理模块
    tcp_init();                             //初始化TCP层管理模块
    IP4_ADDR(&gw, 0,0,0,0);                 //设置网关
    IP4_ADDR(&ipaddr, 172,20,23,46);        //设置IP地址
    IP4_ADDR(&netmask, 255,255,252,0);      //设置子网掩码
    netif = netif_add(&ipaddr, &netmask, &gw, NULL, ethernetif_init, ip_input);
                                            //注册当前网络设备
    netif_set_default(netif);               //将当前网络设备设置为默认连接接口
    httpd_init();                           //初始化HTTP协议
    while(1)
    {
        F_MonitorLoop();                    //查询是否有以太网数据输入
        ClearWDog;
    }
    return 0;
}
//================================================================
//语法格式：void F_MonitorLoop()
//实现功能：查询是否有以太网数据输入
//参数：无
//返回值：无
//================================================================
```

```
void F_MonitorLoop()
{
    if (netif != NULL)
    {
        u16_t iTemp = lwip_timeout();
        Ethernet_poll(netif);
        if(iTemp & TCP_TIMEOUT)
            tcp_tmr();
    }
}
```

11.6.7 语音播报的实现

由 SPCE061A 单片机硬件方面的相关介绍可知，SPCE061A 内部具有一个 16×16 的硬件乘法器，可以直接用作算法中的累加乘，也就是乘积运算，同时，它还提供了 A/D、D/A 转换通道；软件方面，提供了 S480、A2000、S240 等函数库，可以有效处理语音数据，在失真不大的情况下，将运算量降到最小。SPCE061A 自带的 A/D、D/A 转换功能非常强大，通俗地讲，SPCE061A 是款语音芯片。本小节就是利用其强大的语音功能完成设计所需的语音播报。

语音播报程序如下：

```
#include "PlaySnd.h"
#include ".\Speech\SetInterruptStatus.h"
unsigned int g_PlayStatus;                                        //播放状态标志
//================================================================
//      语法格式: void SetPlayService()
//      实现功能: 启动播放服务(打开 4096 Hz 时基中断并设置 R_InterruptStatus 变量)
//      参数: 无
//      返回值: 无
//================================================================
void SetPlayService()
{
    *P_INT_Clear = C_IRQ4_4KHz;                     //打开 4096 Hz 时基中断
    SetINTStatus(C_IRQ4_4KHz);
}
//================================================================
//      语法格式: void ClearPlayService()
//      实现功能: 停止播放服务(关闭 4096 Hz 时基中断并设置 R_InterruptStatus 变量)
//      参数: 无
//      返回值: 无
//================================================================
void ClearPlayService()
{
```

```c
        * P_INT_Clear = C_IRQ4_4KHz;
        ClearINTStatus(C_IRQ4_4KHz);
}
//========================================================================
//     语法格式：void PlaySnd(unsigned int SndIndex, unsigned int WaitMode)
//     实现功能：初始化并开始 S480 播放
//     参数：SndIndex   语音资源序号
//           Wait       等待模式
//           NO_WAIT    立即启动此次播放
//           WAIT_SELF_END    等待此次播放完毕后退出
//           WAIT_OTHER_END   等待正在播放的语音结束后启动此次播放
//     返回值：无
//========================================================================
void PlaySnd(unsigned int SndIndex, unsigned int WaitMode)
{
    if(0 != (WaitMode & WAIT_OTHER_END))
    {
        while(C_NullState != g_PlayStatus);
    }
    ClearPlayService();
    SACM_S480_Stop();
    SACM_S480_Initial(1);
    SACM_S480_Play(SndIndex, 3, 3);
    g_PlayStatus = C_PlayState;
    SetPlayService();
    if(0 != (WaitMode & WAIT_SELF_END))
    {
        while(C_NullState != g_PlayStatus);
        ClearPlayService();
    }
}
//========================================================================
//     语法格式：void SetPlayStatus(unsigned int Status)
//     实现功能：设置当前播放状态
//     参数：Status    播放状态
//           C_NullState(0)    播放结束(空闲状态)
//           C_PlayState(1)    正在播放
//     返回值：无
//========================================================================
void SetPlayStatus(unsigned int Status)
{
    g_PlayStatus = Status;
}
```

```
//================================================================
//      语法格式：unsigned int GetPlayStatus()
//      实现功能：得到当前播放状态
//      返回值：无
//      参数：C_NullState(0)    播放结束(空闲状态)
//            C_PlayState(1)    正在播放
//================================================================
unsigned int GetPlayStatus()
{
    return(g_PlayStatus);
}
//================================================================
//      语法格式：void IRQ_PlayService()
//      实现功能：后台解码播放函数(需要安置在4 096 Hz时基中断中)
//      参数：无
//      返回值：无
//================================================================
void IRQ_PlayService()
{
    if(C_PlayState = = g_PlayStatus)
    {
        if((SACM_S480_Status()&0x0001) != 0)
        {
            SACM_S480_ServiceLoop();
        }
        else
        {
            g_PlayStatus = C_NullState;
            SACM_S480_Stop();
            ClearPlayService();
        }
    }
}
```

11.7 系统调试

本题目采用IDE 2.0.0开发软件进行相关设计。IDE 2.0.0作为 μ'nSP® IDE 工具最新的一个版本，它不但继承了以前版本 IDE 的特点，同时还增加了一些新的功能，集纳了众多用户在使用 μ'nSP® IDE 过程中提出的一些意见，并包含了一些新的例程。

除了增加一些新的功能外，IDE 2.0.0 在编译优化、代码查错定位等方面都有了一定的进步，读者在使用本版 IDE 时，应该可以体会到，其对代码的严谨性有了更高的要求。因此，在新版 IDE 的各个方面，都有所加强。

(1) 下载并安装 IDE 2.0.0 开发软件。

(2) 根据硬件电路连接硬件，并连接好下载线。注意 61 板与以太网模组需要共地。新建工程，打开 IDE 2.0.0 软件，选择 File→New 菜单项，在弹出的对话框中选择 Project 并输入要建立的工程名以及选择保存路径。

(3) 编辑函数程序。选择 File→New 菜单项，在弹出的对话框中选择 File，选择要编辑的程序类型，并输入要建立的程序文件名及保存路径。之后就能在弹出的空白文档中编辑程序了。编辑好之后保存文档。

重复步骤(3)，但要注意正确选择程序文件类型，逐步编辑好所需要编辑的程序。如网卡驱动程序、网口设置程序、HTTP 协议、TCP/IP 协议程序、网页设置程序和主程序等。

(4) 单击左侧 WEB_Server Files 前的"+"号，在 Source Files 上右击，选择 Add Files to Folder，添加工程所需要的程序(即步骤(3)编辑的程序)。重复该步骤，将所有需要的程序添加至工程，如图 11.7.1 所示。

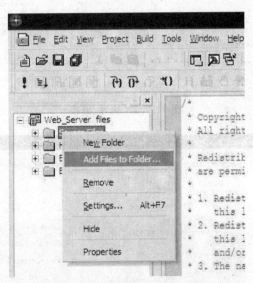

图 11.7.1　添加程序至工程

(5) 编译、链接。选择 Build→Rebuild All 菜单项，编译所有的文件。编译结束后，在界面下方查看所编写程序是否有错，如果有错则查找原因，直到编译无错误，如图 11.7.2 所示。

注意：由于开发软件版本的原因，编译时有的程序可能会因为无法查找到相关数据库而出错，如 CMacro1016.lib 无法找到。解决的办法是，选择 Project→Settings→Link→Library Modules 菜单项，将 CMacro.lib 修改成 CMacro1016.lib 即可，如图 11.7.3 所示。

(6) 调试。IDE 2.0.0 提供软件仿真与硬件仿真两种形式。软件仿真按钮为界面右上角右数第三个按钮，单击此按钮选择软件仿真，而右数第二个绿色按钮则为选择硬件仿真，右数第一个按钮为 Body 按钮，用于选择输出方式。按 F8 键下载程序，之后单击 Debug 中的运行按钮，工程开始运行。这时即可在各个观察窗口中看到运行过程及结果。当然也可以实现设置断点、单步运行等操作。程序运行无误后，即可进行硬件仿真。具体步骤如下：

① 下载程序代码到 61 板上。

② 全速运行程序，此时会看到以太网模组上的 3 个指示灯至少有一个被点亮。如果标指

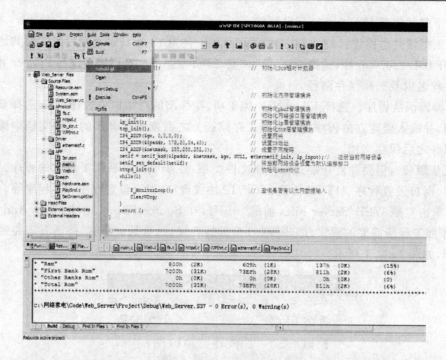

图 11.7.2　编译、链接

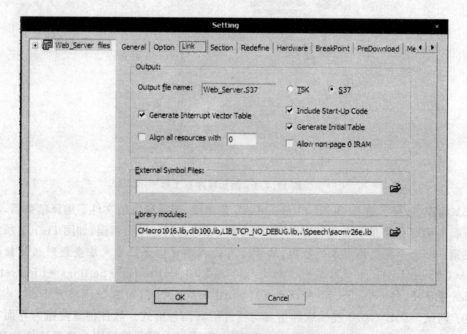

图 11.7.3　调用库函数的相关设置

示灯不亮,或者不闪烁,请检查硬件连接,并复位单片机,重新下载运行程序。

③ 打开与以太网模组处于同一局域网的某 PC 机,配置好 IP、子网、网关地址。之后打开 IE 浏览器,输入 HTTP://172.20.8.142(设置的 IP),即可访问到运行于 SPCE061A 上的网页,之后便可进行相关的开关控制。

通过以下方法检测试验结果是否正确：

① 单击网页各个开关按钮，查看单片机是否做出相关操作。

② 查看网页上监控表格，确认返回的数据是否正确。

注意事项如下：

① 要提供足够的电源，建议使用两个电源供电。

② 采用多电源供电时，注意采用共地，否则几个模块之间没有共同的参考电平将无法协同工作。

③ 数据线不能过长。

第 12 章 语音拨号手机通讯录的设计与实现

12.1 案例点评

随着社会的发展,现代人的交际圈越来越大,接触的人也越来越多,手机已成为人们最常用的通信工具之一。电话簿或通讯录是手机的一个基本功能模块。面对着没完没了的手机通讯录,一个一个翻阅,往往也找不到自己需要的号码,于是手机的语音拨号功能就应运而生了。

语音拨号的优点如下:

① 方便。事实上它就是本着方便用户的宗旨而开发的,手机上带有的语音拨号功能大大地节约了用户的时间和精力;

② 避免拨错号码。特别适合盲人、老人、幼儿等人群使用。

当然,语音拨号功能并非是完美无缺的,识别率是语音拨号最重要的指标,到目前为止识别率还没有达到"非常实用"的地步。其主要原因是:

① 受环境影响大。手机作为一种移动通讯工具,任何使用环境都有可能出现,比如噪声,或者不允许发出太大声音的环境,比如会议。这些情况下,或是杂音太多太大,或是机主的声音太小,都会造成手机识别不出来。

② 个体语音差异很大。即使是同一个人,在不同的时间、心情下,甚至在相同的时间、心情下的发音都不可能完全相同,没有人能保证其声音的一致性。所以目前还不能做到让语音拨号达到随心所欲的地步。

但无论如何,手机技术正在迅速发展中,以上所列的困难也将逐步被克服。目前看来,越来越多的手机都开始带有该项功能。增强手机通讯录的语音拨号功能,改善其操作便捷度和识别率是手机软件设计的一个重要课题。

本方案以 61 板、SPR 模组、SPLC501 液晶模组和 4×4 键盘为平台,构建出手机通讯录模型,实现通讯录条目的录入、删除、查询等基本功能,并加入时尚的语音拨号,为手机软件的设计和开发提供参考。

12.2 设计任务

利用 61 板、SPR 模组、SPLC501 液晶模组和 4×4 键盘建立手机通讯录模型,要求通讯录具有下述功能:

① 通讯录条目的录入。可以通过 4×4 按键模拟手机键盘,实现中英文输入。通讯录条目至少应包括姓名、两组以上电话号码和 E-mail 等信息。

② 通讯录查询和搜索。通讯录以一定规则排序,可翻页查看。提供通讯录搜索功能,输入姓名的一部分,可搜索到匹配的条目。

③ 语音识别功能。可将通讯录中的指定条目设定为"可语音拨号",并加以训练。当进入

语音拨号模式后,可利用之前训练的语音命令快速找到所需的通讯录条目。

扩展功能:本方案可扩展性较强,例如,完善通讯录内容,增加通讯录分组功能,增加通讯录备份功能,增加语音提示功能等。

12.3 设计意义

基于SPCE061A单片机的语音拨号手机通讯录的设计是一个软硬件相结合的综合设计题目。通过本设计题目,读者可以进一步了解和掌握SPCE061A单片机的使用方法和应用方向。在凌阳科技公司提供的集成开发环境μ'nSP IDE中,读者可以运用自己学过的C语言和汇编语言,结合SPCE061A单片机的芯片特征进行编程,并且可以实现C语言与凌阳汇编语言的互相调用。在锻炼了编程能力的同时,本设计还能让读者初步掌握当代生活中不可或缺的手机通讯录功能的实现原理和方法,尤其是对时下非常流行的手机语音拨号功能的实现有了更深一步的了解。

12.4 系统组成结构和工作原理

对本系统的设计有如下技术要求:
① 通讯录条目存储在SPCE061A内部FLASH中,要求存储容量在50条以上。
② LCD显示汉字所需的字模数据可保存在SPR4096中。
③ 最多可指定5个条目为语音拨号项目。

为了实现上述要求,本系统采用SPCE061A精简开发板(61板)、SPLC501液晶模组、SPR4096模组以及4×4键盘模组连接构成,系统的硬件结构框图如图12.4.1所示。

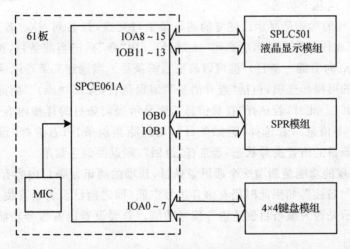

图12.4.1 系统的硬件结构框图

系统以SPCE061A单片机作为主控芯片,负责构建通讯录数据结构,并在单片机内部FLASH中保存通讯录内容以及语音识别特征模型。SPCE061A控制SPLC501液晶模组以菜单形式显示可操作选项,通过接收4×4按键输入来实现用户操作界面。LCD显示的字库和输入法数据都保存在SPR4096芯片中。61板上集成了音频输入电路和麦克,单片机可采集语音信号并处理,以实现语音拨号功能。

本系统操作方法比较简单,大都通过菜单实现。系统整体功能操作流程如图12.4.2所示,其中线条上的数字和文字代表按键值。

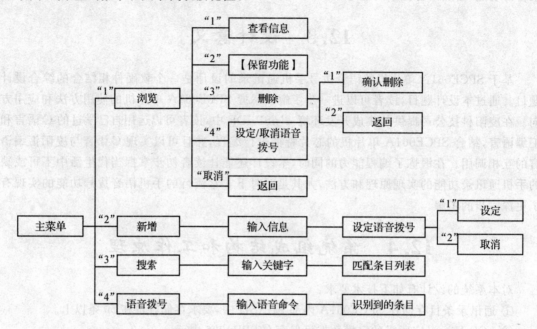

图12.4.2　系统整体功能操作流程图

本系统设计的通讯录的主菜单包括"浏览""新增""搜索""语音拨号"四个功能,这四个功能分别对应着4×4键盘模组的"1""2""3""4",如图12.4.2所示。

下面简要介绍这几个功能:

① "浏览"实现的功能是显示已建立的通讯录条目列表(姓名列表)。若某一条目设置了语音拨号功能,则在该条目的姓名后面用"＊"标记。用"◆"标记当前条目,按动"Up(向上翻一条目)"键或"Dn(向下翻一条目)"键可以改变当前条目。当选定某条通讯录条目后,LCD就会显示当前条目的可操作选项,包括"查看信息""编辑条目(保留功能)""删除条目""设定/取消语音拨号""返回"。此时,若选择"查看信息",则显示当前条目的详细内容(包括姓名、两个电话号码、E-mail等信息);若选择"删除条目",则删除当前条目;若选择"设定/取消语音拨号",则更改当前条目的语音拨号状态;若选择"返回",则返回到主菜单。

② "新增"实现的功能是新增一个通讯录条目,新增的通讯录条目内容有"姓名""电话1""电话2""E-mail""备注",如果此时仍有语音拨号空间(即之前已设为语音拨号的通讯录条目不满5条),则提示是否为该条目创建语音拨号功能。若要设置语音拨号功能,则需要进行语音特征模型训练。

③ "搜索"实现的功能是搜索通讯录条目,输入姓名的一部分,可搜索到匹配的条目列表。

④ "语音拨号"是实现语音功能。当进入语音拨号模式后,可利用之前训练的语音命令快速找到所需通讯录条目。

12.5 硬件电路设计

12.5.1 器件选型

本系统采用 SPCE061A 单片机作为主控制器，4×4 键盘模组作为输入部件，SPLC501 液晶模组作为显示部件，而汉字库和输入法数据都存储在 SPR4096 芯片中。下面分别介绍这些模块的特性。

1. SPCE061A 单片机

本系统实现的主要功能是构建出手机通讯录模型，实现新增、删除、查询等基本功能，并加入语音拨号功能。语音拨号功能要求单片机具有语音识别功能。同时，本系统需要存储的数据比较多，如通讯录条目、特定人语音特征模型、LCD 显示汉字所需的字模数据、输入法数据等，这就要求单片机的存储器具有良好的扩展性。如果采用传统单片机实现这些功能，就需要在单片机外围设备中挂接若干相应的功能模块，以实现 A/D 采样输入、编码处理、存储、解码处理以及 D/A 等语音处理功能，并需要扩展存储器容量。由于这些设备之间相对独立，所以需要进行繁琐的连线和复杂的操作，极大地降低了使用者学习和开发的效率，如稍有不慎就有可能造成器件和设备的损坏，给使用者带来不必要的麻烦或损失，而且这些设备费用高，提高了单片机学习的门槛。相比之下，采用 SPCE061A 单片机进行语音处理方面的开发过程比采用传统单片机简化了很多。SPCE061A 将 A/D、编码算法、解码算法、存储及 D/A 做成相应的模块，每个模块都有其应用程序接口函数 API，用户只需了解每个模块所要实现的功能及 API 函数的参数含义，然后调用该 API 函数即可实现语音处理功能。另外，SPCE061A 可以方便地与凌阳科技公司研发生产的高性能 FLASH 存储器 SPR4096 进行连接，以扩展系统的存储器容量。因此，本系统采用了具有强大的语音处理功能的 SPCE061A 单片机作为主控芯片。

2. SPLC501 液晶显示模组

SPLC501 液晶显示模组是为方便学习者进行单片机接口方面的学习专门设计的模块，该模组可以方便地与 61 板连接，可进行字符显示、汉字显示以及图形显示，主要应用在需要图形、文本显示的系统中。SPLC501 液晶显示模组采用的驱动控制芯片是 SPLC501 芯片，SPLC501 为液晶显示控制驱动器，集行、列驱动器和控制器于一体，广泛应用于小规模液晶显示模块。

SPLC501 液晶显示模组有以下几个主要部件：
① 液晶显示器（带驱动、控制器的液晶面板）；
② 复位按键；
③ 电源指示灯；
④ 模组接口及跳线。

SPLC501 液晶显示模组结构示意图如图 12.5.1 所示。

SPLC501 液晶显示模组中，接口引脚"+""V3"分别为电源输入端和高电平引脚（供时序选择跳线用），而"－""GND"都是接地引脚。SPLC501 液晶显示模组各引脚的功能见表 10.5.2。

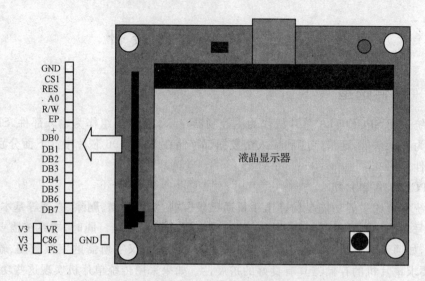

图 12.5.1　SPLC501 液晶显示模组结构示意图

　　SPLC501 液晶显示模组的显示器上的显示点与驱动控制芯片中的显示缓存 RAM 是一一对应的。SPLC501A 芯片中共有 65(8 页×8 位+1)× 132 位的显示 RAM 区,而显示器的显示点阵大小为 64×128 点,所以实际上在 SPLC501 液晶显示模组中有用的显示 RAM 区为 64 × 128 位。显示 RAM 区以字节为单位划分,共分为 8 页(Page),每页为 8 行,而每一行为 128 位(即 128 列)。驱动控制芯片的显示 RAM 区每字节的数据对应屏上的点的排列方式为纵向排列,低位在上高位在下,如图 12.5.2 所示。

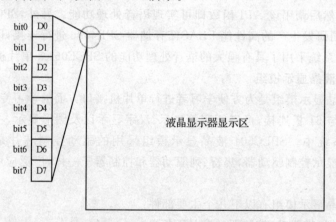

图 12.5.2　显示 RAM 区每字节与屏上点的排列方式的对应关系

　　SPLC501 液晶显示模组的显示屏上的每一个点都对应 SPLC501A 片内的显示缓存 RAM 中的一位,显示屏上 64×128 点对应着显示 RAM 的 8 页,每页有 128 字节的空间。因此,可知显示 RAM 区中的一页空间对应 8 行的点,而该页中的 1 字节数据则对应 1 列(8 点)。

　　用户如要点亮 LCD 屏上的某一个点时,实际上就是对该点所对应的显示 RAM 区中的 bit(位)进行置 1 操作,故需要确定该点所处的行地址、列地址。从图 12.5.2 中可以看出,SPLC501 液晶显示模组的行地址实际上就是页的信息,每页应有 8 行,而列地址则表示该点的横坐标,在屏上为从左到右排列,页中的 1 字节对应的是 1 列(8 行,即 8 个点),达 128 列。

注意：SPLC501 芯片的显示缓存 RAM 区实际上比模组上的显示器所对应的 RAM 区要大。因此，实际在用的时候 SPLC501 芯片中每页的 RAM 中的前 4 字节是没有点对应的。

3. SPR4096 芯片

SPR4096 芯片参见第 3 章相关内容。

4. 4×4 键盘模组

4×4 键盘的左面 3 列采取手机按键排布方式，而最右一列的 4 个按键分别被定义为"向上""向下""确定"和"取消"。与手机键盘类似，英文字母"a～z"分配在"2～9"这几个数字键上，如图 12.5.3 所示。

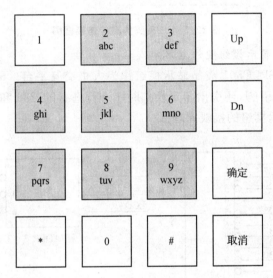

图 12.5.3　按键与字符的映射关系

12.5.2　单元电路设计

1. 系统硬件总设计电路

系统的硬件连接如图 12.5.4 所示，用排线将 61 板的 IOA 低 8 位（J8 接口）与 4×4 键盘接口连接；61 板的 IOB 低 8 位（J6）与 SPR 模组连接；61 板的 IOA 高 8 位（J9）与 SPLC501 液晶模组的 DB0～DB7 连接；61 板的 IOB11、IOB12 和 IOB13 分别与 SPLC501 液晶模组的 EP、R/W 和 A0 引脚相连。用排线连接 LCD 以及 SPR 模组时应注意，61 板 I/O 接口中标志为"+"的引脚要与各模组中标志为"+"的引脚对应，不要接反。

2. 61 板相关电路

（1）电源电路模块

SPCE061A 的内核供电为 3.3 V，而 I/O 端口可接 3.3 V，也可以接 5 V，所以在 61 板上的电源模块中有一个端口电平选择跳线。由于本系统需要的端口高电平为 3.3 V（SPLC501 液晶驱动芯片的供电电压为 3.3 V），所以 J5 跳线需要跳到 2 和 3 脚上（即 J5 跳线把 Vio 和 3 V 短接起来）。电源部分的电路参见图 3.4.6。

（2）麦克音频输入模块

麦克音频输入模块参见 9.5.2 小节。

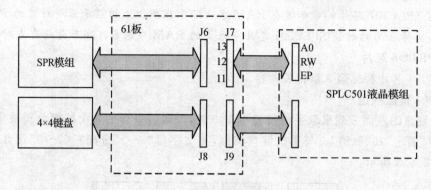

图 12.5.4　系统的硬件连接框图

(3) SPLC501 液晶显示模组硬件电路

在本设计中,采用 SPLC501 液晶显示模组作为人机交互平台。SPLC501 液晶显示模组引出了时序操作的接口引脚,还引出了对操作时序进行选择的 C86 和 PS 接线,图 12.5.5 所示为 SPLC501 液晶显示模组的接线原理图。

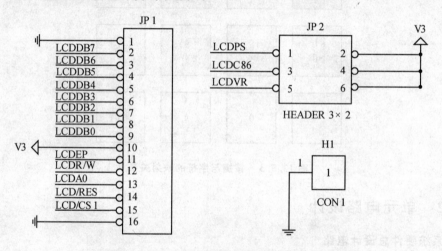

图 12.5.5　SPLC501 液晶显示模组的接线原理图

其中,SPCE061A 的 IOA8～IOA15 口分别连接模组的数据接口 DB0～DB7,作为数据传输通道;SPCE061A 的 IOB11、IOB12、IOB13 作为控制端口分别连接液晶显示器的 EP、R/W、A0。此外,VR、C86、PS 全接到 V3;RES 为复位连接,采用模组板上的复位电路即可(即不外接线)。SPLC501 液晶显示模组由开发板供电,即模组上的"＋""－"分别接到开发板中的端口电源"VDD"和"VSS"上;如采用 SPCE061A 的实验箱进行实验时,电源无需用户连接。图 12.5.6 所示为该模组的接口框图。

注意:SPCE061A 板电源模块的 J5 跳线需要跳到引脚 2 和 3 上。

(4) SPR 模组硬件电路

SPR 模组相关内容参见第 3 章。

SPR 模组与单片机、PC 机的连接框图如图 12.5.7 所示。

(5) 4×4 键盘模组硬件电路

4×4 键盘可直接与 SPCE061A 的 I/O 端口连接,其电路原理图如图 12.5.8 所示。

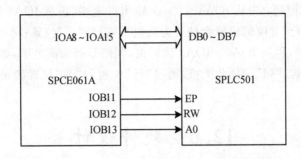

图 12.5.6　SPCE061A 板与 SPLC501 液晶显示模组的接口框图

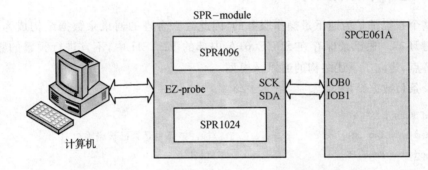

图 12.5.7　SPR 模组与单片机、PC 机的连接框图

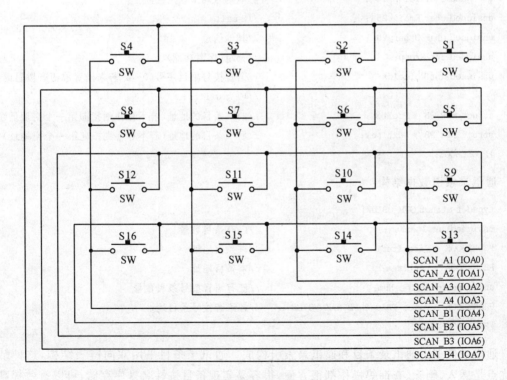

图 12.5.8　4×4 键盘电路图

4×4键盘扫描的原理：先从IOA4～IOA7输出高电平，再从IOA0～IOA3读回状态值，如果有键按下，相应"行"对应的位就会被置为高电平，得到"行"位置；马上进入"列"扫描，先从IOA4输出一个高电平，再从IOA0～IOA3读回值，判断是否为高电平，如果是高电平，则得到"列"位置，否则扫描第二"列"。如此类推，通过"行"位置和"列"位置确定按键位置，再通过编码，返回键值。

12.6 软件设计

12.6.1 通讯录数据结构

由于整个系统都是为通讯录操作服务的，因此建立合理的通讯录数据结构成为系统软件设计的关键环节。通讯录保存在SPCE061A内部的FLASH中，不宜进行频繁的数据移动，针对这一特点，建立了下述结构的通讯录模型。

通讯录条目数据结构：

```
typedef struct STR_PB{
unsigned int Flag_Del;              //标注该条目是否已被删除
unsigned char Name[16];             //姓名
unsigned char Tel_1[16];            //电话号码1
unsigned char Tel_2[16];            //电话号码2
unsigned char Email[25];            //E-mail
unsigned char Other[20];            //其他信息
unsigned int Group;                 //分组（保留功能）
unsigned int VoiceIdx;              //语音拨号项目序号(0～4,若未设置成语音拨号则该
                                    //项为0xffff)
struct STR_PB * PreItem;            //前一条目的地址（若不存在则指向第一个空地址）
struct STR_PB * NextItem;           //后一条目的地址（若不存在则指向第一个空地址）
}PHONEBOOK;
```

通讯录索引数据结构：

```
typedef struct STR_PBIDX{
unsigned int ItemNum;               //已有条目数量
PHONEBOOK * FirstItem;              //首条目地址
PHONEBOOK * LastItem;               //末条目地址
unsigned int Voice_Num;             //已有语音拨号条目数量
PHONEBOOK * Voice_PBAddr[PB_MAX_VOICE];  //各语音拨号条目地址
}PHONEBOOK_IDX;
```

通讯录模型由通讯录条目和通讯录索引构成。通讯录条目采用双向链表结构，这种结构的优点是插入、删除、查询等操作都很方便，很容易实现条目按姓名排序存储，可以有效提高程序遍历通讯录的效率。通讯录索引用来保存通讯录的概要信息，以便于定位通讯录条目链表的首尾，以及快速查找语音拨号项目。

12.6.2 软件构成

本设计包含的软件模块如下：

① 按键扫描模块：扫描 4×4 键盘，获取键值。该模块包括程序文件 Key.asm 和头文件 Key.inc、Key.h。

② LCD 显示模块：LCD 显示驱动程序，实现文本、图形显示等功能。该模块包括程序文件 SPLC501Driver_IO.asm、DataOSforLCD.asm、SPLC501User.c、LCD_Chinese.c，以及头文件 SPLC501Driver_IO.inc、SPLC501User.h、LCD_Chinese.h 等。

③ SPR4096 驱动程序模块：用于对 SPR4096 进行读取、擦除和写入访问。该模块包括程序文件 SPR4096.asm，头文件 SPR4096.h 和 SPR4096.inc。

④ 内部 FLASH 擦写模块：由于通讯录内容要保存在 SPCE061A 内部 FLASH 中，所以需要 FLASH 擦写程序的支持。该模块包括程序文件 Flash.c 和头文件 Flash.h。

⑤ 文字输入模块：通过 4×4 键盘输入汉字（拼音输入法）、字符、数字等，并在 LCD 上显示出来，以便于用户编辑通讯录条目。该模块包括程序文件 PY_IME.c、PY_Interface.c，以及头文件 PY_IME.h、PY.h 等。

⑥ 通讯录操作模块：该模块完成通讯录条目的添加、删除、查询、设定/取消语音拨号等操作，包括程序文件 PhoneBook_Drv.c、PhoneBook_Interface.c 以及头文件 PhoneBook.h。

⑦ 语音拨号模块：可将指定条目设定为语音拨号，应用语音识别函数库对这些条目进行训练和识别。该模块包括程序文件 VoiceDial.c 和头文件 VoiceDial.h。

⑧ 中断服务程序模块：该模块是为语音拨号模块、按键扫描模块提供中断服务，能够初始化中断状态，以通知相关程序目前已打开的中断情况，见程序文件 ISR.asm。

⑨ 多个模块共用的程序模块：该模块包含了系统初始化函数以及其他多个模块用到的公共函数，如延时函数、获取按键编码函数、菜单项显示函数等，该模块包括程序文件 CommonFunc.c 以及头文件 CommonFunc.h。

上述功能模块组成了单向调用结构，各模块之间的相互关系如图 12.6.1 所示。

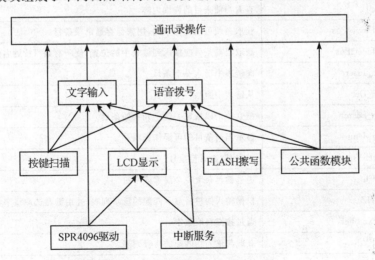

图 12.6.1 各模块之间的调用关系

本设计中用到的函数功能说明如表 12.6.1 所列。

表 12.6.1　函数及其功能

函数名	功能说明
LCD501_Init	液晶初始化
LCD501_ClrScreen	液晶整屏清屏
LCD501_ReverseColor	屏幕反色显示，每执行一次该函数，屏幕颜色翻转一次
LCD501_SetPaintMode	设置图形显示模式
LCD501_GetPaintMode	获取当前显示模式
LCD501_FontSet	选择显示字符的大小类型
LCD501_FontGet	获取当前显示字符的大小类型
LCD501_PutChar	显示单个字符
LCD501_PutString	显示字符串
LCD501_PutHZ	在 LCD 上显示汉字
LCD501_Bitmap	位图显示/汉字显示
DelayMS	延时一段时间（不精确）
F_LCD_LineRun	液晶显示起始行设置函数
F_LCD_ON_OFF	液晶开关函数
Flash_Erase	擦除 FLASH 的一页数据
Flash_Modify	修改 FLASH 的一个或多个字数据
Flash_WriteMultiWords	向 FLASH 的指定地址写入多个字
Flash_WriteWord	向 FLASH 的指定地址写入一个字
Key_GetCh	获取按键编码
PB_Add	新增一个通讯录条目
PB_Del	删除当前通讯录条目
PB_Detail	查看当前条目的详细内容
PB_GetEmptyPos	获取一块可用存储空间，用来保存通讯录条目
PB_GetInsertPos	获取当前条目应插入到链表中的位置，使所有条目按姓名排序
PB_Item_Insert	向链表中插入一个条目
PB_Item_Del	从链表中删除一个条目
PB_Item_Search	搜索一个以指定关键字开头的条目
PB_ItemMenu	显示当前条目的可操作选项
PB_SwitchVoice	设定/取消语音拨号
PY_GetCh	通过键盘获取一个汉字或字符
PY_GetHZ	根据输入的拼音显示匹配的汉字列表，并由键盘选取汉字
PY_GetNumber	通过按键获取数字
PY_GetPY	获取与输入相匹配的拼音列表

续表 12.6.1

函数名	功能说明
PY_GetString	通过键盘获取一个字符串
PY_GetSymbol	通过按键获取符号
PY_Ime	通过输入的拼音索引查找匹配的汉字
ShowMenu	LCD 显示菜单，并通过按键进行选择
SPR_GetResAddr	获取指定序号的资源在 SPR4096 中的起始地址
Voice_Recognize	执行语音识别，获取识别到的通讯录条目
Voice_Train	对语音拨号条目进行训练
Voice_Train_SubRoutine	对语音拨号条目进行训练(私有函数，被 Voice_Train()函数调用)

1. 按键扫描模块

按键扫描是在 TMB_128Hz 中断服务程序中进行的，采用逐行扫描方式，其程序流程如图 12.6.2 所示。

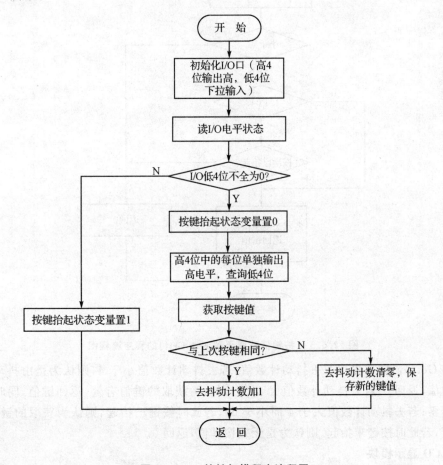

图 12.6.2　按键扫描程序流程图

4×4 键盘扫描的原理：首先初始化 IOA 口的低 8 位(高 4 位用来确定按键的行位置，低 4 位用来确定按键的列位置)，置低 4 位 IOA0～IOA3 为下拉输入，高 4 位 IOA4～IOA7 输出高电平。先从 IOA4~IOA7 同时输出高电平,然后读低 4 位 IOA0~IOA3 的状态值。如果有按键按下,则由于电路接通,IOA0~IOA3 中的某位会变为高电平,此时,置按键抬起变量为 0。然后让高 4 位中的每位单独输出高电平(确定行位置),查询低 4 位的值(由高电平确定列位置)。根据已确定的行、列位置,结合事先规定的按键值与按键位置的对应关系,就获取到了按键值,返回键值。如果当前获取的按键值与上次获取的按键值相同,则将去抖动计数值加 1 (去抖动计数值的作用是避免由于抖动而引起的短时间内重复获取该按键值);如果当前获取的按键值与上一次获取的按键值不相同,则将去抖动计数清零,同时保存这个新的按键值。如果低 4 位均为低电平,则说明此时没有按键按下,需保持按键抬起状态变量为 1,同时不断扫描按键是否按下。

获取键值时,只需调用 Key_Get()函数即可,该函数的程序流程如图 12.6.3 所示。

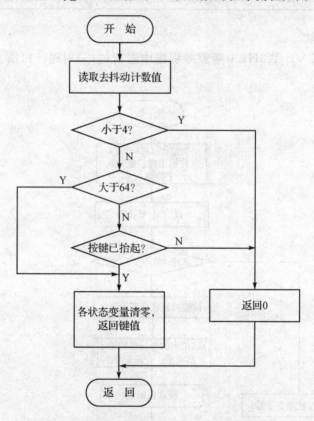

图 12.6.3 按键值获取函数 Key_Get()的程序流程图

Key_Get()函数首先读取去抖动计数值,若去抖动计数值小于 4,则认为是由抖动引起的无效按键值,返回 0;若去抖动计数值大于 64,则认为获取的键值有效,返回键值,同时将各状态变量清零;若去抖动计数值大于 4 而小于 64,若此时按键已抬起,则认为获取的键值有效,返回键值,若此时按键未抬起,则认为是无效按键值,返回 0。

2. LCD 显示模块

LCD 显示部分采用 SPLC501 液晶模组附带的驱动程序。LCD 驱动程序框图如图 10.6.3 所示。

驱动程序由 5 个文件组成,分别为:底层驱动程序文件 SPLC501Driver_IO.inc 和

SPLC501Driver_IO.asm；用户 API 功能接口函数文件 SPLC501User.h、SPLC501User.c 和 DataOSforLCD.asm。下面简要介绍这 5 个文件的内容和功能：

① SPLC501Driver_IO.inc：该文件为底层驱动程序的头文件，主要对使用到的寄存器（如端口控制寄存器等）进行定义，还对 SPCE061A 与 SPLC501 液晶显示模组的接口进行配置；用户可以根据自己的需求来配置此文件，但要使端口的分配符合实际硬件的接线。

② SPLC501Driver_IO.asm：该文件为底层驱动程序，负责与 SPLC501 液晶显示模组进行数据传输的任务，主要包括端口初始化、写控制指令、写数据、读数据等函数；这些函数仅供 SPLC501User.c 调用，不建议使用者在应用程序中调用这些函数。

③ SPLC501User.h：该文件为用户 API 功能函数文件的头文件，主要对一些助记符进行定义，以及配置 LCD 的一些设置，另外该文件里还对 SPLC501User.c 中的函数作了外部声明，用户需要使用 LCD 的 API 功能函数时，需要把该文件包含在用户的 C 文件中。

④ SPLC501User.c：文件中定义了针对 LCD 显示的各种 API 功能函数，如液晶初始化、显示对比度、液晶整屏清屏、液晶显示起始行设置、画点、画直线、画圆、显示 ASCII 字符等 API 功能函数。

⑤ DataOSforLCD.asm：该文件中提供了一些供 API 功能函数调用的数据处理子程序，主要完成显示效果的叠加、画圆偏差量的计算等。

以上介绍的 SPLC501 液晶模组的 5 个驱动程序文件在 IDE 安装目录的 Example→model_Exa→Driver→SPLC501Driver 文件夹下可以找到，限于篇幅，在这里就不一一详细探讨了，读者可以自行对 5 个文件进行分析。

有了以上 5 个驱动程序文件，为了方便控制汉字、字符在 LCD 上的显示位置和显示方式，编写了一个 LCD_Chinese.c 文件，该文件中定义了几个使用频度比较高的功能函数，包括定位即将显示的字符、设置汉字库在 SPR4096 中的起始存储地址、在 LCD 上显示汉字、在 LCD 上显示字符串（可以是汉字和英文混合）、在 LCD 上显示以"压缩方式"存储的字符串等功能函数。

3. SPR4096 驱动程序及汉字显示模块

对 SPR4096 进行读取、擦除和写入访问操作，必须使用 SPR4096.asm 驱动程序，这个驱动程序在 IDE 安装目录的 Example→model_Exa→Driver→SPR4096Adriver 文件夹下可以找到，限于篇幅，在这里就不详细探讨了，读者可以自行对 SPR4096 驱动程序文件进行分析。

对于 SPLC501 液晶模组，汉字也是以位图的形式显示的。SPLC501 液晶模组的配套驱动程序中提供了位图显示函数

```
LCD501_Bitmap(unsigned int x,unsigned int y,unsigned int * word)
```

其参数 x 和 y 用于指定位图的显示位置，参数 word 用于指定位图数据的起始地址。因此，只需调用 LCD501_Bitmap 函数，并将汉字的字模数据作为参数 word，即可实现汉字显示。

汉字的字模数据可以由 SPLC501 液晶模组配套资料中的 DM Tool 软件来制作，但是由于本方案涉及汉字输入法，即 LCD 显示的汉字是不可预知的，如果采用 DM Tools 制作所有汉字的字模，那么工作量将十分巨大。这里采取另一种方法：利用已有的点阵字库（UCDOS 软件附带的 16×16 点阵字库 HZK16），将其数据格式转换为 LCD501_Bitmap 函数要求的位图数据格式。

LCD501_Bitmap 函数要求的位图数据格式是"从下到上、自左到右，以 word（16 位）为存

储单位"。例如,汉字"北"的字模数据如图 12.6.4 所示。

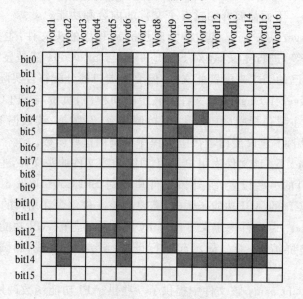

图 12.6.4　LCD501_Bitmap 函数要求的字模格式

而 HZK16 字库文件中的字模是以 Byte(字节)为存储单位的,其存储格式如图 12.6.5 所示。

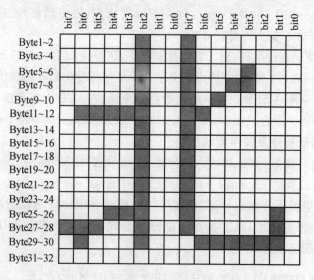

图 12.6.5　HZK16 点阵字库的字模格式

因此,需要将 HZK16 字库转换为能够利用 LCD501_Bitmap 函数显示的数据格式,转换程序的代码片断如下:

```
//================================================================
//语法格式:void Convert(unsigned char * MapIn, unsigned char * MapOut)
//实现功能:将 HZK16 点阵字模数据转换为 SPLC501 液晶模组的字模数据
//参数:MapIn    HZK16 字模的起始地址
//     MapOut   转换后字模的起始地址
//返回值:无
```

```
//==================================================================
void Convert(unsigned char * MapIn, unsigned char * MapOut)
{
int i, j;
unsigned int Temp, BitMaskRow, BitMaskCol;
BitMaskCol = 0x80;                        //列选择屏蔽字
for(i = 0; i<32; i += 2)
{
Temp = 0x0000;                            //Temp 用来保存转换后的 16 位数据
BitMaskRow = 0x0001;                      //行选择屏蔽字
for(j = 0; j<16; j++)
{
if((MapIn[(i>15)? (j * 2 + 1):(j * 2)]&BitMaskCol)!= 0x0000)
{
Temp |= BitMaskRow;
}
BitMaskRow <<= 1;
}
MapOut[i] = Temp & 0x00ff;                //转换后数据的低 8 位
MapOut[i + 1] = (Temp & 0xff00) >> 8;     //转换后数据的高 8 位
BitMaskCol >>= 1;                         //下一列
if(BitMaskCol == 0x00)BitMaskCol = 0x80;
}
}
```

编写 C 程序，调用上面的函数将 HZK16 字库文件转换为 SPLC501 模组能够显示的字库文件 HZK16_V，即得到了所有国标汉字的字模数据。HZK16_V 字库文件的大小为 261 KB，无法保存在 SPCE061A 内部 FLASH 中，因此利用 SPR 模组附带的烧录软件 ResWriter 将其烧写到 SPR4096 芯片里，供汉字显示程序使用。

当显示某个汉字时，首先要从存储在 SPR4096 的字库中获取该汉字对应的字模数据。字库中的字模是以"区位"方式排列的，每个字模为 32 字节。设待显示的汉字内码为 0xHHLL（IDE 会自动将程序代码中的汉字转换为内码），即高 8 位为 0xHH，低 8 位为 0xLL，则该汉字的字模在字库中的相对存储地址 AddrOffset 为

$$AddrOffset = 32 \times [(0xLL - 0xA1) \times 94 + (0xHH - 0xA1)]$$

由上式可以计算出任意汉字的字模在 SPR4096 中的存储地址，从而可以利用 LCD501_Bitmap 函数将该汉字显示在 SPLC501 液晶模组上。

4. FLASH 擦写模块

通讯录条目、索引等存储在 SPCE061A 内置 FLASH 中，当用户新增通讯录条目时，需要对 FLASH 中的数据进行修改。SPCE061A 的 FLASH 在写入前需要对其进行擦除操作，而擦除是以"页"为单位的，每页大小为 256 Word。因此，对 FLASH 中的数据进行修改的过程如图 12.6.6 所示。

SPCE061A 内部 FLASH 操作函数集主要包含如下功能函数：向 FLASH 的指定地址写入一个字、向 FLASH 的指定地址写入多个字、擦除 FLASH 的一页数据、修改 FLASH 的一

个或多个字数据。

5. 文字输入模块

该模块提供了一个文本输入界面,使用户可以方便快捷地输入中文、英文、数字以及符号等信息。其中,中文输入法是整个模块的重点内容,也是一个相对独立的子模块。中文输入法负责将键盘输入的数字序列转换为汉字,它大体可以分为两个步骤:首先将键盘输入的数字序列转换为拼音编码,然后搜索到该拼音编码对应的汉字编码列表。图12.6.7所示是拼音输入法流程图。

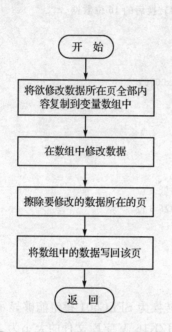

图12.6.6 FLASH数据修改流程图

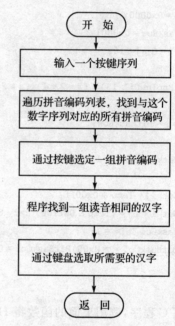

图12.6.7 拼音输入法流程图

当通过键盘输入一个序列后,程序将遍历拼音编码列表,找到与这个数字序列对应的所有拼音编码。例如输入数字"224",遍历拼音编码列表将获得"bai"和"cai"两组拼音编码供选择。

在选定了一组拼音编码之后,程序将返回该拼音编码对应的汉字码表地址偏移量,从而找到一组读音相同的汉字。这样,用户就可以通过键盘选取所需的汉字了。

拼音编码列表的数据结构如下:

```
typedef struct
{
    const char KeySeq[7];        //按键序列
    const char PY[7];            //拼音编码
    const long MB_Offset;        //该拼音编码对应的汉字码表存储地址
}PY_IDX;
```

拼音码表和汉字码表共同组成了输入法数据,这些数据也保存在SPR4096芯片中,可利用ResWriter软件将汉字库和输入法数据制作成整合文件,一起烧录到SPR4096里。

6. 通讯录操作模块

通讯录条目的添加、删除和查询等操作是通过这个模块实现的。为增强程序的可扩展性和可维护性,将该模块分为两个层次——数据访问层和用户界面层。数据访问层负责对通讯录条目链表的插入、删除、遍历等底层操作;而用户界面层负责在 LCD 上显示菜单、处理按键输入等交互行为。

在数据访问层,通讯录条目的插入程序流程如图 12.6.8 所示。

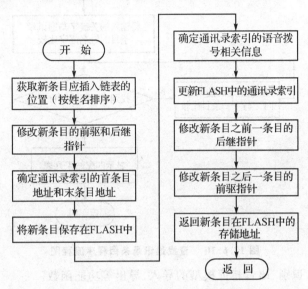

图 12.6.8　通讯录条目插入程序流程图

数据插入过程充分利用了链表的优势,在插入的同时实现了通讯录条目按姓名排序。

删除条目并不是把条目所在 FLASH 内容清除,而仅是将该条目的 Flag_Del 标志字修改为 0xffff。条目删除的程序流程图如图 12.6.9 所示。

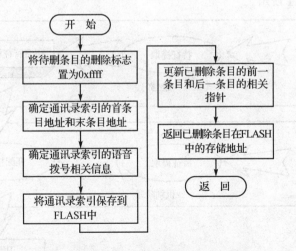

图 12.6.9　通讯录条目删除程序流程图

对条目的"查找"归结为将查询字符串与每个条目的姓名进行比较,找到相匹配的条目。查找通讯录条目程序流程图如图 12.6.10 所示。

7. 语音拨号模块

语音拨号是通过语音识别函数库实现的。凌阳语音识别函数库支持特定人语音连续识

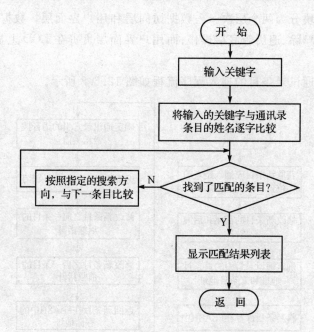

图 12.6.10　查找通讯录条目程序流程图

别，函数库包含训练、识别、语音特征模型的导入、导出等功能函数。

　　语音识别的过程主要分为"训练"和"识别"两个阶段。在训练阶段，单片机对采集到的语音样本进行分析处理，从中提取出语音特征信息，建立一个特征模型。在识别阶段，单片机仍然对采集到的语音样本进行同样的分析处理，提取出语音的特征信息，然后将这个特征信息与已有的特征模型进行对比，如果二者达到了一定的匹配度，则输入的语音被识别。语音识别原理示意图如图 12.6.11 所示。

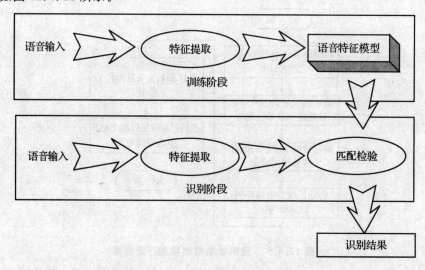

图 12.6.11　语音识别原理示意图

　　语音拨号模块由训练和识别两部分组成。训练部分的程序流程如图 12.6.12 所示。
　　识别部分的程序流程图如图 12.6.13 所示。

第 12 章 语音拨号手机通讯录的设计与实现

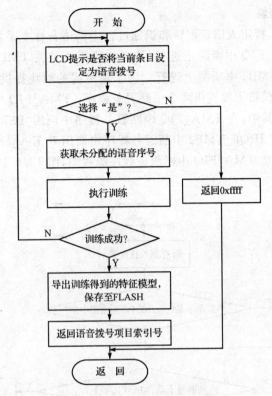

图 12.6.12　训练程序流程图

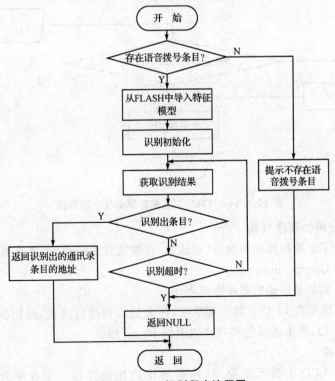

图 12.6.13　识别程序流程图

8. 中断服务程序模块

在语音拨号功能中,特定人语音训练和识别过程中的语音样本采集都是在中断服务程序中进行的,且是在 TMA_FIQ 中断源上进行;按键扫描模块是在 TMB_128Hz 中断服务程序中进行的,即在 IRQ6_TMB2 中断源上进行。为了给不同的模块提供不同的中断源,编写了中断服务程序模块。该模块主要提供两个中断服务程序:TMA_FIQ 中断服务程序和 IRQ6_TMB2 中断服务程序。其中,在 TMA_FIQ 中断服务程序中调用_BSR_FIQ_Routine,作为语音识别中断服务程序;在 IRQ6_TMB2 中断服务程序中调用 F_Key_Scan,作为按键扫描中断服务程序。图 12.6.14 是 TMA_FIQ 中断服务程序流程图,图 12.6.15 是 IRQ6_TMB2 中断服务程序流程图。

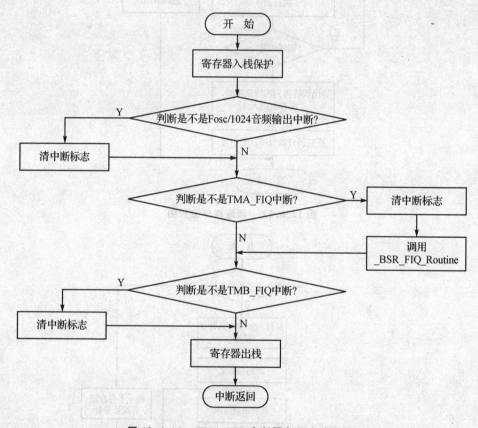

图 12.6.14 TMA_FIQ 中断服务程序流程图

9. 多个模块公用的程序模块

该模块中定义了系统初始化函数、延时函数、获取按键编码函数、菜单项显示函数等,这些函数都包含在文件 CommonFunc.c 中。

图 12.6.16 是菜单显示函数的程序流程图。

该函数实现功能是在 LCD 上显示菜单项,并通过按键进行选择,返回值为选中的菜单项(0 ~ ItemCount−1),若未选择任何项目则返回 ItemCount。

10. 主程序流程

主程序完成在 LCD 上显示主菜单,并等待用户按键操作。主程序流程如图 12.6.17 所示。

第12章 语音拨号手机通讯录的设计与实现

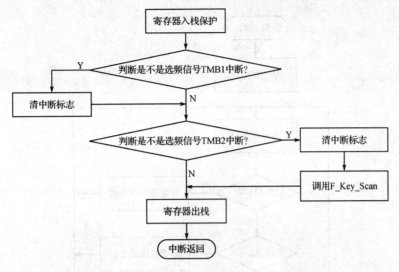

图 12.6.15　IRQ6_TMB2 中断服务程序流程图

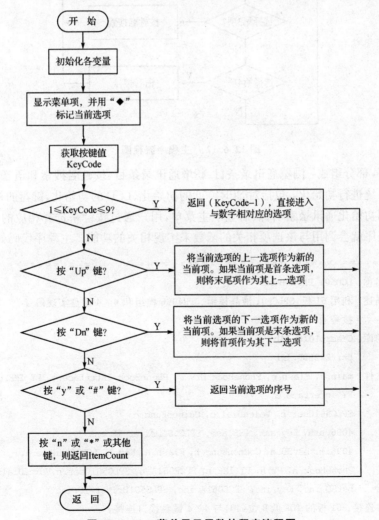

图 12.6.16　菜单显示函数的程序流程图

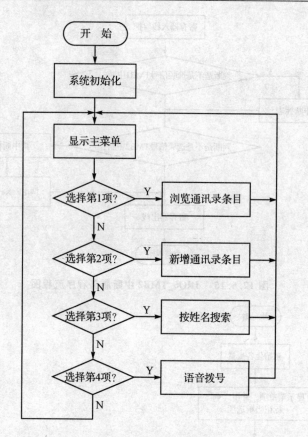

图 12.6.17　主程序流程图

主菜单由 4 部分组成：浏览通讯录条目、新增通讯录条目、按姓名搜索和语音拨号。在主程序中，首先对系统进行初始化，包括对 SPR4096 的初始化、LCD 的初始化、键盘的初始化，如果是第一次使用，则初始化通讯录索引；然后显示主菜单，用户通过按键来选择相应的菜单项。当选定某项后，主程序就会调用与该选项相关的函数来实现相关的功能。主程序代码如下：

```
//================================================================
//  工程名称：LCD501_PhoneBook
//  功能描述：利用 61 板、SPLC501 液晶模组、SPR4096 模组和 4×4 键盘实现语音
//           拨号通讯录
//  涉及的库：CMacro1016.lib
//           bsrv222SDL.lib
//  组成文件：main.c, Flash.c, PhoneBook_Drv.c, PhoneBook_Interface.c, PY_IME.c,
//           PY_Interface.c
//           SPLC501User.c, VoiceDial.c, CommonFunc.c
//           4096.asm, Key.asm, ISR.asm, SPLC501Driver_IO.asm
//           4096.h, bsrSD.h, CommonFunc.h, Flash.h, Key.h, LCD_Chinese.h,
//           PhoneBook.h, PY.h, PY_IME.h, SPCE061A.h, SPLC501User.h, VoiceDial.h
//           bsrSD.inc, Key.inc, SPCE061A.inc, SPLC501Driver_IO.inc
//  硬件连接：61 板的 IOA 低 8 位(J8)与 4×4 键盘接口连接，
//           61 板的 IOB 低 8 位(J6)与 SPR 模组连接；
```

```
//              61板的IOA高8位(J9)与SPLC501液晶模组的DB0~DB7连接，
//              61板的IOB11、IOB12和IOB13分别与SPLC501液晶模组的EP、
//              R/W和A0引脚相连
//========================================================
//========================================================
//文件名称：main.c
//功能描述：主程序,用于显示操作菜单
//========================================================
# include "..\include\SPCE061A.h"
# include "..\include\CommonFunc.h"
# include "..\include\PhoneBook.h"
# include "..\include\VoiceDial.h"
//========================================================
//      语法格式：int main(void)
//      实现功能：主函数,显示操作菜单
//      参数：无
//      返回值：无
//========================================================
const unsigned char * MainMenuItem[] = {
    "浏览通讯录","新增条目","搜索条目","语音拨号"
};

int main(void)
{
    unsigned int CurItem;
        System_Init();
        while(1)
        {
            CurItem = ShowMenu(MainMenuItem, 4);        //选中的菜单项
            switch(CurItem)
            {
            case 0:                                     //浏览
                PB_List();
                break;
            case 1:                                     //新增
                PB_Add();
                break;
            case 2:                                     //搜索
                PB_Search();
                break;
            case 3:                                     //语音拨号
                Voice_Dial();
                break;
```

```
        default:
            break;
        }
    }
}
```

12.7 系统调试

12.7.1 汉字库和输入法数据烧录

汉字库以及拼音输入法所需的数据保存在 4M 位 FLASH 存储器 SPR4096 中,这些数据的烧录是通过 ResWriter 软件配合 SPR 模组实现的。关于 ResWriter 软件以及 SPR 模组的使用方法详见 SPR 模组配套资料,这里仅简述数据烧录步骤。

① 用 EZ-Probe 下载线将 SPR 模组与 PC 机的打印口连接,并将 SPR 模组的 J3 和 J4 跳线按照图 12.7.1 所示的方法短接。

② 为 SPR 模组提供 3.3 V 电源。可以用 10 Pin 排线将 SPR 模组的 J5 排针与 61 板的 IOB 低 8 位(即 61 板的 J6)相连,并将 61 板的 I/O 电压选择跳线(J5)连接到 3 V 端,打开 61 板的供电电源,即可通过 61 板对 SPR 模组供电。

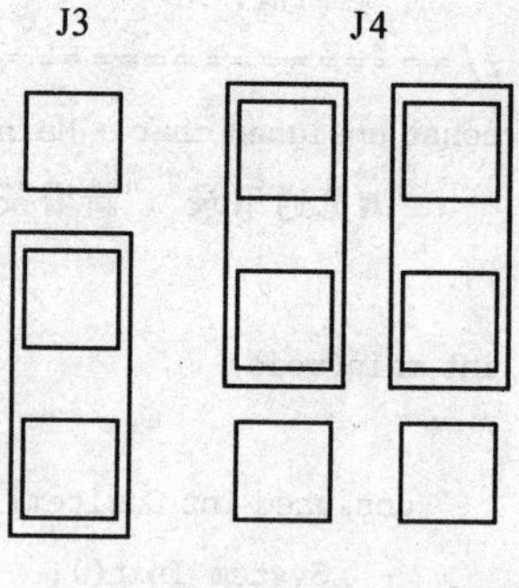

③ 打开 ResWriter 软件,在菜单中选择"文件"→"载入已整合文件",在弹出的打开文件对话框中选择格式已经转化并整合的文件"汉字库和输入法.con"并打开。

④ 单击 ResWriter 软件中的"自动烧录"按钮。此时 ResWriter 软件开始向 SPR4096 中烧录数据,并提示当前烧录状态。

图 12.7.1 烧录数据时 SPR 模组跳线配置

⑤ 待 ResWriter 提示烧录完成后,即可将 EZ-Probe 下载线从 SPR 模组上拔下来。

至此,汉字库以及拼音输入法所需的数据已经保存在存储器 SPR4096 中了。

12.7.2 方案实现

本设计采用 IDE 2.0.0 开发软件进行相关设计。具体步骤如下:

(1) 打开 μ'nSP IDE,在 File 菜单中选择 New,新建一个项目文件,项目文件名为 LCD501_PhoneBook。

(2) 复制语音识别需要的支持文件到项目所在文件夹:语音识别函数库 bsrv222SDL.lib 和语音识别头文件 bsrSD.inc、bsrSD.h 都可以在 IDE 安装目录的 Example→IntExa→ex07_Recognise 文件夹下找到,将这三个文件复制到 LCD501_PhoneBook 项目文件夹里。

将上述三个文件添加到项目中:

① 添加支持文件。选择 Project→Add to Project→Files 菜单项,然后在弹出的对话框中选择 LCD501_PhoneBook 项目文件夹中的 bsrSD.inc 和 bsrSD.h,单击"确定"按钮。

② 添加库文件。选择 Project→Setting 菜单项，在左半部分的目录树中点选根目录，然后选择 Link 栏，单击 Library Modules 右面的文件夹按钮，在项目所在文件夹中选择 bsrv222SDL.lib，单击"确定"按钮。

(3) 编写各功能模块的程序代码。

在项目文件中编写或添加以下程序文件和头文件：

C 文件：main.c、Flash.c、PhoneBook_Drv.c、PhoneBook_Interface.c、PY_IME.c、PY_Interface.c、PLC501User.c、VoiceDial.c 和 CommonFunc.c。

汇编文件：4096.asm、Key.asm、ISR.asm、SPLC501Driver_IO.asm。

头文件：4096.h、bsrSD.h、CommonFunc.h、Flash.h、Key.h、LCD_Chinese.h、PhoneBook.h、PY.h、PY_IME.h、SPCE061A.h、SPLC501User.h、VoiceDial.h、bsrSD.inc、Key.inc、SPCE061A.inc 和 SPLC501Driver_IO.inc。

(4) 编译和连接。选择 Build→Rebuild All 的菜单项，即启动一次编译和连接。编译成功后，IDE 会在输出窗口中输出编译的结果，如图 12.7.2 所示。

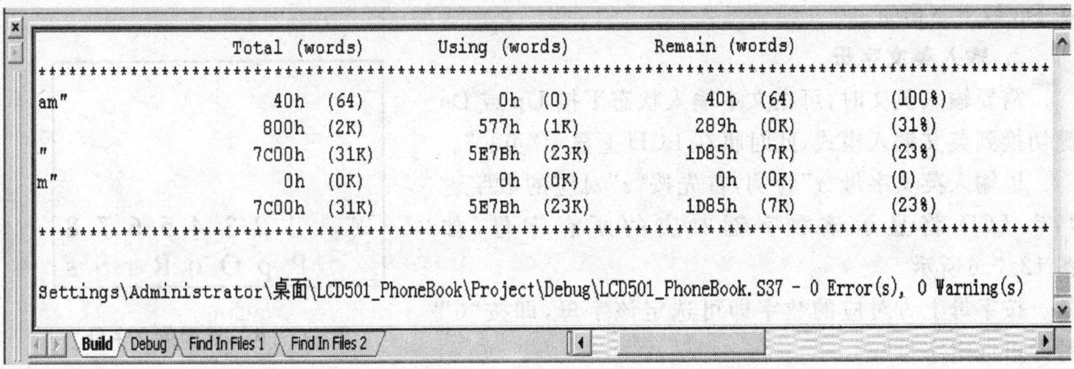

图 12.7.2　编译结果截图

(5) 按照前面所述的硬件连接方法连接 PC 机、61 板、SPR 模组、键盘模组、电源盒。在 IDE 的工具栏中单击绿色的 Use ICE 按钮，使 IDE 处于在线仿真状态。

(6) 选择 Build→Start Debug→Download 菜单项，开始下载程序到 61 板中，或者直接单击工具按钮 Download。

(7) 单击红色叹号形的 Execute Program 按钮（或按 F5 键），运行程序。此时就可以对自己做的手机通讯录进行操作使用了。

12.7.3　文本输入方法示例

1. 输入汉字

在文本输入状态下，可以按 Up 或 Dn 键将输入法切换到汉字输入模式，此时将在 LCD 上显示"拼："，如图 12.7.3 所示。

当输入汉字时，按拼音字母对应的数字键，LCD 将显示所有匹配的拼音。按 Up 或 Dn 键选中所需的拼音，再按确定键即可进入汉字选择状态。LCD 将分页显示该拼音对应的所有汉字，每个汉字上方有一个数字，按相应的数字键可以选中所需的汉字，按 Up 和 Dn 可上下翻页。例如，输入汉字"书"，需要进行如下操作：

"书"字的拼音编码为"shu",因此依次按数字键"748",LCD将显示与之对应的所有拼音编码,如图12.7.4所示。

按Up或Dn键,将光标切换到"shu"的位置,再按"确定"按钮,LCD将显示拼音"shu"对应的汉字列表,如图12.7.5所示。

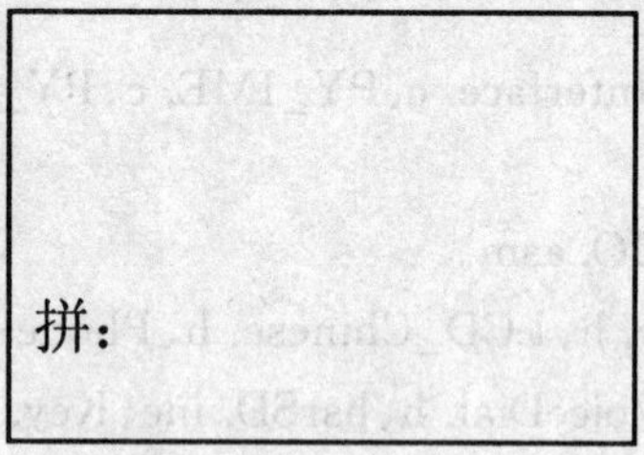

```
拼:
```
图12.7.3 汉字输入模式

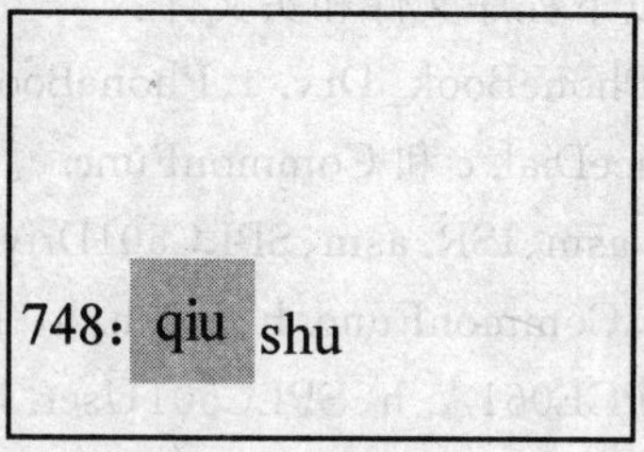

```
748: qiu shu
```
图12.7.4 输入拼音

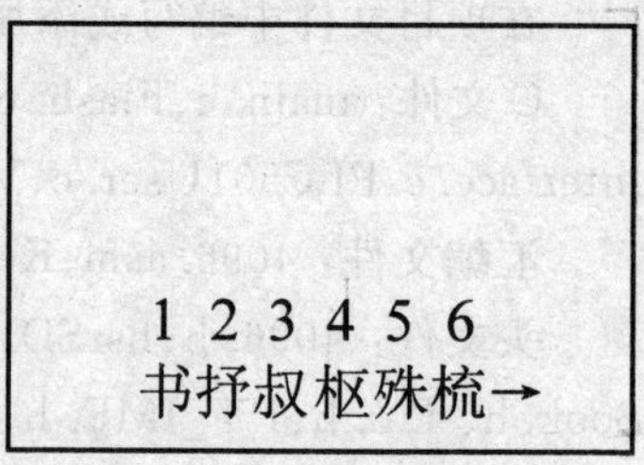

```
1 2 3 4 5 6
书抒叔枢殊梳→
```
图12.7.5 选择汉字

直接按数字键"1"即可选定汉字"书"。如果需要的汉字没有出现在当前页,则可利用Up和Dn键上下翻页。

2. 输入英文字母

需要输入英文时,可在文本输入状态下按Up或Dn键切换到英文输入模式,此时将在LCD上显示"英:"。

以输入英文字母"r"为例,首先按"r"对应的数字键"7",LCD将显示该数字键对应的所有字母,如图12.7.6所示。

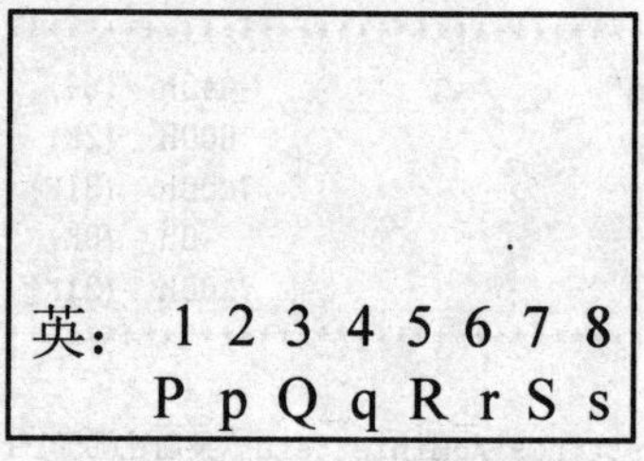

按字母上方对应的数字即可选定该字母,即按"6"键即可选定字母"r"。

```
英: 1 2 3 4 5 6 7 8
    P p Q q R r S s
```
图12.7.6 选择英文字母

3. 输入数字和符号

在文本输入状态下按Up或Dn键可选定数字输入模式,LCD显示界面如图12.7.7所示。此时直接按数字键即可输入对应的数字。

此外,输入法还支持一些常用符号输入。在文本输入状态下按Up或Dn键可切换到符号输入模式,此时LCD显示如图12.7.8所示。

每个符号上方有一个数字,按0~9数字键可输入对应的符号,按"#"键则输入符号"#"。

```
数: 1 2 3 4 5 6 7 8 9 0
```
图12.7.7 数字输入模式

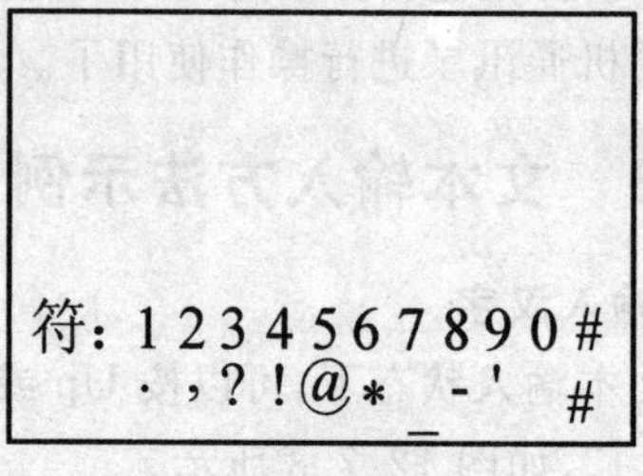

```
符: 1 2 3 4 5 6 7 8 9 0 #
    . , ? ! @ * _ - '   #
```
图12.7.8 输入符号

参考文献

[1] 罗亚非. 凌阳16位单片机应用基础. 北京:北京航空航天大学出版社,2005.
[2] 薛钧义. 凌阳16位单片机原理及应用. 北京:清华大学出版社,2003.
[3] (美)David Cook,毕树生. 机器人制作提高篇. 北京:北京航空航天大学出版社,2005.
[4] 谭浩强. C程序设计. 北京:清华大学出版社,1999.
[5] 李晓白. 凌阳16位单片机C语言开发. 北京:北京航空航天大学出版社,2006.
[6] 陈言俊. 大学生创新竞赛实战——凌阳16位单片机应用. 北京:北京航空航天大学出版社,2009.
[7] 侯媛彬. 凌阳单片机原理及其毕业设计精选. 北京:科学出版社,2006.
[8] 陈海宴. 51单片机原理及应用——基于Keil C与Proteus. 北京:北京航空航天大学出版社,2010.

参考文献

[1] 刘贵能. 浅谈与建筑艺术相融的雕塑. 天津: 天津城建大学出版社, 2007.
[2] 陈林文. 浅析园林与现代雕塑的结合. 北京: 清华大学出版社, 2006.
[3] 美, Donald Cook. 景观雕塑. 陈岚, 陈范周译. 北京: 中国建筑工业大学出版社, 2003.
[4] 王向荣. 《西方现代景观设计的理论与实践》. 1999.
[5] 赵萌. 城市公共环境艺术与雕塑. 沈阳: 辽宁美术出版社, 1999.
[6] 翁剑青. 城市公共艺术: 一种与公众社会互动的艺术及其文化的阐释. 南京: 东南大学出版社, 2004.
[7] 孙振华. 《城市公共艺术》. 北京: 中国建筑工业出版社, 2003.
[8] 美国克莱尔·库珀·马库斯. 俞孔坚等译. 《People Places》. 北京: 北京科学技术出版社, 2001.